上海市专业技术人员公需科目继续教育丛书

上海继续工程教育协会　组织编写

人工智能应用

ARTIFICIAL INTELLIGENCE APPLICATION

费敏锐　孟添◎主编

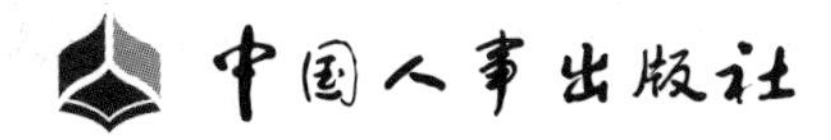

图书在版编目(CIP)数据

人工智能应用 / 上海继续工程教育协会组织编写. -- 北京：中国人事出版社，2019

（上海市专业技术人员公需科目继续教育丛书）

ISBN 978-7-5129-1434-6

Ⅰ.①人…　Ⅱ.①上…　Ⅲ.①人工智能-继续教育-教材　Ⅳ.①TP18

中国版本图书馆CIP数据核字(2019)第074418号

中国人事出版社出版发行

（北京市惠新东街 1 号　邮政编码：100029）

*

三河市华骏印务包装有限公司印刷装订　新华书店经销

787 毫米 ×1092 毫米　16 开本　19.75 印张　335 千字

2019 年 5 月第 1 版　2024 年 5 月第 14次印刷

定价：43.00 元

营销中心电话：400-606-6496

出版社网址：http://www.class.com.cn

序

自动翻译、无人驾驶、人脸识别……随着智能产品不断地展示在我们面前，人工智能对于公众而言，已不再神秘莫测。在工业、教育、医疗、交通等经济和社会领域中的人工智能应用研究，使新智能产品不断涌现，社会管理水平大大提高，人类的社会交流能力和生活质量得以提升。“新一代人工智能正在全球范围内蓬勃兴起，为经济社会发展注入了新动能，正在深刻改变人们的生产生活方式。”这是习近平总书记在致 2018 世界人工智能大会的贺信中的一句话。习近平总书记在信中强调，中国正致力于实现高质量发展，人工智能发展应用将有力提高经济社会发展智能化水平，有效增强公共服务和城市管理能力。2017 年 7 月，国务院发布了《新一代人工智能发展规划》，为人工智能发展绘制了基本路线图，要求抓住机遇，在这一高科技领域抢占先机，加快部署和实施。

人工智能的广泛应用需要从两方面发力。除了人工智能本身的技术发展外，人工智能的知识普及是其广泛应用的基础。人工智能的广泛应用既会改变人们的生活方式，也会极大地影响专业技术人员的工作方法和创新思路。为此，有必要对各行各业的专业技术人员进行一次人工智能及其应用的科学普及，使专业技术人员认识人工智能、掌握应用基础，进而将人工智能作为一种新的工具运用于自己的专业实践中。这既是拓展人工智能应用领域的需要，也是推动各行业、各专业发展的需要。

推动智能科技与智能产业发展，对更多的专业技术人员进行人工智能普及教育，已经成为目前继续教育的一个重要课题。为此，上海继续工程教育协会积极推动将人工智能及其应用的知识普及列入上海市专业技术人员继续教育公需科目学习之中，这得到了上海市人力资源和社会保障局的支持。在征求有关企事业单位的意见后，上海继续工程教育协会组织上海大学相关教师和各方专家编写了这本《人工智能应用》，将其作为上海市专业技术人员公需科目继续教育“人工智能应用”课程的基本教材。课程的主要对象是非信息技术和非自动控制类的制造业和建设类工程专业技术人员，以及在教育、卫生、交通、城市管理等行业从事专业技术工作的人员。

继续教育是专业技术人才工作的重要组成部分。在积极引进优秀人才的同时，创造更好的人才继续教育环境、提供更多的实践创新机会是培养人才的重要基础，是提高人才密度、提高人才队伍整体水平的根本性措施。近年来，在中华人民共和国人力资源和社会保障部《专业技术人员继续教育规定》（人社部令第25号）的推动下，上海市专业技术人员继续教育工作发展迅速。在各行各业积极组织专业技术人员专业科目继续教育的同时，适应经济社会发展、适应专业技术人员全面能力提升的公需科目继续教育也有了很大的发展。

在“知识产权基础”“创新知识基础”“项目管理基础”三门公需科目之后，我们希望“人工智能应用”公需科目课程及教材的推出能积极推动专业技术人员继续教育的进一步发展，对上海人工智能产业的发展产生积极的作用，更为上海建设具有全球影响力的科技创新中心做出贡献。

凌永铭

2019年2月

（作者系上海继续工程教育协会副理事长兼秘书长）

目　　录

第一章　人工智能概述

人工智能（Artificial Intelligence，AI）即“人造智能”“机器智能”“非自然智能”。人工智能是在数学、计算机科学、控制论、信息论、神经心理学、哲学、语言学等多学科研究的基础上发展起来的一门综合性交叉学科。人工智能主要研究采用人工的方法与技术，模仿、延伸和扩展人类的智能。自 1956 年人工智能这个术语被提出并成为一门新兴学科以来，人工智能获得了迅速发展并取得了惊人成就，引起了人们的高度重视。作为一门引领未来的科学，人工智能的思想、理论、方法和技术已渗透到科学技术的诸多领域和人类社会的各个方面。

1.1　人工智能的概念

人工智能到目前为止还没有一个统一的定义，其主要原因是人工智能的定义依赖于智能的定义，而智能目前还没有严格的定义。什么是智能？智能的本质是什么？这是古今中外诸多哲学家、脑科学家一直在努力探索和研究的问题，至今仍然没有完全解决，以至于被列为自然界四大奥秘（物质的本质、宇宙的起源、生命的本质、智能的发生）之一。人类已经创造出很多能够模仿人体某些器官功能的机器，那么能不能让机器模仿人类大脑的功能呢？到目前为止，我们仅知道人类大脑是由数十亿个神经细胞组成的器官，其他方面则知之甚少，模仿大脑或许是最困难的一件事情。理解人工智能，首先要从智能讲起。

1.1.1　智能的概念

人类的诸多活动，如下棋、竞技、解题、游戏、规划和编程，甚至驾车、骑车等都需要“智能”。如果机器能够执行这些任务，就可以认为其已具有某种性质的“人工智能”。智能主要是指人类的自然智能，其确切定义还有待于对人脑奥秘的彻底揭示。一般认为，智能是一种认识客观事物和运用知识解决问题的综合能力。目前，科研人员大多把对人脑的已有认识与智能的外在表现结合起来，从不同的角度、不同的侧面，用不同的方法对智能进行研究，提出各种不同的理论观点。其中，影响较大的理论主要有思维理论、知识阈值理论、进化理论等。

1. 思维理论

智能来源于思维活动，这种观点被称为思维理论。思维理论来自认知科学。认知科学又称为思维科学，是研究人们认识客观世界的规律和方法的一门科学，其目的在于揭开大脑思维功能的奥秘。认知科学强调思维的重要性，认为智能的核心是思维，人的一切智慧或智力都来自大脑的思维活动，人的一切知识都是思维的产物，因而通过对思维规律与思维方法的研究，有望揭示智能的本质。

2. 知识阈值理论

智能取决于可运用的知识，这种观点被称为知识阈值理论。知识阈值理论强调知识对智能的重要意义和作用，认为智能行为取决于知识的数量及其一般化的程度。一个系统之所以有智能是因为它具有可运用的知识。一个系统所具有的可运用知识越多，其智能水平就会越高。知识阈值理论把智能定义为在巨大的搜索空间中迅速找到一个满意解的能力。这一理论在人工智能的发展中有着重要的影响，知识工程、专家系统等都是在这一理论的影响下发展起来的。

3. 进化理论

智能可由逐步进化来实现，这种观点被称为进化理论。人的根本能力是在动态环境中的行走能力、对外界事物的感知能力、维持生命和繁衍生息的能力，正是这些能力为智能的发展提供了基础。因此，智能是某种复杂系统所浮现的性质，是由许多部件交互作用产生的，它仅仅由系统总的行为及行为与环境的联系所决定，可以在没有明显的内部表达的情况下产生，也可以在没有明显的推理系统出现的情况下产生。进化理论是美国麻省理工学院（MIT）的布鲁克斯教授在对人造机器虫进行研究的基础上提出来的。该理论认为智能取决于感知和行为，取决于对外界复杂环境的适应，智能可以由逐步进化来实现。目前，这一观点有待进一步的研究，但由于其与之前的传统看法完全不同，因而引起了人工智能界的注意。

上述三种理论对智能的认识角度不同，相互对立又具有统一性。思维理论和知识阈值理论对应于高层智能，而进化理论则对应于中层智能和低层智能。综合上述观点，可以认为：智能是知识与智力的总和，其中知识是一切智能行为的基础，智力是获取知识并运用知识求解问题的能力，即在任意给定环境和目标的条件下正确制定决策和实现目标的能力，它来自人脑的思维活动。

1.1.2 智能的特征

近年来，随着脑科学、神经心理学等学科研究的进展，人们对人脑的结构与功能有了初步认识，但对整个神经系统的内部结构和作用机制，特别是脑的功能原理还没有认识清楚，有待进一步的探索。人类智能总体上可分为高、中、低三个层次，不同层次的智能活动由不同的神经系统来完成。其中，高层智能主要由大脑皮层（也称抑制中枢）来组织实现，主要负责记忆、思维等活动；中层智能主要由丘脑（也称感觉中枢）来组织实现，主要负责感知活动；低层智能主要由小脑、脊髓来组织实现，主要负责行为活动。智能的每个层次都可以再进行细分。例如，思维活动可按思维的功能分为联想、推理、学习、识别、理解等，或按思维的特性分为形象思维、抽象思维、灵感思维等；感知活动可按感知的功能分为视觉、听觉、味觉、嗅觉、触觉等；行为活动可按行为的功能分为运动控制、生理调节、语言生成等。按照认知科学的观点，智能是由神经系统表现出来的一种综合能力，其主要特征包括以下四个方面。

1. 感知能力

感知能力是指人们通过视觉、听觉、味觉、嗅觉、触觉等感觉器官感知外部世界的能力。感知是人类最基本的生理、心理现象，也是人类获取外界信息的基本途径。人类对感知到的不同外界信息通常有两种不同的处理方式：一种是针对简单或紧急情况，人类可不经大脑思考，直接由低层智能做出反应；另一种是针对复杂情况，人类一定要经过大脑的思考才能做出反应。如果没有感知，人类就不可能获得知识，也不可能发起各种智能活动。因此，感知是产生智能活动的前提。视觉与听觉在人类感知中占有主导地位，80% 以上的外界信息是通过视觉得到的，10% 左右的外界信息是通过听觉得到的。因此，人工智能的机器感知研究主要指机器视觉与机器听觉研究。

2. 记忆与思维能力

记忆与思维是人脑最重要的功能，也是人类智能最主要的表现形式。记忆是对感知到的外界信息或由思维产生的内部知识的存储过程。思维是对所存储的信息或知识的本质属性、内部规律等的认识过程。思维用于对记忆的信息进行处理，即利用已有的知识对信息进行分析、计算、比较、判断、推理、联想、决策等。思维是获取知识及运用知识求解问题的根本途径。人的一切智能都来自大脑的思维活动，人类的一切知识都是大脑思维的产物。人类基本的思维方式有形象思维、抽象思维和灵感思维。人的记忆与思维是不可分的，总是相伴相随。它们的物质基础都是由神经元组成的大脑皮质，相关神经元此起彼伏的兴奋与抑制实现了大脑的记忆与思维。记忆与思维是人有智能的根本原因。

3. 学习和自适应能力

学习是一个具有特定目的的知识获取过程。学习和自适应是人类的一种本能。一个人只有通过学习才能增长知识，提高适应环境的能力。尽管不同的人在学习方法、学习效果等方面有较大的差异，但学习却是每个人都具有的一种基本能力。学习既可能是自觉的、有意识的，也可能是不自觉的、无意识的；既可以通过他人经验传授获得，也可以通过自己实践获得。

4. 行为能力

行为能力是指人类对感知到的外界信息做出动作反应的能力。引起动作反应的信息可以是由感知直接获得的外部信息，也可以是经思维加工后的内部信息。动作反应的过程一般通过内在情感来控制，并由语言、表情、体态等来实现。

1.1.3 人类智能的计算机模拟

在人类智能（自然智能）研究方面，科研人员主要沿着“认识脑—保护脑—修复脑—开发脑”的方向展开研究，基础工作集中在“认识脑”方面，包括认识脑的结构和理解脑的功能。最初，人类主要通过医学解剖来观察脑的生理组织构造。后来，人类发明了显微镜，可以对脑的解剖结构进行更细致的观察。之后，人类进一步发明了染色法、造影术、示踪术和脑电技术，可以更具体地显示和观察脑内神经系统的组织结构。分子生物学的发展使人们对脑的研究从器官组织层面深入到分子层面。近几十年迅速发展起来的正电子发射断层显像（PET）技术和功能性磁共振成像（fMRI）技术，使人们可以在无创伤的条件下了解脑的组织结构及其基本功能，观察在一定思维状态下脑组织参与活动的情况。

自然智能研究发现，脑既有分区工作的特点又有并行工作的特点，以此保障其工作的高度灵活性与高度适应性。具有特别重大意义的是，研究发现了脑内的“皮层—新皮层”结构和功能的进化规律，这对人类认识脑和模拟脑具有巨大的启发作用。鉴于脑的高度复杂性和研究手段的相对不完善性，目前人类对脑的认识还处在相对初级的阶段。迄今为止，人类对脑与认知科学研究的基本问题——“脑结构的认知机理”仍然无法给出明确的回答，这是自然智能研究面临的一个巨大挑战。

在人工智能研究方面，科研人员一直沿着模拟人脑的方向做出努力。由于智能问题高度复杂，科研人员一时难以总览智能系统的全局，于是便按照传统科学理念，分别从智能系统的结构、功能和行为三个基本侧面展开对智能的研究，先后形成了模拟大脑结构的结构主义方法、模拟大脑逻辑思维功能的功能主义方法、模拟智能系统行为的行为主义方法，相应地建立了人工智能的三种重要学说：人工神经网络学说、符号逻辑人工智能学说、感知动作系统学说。

人类认知活动具有层次性，对认知行为的研究也应具有层次性，以便不同学科之间分工协作、联合攻关，早日解开人类认知本质之谜。具体而言，可从下列四个层次开展对认知本质的研究。

1. 认知生理学

认知生理学研究认知行为的生理过程，主要研究人的神经系统（神经元、中枢神经系统等）活动，是认知科学研究的底层。它与心理学、神经学和脑科学有着密切的关系，且与基因学、遗传学等研究领域有交叉关系。

2. 认知心理学

认知心理学研究认知行为的心理活动，主要研究人的思维策略，是认知科学研究的顶层。它与心理学有着密切的关系，且与人类学和语言学研究领域有交叉关系。

3. 认知信息学

认知信息学研究人的认知行为在人体内的初级信息处理，主要研究人的认知行为如何通过初级信息自然处理由生理活动变为心理活动及其逆过程。这是认知活动的中间层，起承上启下的作用。它与神经学、信息学和计算机科学有着密切的关系，并与心理学和生理学研究领域有交叉关系。

4. 认知工程学

认知工程学研究认知行为的信息加工处理，主要研究如何通过以计算机为中心的人工信息处理系统对人的各种认知行为（如知觉、记忆、思维、语言、学习、理解、推理、识别等）进行信息处理。它是研究认知科学和认知行为的工具，应成为现代认知生理学和现代认知心理学的重要研究手段。认知工程学与人工智能、信息学和计算机科学有着密切的关系，并与控制论、系统学等研究领域有交叉关系。只有开展大跨度的多层次、多学科交叉研究，应用现代智能信息处理的最新手段，认知科学才可能较快地取得突破性成果。

1.1.4　人工智能的定义

人工智能是研究理解和模拟人类智能、智能行为及其规律的一门学科，其主要任务是建立智能信息处理理论，进而设计可展现某些近似于人类智能行为的计算机系统。综合各种不同的人工智能观点，可以从“能力”

和“学科”两个方面对人工智能进行定义。从能力的角度来看，人工智能是指用人工的方法在机器（计算机）上实现智能；从学科的角度来看，人工智能是一门研究如何构造智能机器或智能系统，使之能模拟、延伸和扩展人类智能的学科。

如何衡量机器是否具有智能呢？1950年，人工智能还没有作为一门学科正式出现之前，英国数学家图灵就在他发表的一篇题为 *Computing Machinery and Intelligence*（《计算机器与智能》）的文章中提出了“机器能思维”的观点，并设计了一个很著名的测试机器智能的实验，称为“图灵测试”。图灵测试的参加者由一位测试主持人和两个被测试对象组成。在两个被测试对象中，一个是人，另一个是机器。测试主持人和每个被测试对象分别位于彼此不能看见的房间中，相互之间只能通过计算机终端进行会话。测试开始时，由测试主持人向被测试对象提出各种具有智能性的问题，但不能询问被测试对象的物理特征。被测试对象在回答问题时，都应尽量使测试主持人相信自己是“人”，而另一位是“机器”。在这个前提下，要求测试主持人区分这两个被测试对象中哪个是人、哪个是机器。如果测试主持人不能分辨对方是人还是机器，那么就可以认为那台机器达到了人类智能的水平。

对于图灵测试所依据的判断人工智能的标准，也有人提出了质疑，认为该测试仅反映了结果的比较，没有涉及思维的过程。美国哲学家约翰·塞尔勒在1980年设计了“中文屋思想实验”，说明了不同的观点。在中文屋思想实验中，一个完全不懂中文的人在一间密闭的屋子里，随身带有一本讲述中文处理规则的书，其不必理解中文就可以使用这些规则。屋外的测试者不断通过门缝递送一些写有中文语句的纸条，屋里的人在书中查找处理这些中文语句的规则，根据规则将一些中文字符抄在纸条上作为对相应语句的回答，并将纸条递出房间。在屋外的测试者看来，屋里的人仿佛是一个以中文为母语的人，但实际上屋里的人并不理解自己所处理的中文，也不会在此过程中提高自己对中文的理解。用计算机模拟这个系统可以通过图灵测试。这说明一个按照规则执行的计算机程序不能真正理解其输入、输出的意义。许多人对塞尔勒的中文屋思想实验进行了反驳，但还没有人能够彻底将其驳倒。实际上，要使机器达到人类智能的水平是非常困难的。但在一些领域，人工智能可以充分利用计算机的特点，具有显著的优越性。2014年，图灵测试举办方英国雷丁大学宣称居住在美国的俄罗斯人弗拉基米尔·维西罗夫发明的智能软件通过了图灵测试，该软件让33%的测试者相信它是人类。

人工智能的发展虽然已走过了半个多世纪的历程，但是目前对人工智能尚无统一的定义。下面从四个侧面给出人工智能的几个定义。

1. 类人行为方法

库兹韦勒提出，人工智能是一种创建机器的技艺，这种机器能够执行需要人的智能才能完成的功能。这与图灵测试的观点吻合，是一种类人行为定义的方法。因此，人工智能可定义如下。

定义一：人工智能是制造能够完成需要人的智能才能完成的任务的机器的技术。

定义二：人工智能是研究如何让计算机做现阶段人类才能做得更好的事情。

一台机器要通过图灵测试需要具有以下能力：①自然语言处理，使人能用自然语言与计算机进行交流；②知识表示，存储其知道的或听到的、看到的信息；③自动推理，能根据存储的信息回答问题，并提出新的结论；④机器学习，能适应新的环境，并能检测和推断新的模式；⑤计算机视觉，可以感知物体；⑥机器人技术，可以操纵和移动物体。这六个领域构成了人工智能的大部分内容。

2. 类人思维方法

20 世纪 50 年代末，科研人员在对神经元的模拟中提出了用一种符号来标记另一些符号的存储结构模型，这是早期的记忆块概念。20 世纪 80 年代初，纽厄尔提出通过获取任务环境中关于相关问题的知识可以改进系统的性能，记忆块可以作为对人类行为进行模拟的模型基础。通过观察问题求解过程，获取经验记忆块，用其代替各个子目标中的复杂过程，可以明显提高系统求解的速度。莱尔德和罗森·布鲁姆由此提出了"经验学习"。1987 年，纽厄尔提出了一个通用解题结构的理论认知模型，即状态、算子和结果，其基本原理是不断地用算子作用于状态。该方法采用的是认知模型——关于人类思维工作原理的可检测理论。认知科学是研究人类感知和思维信息处理过程的一门科学，它把来自人工智能的计算机模型和来自心理学的实验技术结合在一起，目的是对人类大脑的工作原理给出准确和可测试的模型。因此，人工智能可定义如下。

定义三：人工智能是一种使计算机能够思维、使机器具有智力的激动人心的新尝试。

定义四：人工智能是那些与人的思维、决策、问题求解、学习等有关的活动的自动化。

3. 理性思维方法

1985 年，查尼艾克和麦克德莫特提出人工智能是用计算模型研究智力能力，是一种理性思维方法。一个系统如果能够在其所知范围内正确行事，它就是理性的。古希腊哲学家亚里士多德是首批试图严格定义“正确思维”的人之一，他将其定义为不能辩驳的推理过程。他的三段论方法给出了一种推理模式，当已知前提正确时总能产生正确的结论。例如，专家系统是推理系统，所有的推理系统都是智能系统，所以专家系统是智能系统。这些思维法则被认为支配着心智活动，对它们的研究创立了“逻辑学”。19 世纪后期至 20 世纪早期发展起来的形式逻辑给出了描述事物的语句以及描述事物之间关系的精确符号，到了 1965 年，理论上已经可以通过程序求解任何用逻辑符号描述的可解问题。人工智能领域中传统的逻辑主义希望通过编制逻辑程序来创建智能系统。因此，人工智能可定义如下。

定义五：人工智能是用计算模型对智力行为进行的研究。

定义六：人工智能是研究那些使理解、推理和行为成为可能的计算。

4. 理性行为方法

尼尔森认为人工智能关心的是人工制品中的智能行为。这种人工制品主要指能够动作的智能体。行为上的理性指的是已知某些信念，执行某些动作以达到某个目标。智能体可以看作进行感知和执行动作的某个系统。在理性行为方法中，人工智能可以理解为就是研究和建造理性智能体。理性思维方法强调的是正确的推理，做出正确的推理有时被作为理性智能体的一部分，因为理性行动的一种方法是有逻辑地推理出结论。但是正确的推理并不是理性的全部，因为在有些情景下，往往没有某个行为一定是正确的而其他是错误的，也就是说没有可以被证明是正确的、应该做的事情，但是还必须要做某件事情。当知识是完全的并且资源无限的时候，就是所谓的逻辑推理。当知识是不完全的或者资源有限的时候，就是所谓的理性行为。理性思维和行为常能够根据已知的信息（知识、时间、资源等）做出最合适的决策。尼尔森提出的人工智能定义如下。

定义七：人工智能是关于知识的科学（知识的表示、知识的获取及知识的运用），是一门通过计算过程力图解释和模仿智能行为的学科。

定义八：人工智能是那些与人的思维相关的活动（如决策、问题求解、学习等）的自动化，是计算机科学中与智能行为自动化有关的一个分支。

总之，人工智能是智能机器所执行的通常与人类智能有关的智能行为，如判断、推理、证明、识别、感知、理解、通信、设计、思考、规划、学习、问题求解等思维活动。通俗地说，人工智能就是要研究如何使机器具有能听、会说、能看、会写、能思维、会学习、能适应环境变化、会解决各种实际问题等功能的一门学科。人工智能是一门研究用人工的方法与技术，模仿和扩展人的智能，实现机器智能的学科。人工智能学科是计算机科学中涉及研究、设计和应用智能机器的一个分支，是智能科学中涉及研究、设计和应用智能机器与智能系统的一个分支。

1.2　人工智能的发展简史

人工智能自诞生以来走过了一条曲折的发展道路。人工智能的产生和发展过程可以按照其在不同时期的主要特征大致分为孕育期、形成期、暗淡期、知识应用期、集成发展期等阶段。这种时期划分方法并不十分严谨，因为许多事件可能跨越不同时期，而一些事件虽然时间相隔甚远但又可能密切相关。

1.2.1　孕育期

人工智能的历史背景可追溯到遥远的过去，研究和制造具有“拟人智能”的机器是人们长期以来的愿望。人工智能学科的孕育经历了一个相当漫长的历史过程。人工智能孕育期的主要贡献包括以下几方面。

早在公元前4世纪，伟大的哲学家和思想家亚里士多德就在《工具论》中提出三段论。三段论至今仍是演绎推理的基本依据。三段论是以真言判断为前提的一种演绎推理，它借助于一个共同项把两个真言判断联系起来，从而得出结论。三段论的演绎推理迈出了向人工智能发展的早期步伐，可以把它看作原始的知识表达规范。

英国哲学家培根曾系统地提出归纳法，还提出了“知识就是力量”的警句。这对研究人类的思维过程以及自20世纪70年代人工智能转向以知识为中心的研究都产生了重要影响。

德国数学家和哲学家莱布尼茨提出了万能符号和推理计算的思想，他认为可以建立一种通用的符号语言以及在此符号语言上进行推理的演算。这一思想不仅为数理逻辑的产生和发展奠定了基础，而且是现代机器思维设计思想的萌芽。

英国逻辑学家布尔致力于使“思维规律”形式化和机械化，并创立了布尔代数。他在《思维法则》一书中首次用符号语言描述了思维活动的基本推理法则。

英国数学家图灵在1936年提出了理想计算机模型的自动机理论，以离散量的递归函数作为智能描述的数学基础，给出了基于行为主义的测试机器是否具有智能的标准，即图灵测试。图灵提出理论计算机模型，为电子计算机设计奠定了基础，促进了人工智能，特别是思维机器的研究。

1943年，心理学家麦卡洛克和数理逻辑学家皮茨在《数学生物物理公报》上发表了关于神经网络的数学模型。该模型现在一般称为M-P模型，它开创了微观人工智能的研究工作，为后来人工神经网络的研究奠定了基础。

1945 年，冯·诺依曼提出了存储程序概念。美国数学家、电子数字计算机的先驱莫克利等人于 1946 年研制成功了世界上第一台通用电子计算机。

1948 年，香农发表了《通信的数学理论》，标志着信息论的诞生。他认为人的心理活动可以用信息的形式来进行研究，并提出了描述心理活动的数学模型。

1948 年，维纳创立了控制论，它是一门研究和模拟自动控制的生物和人工系统的学科，标志着人们根据动物心理和行为科学进行计算机模拟研究和分析的基础已经形成，开拓了从行为模拟观点研究人工智能的园地。

1950 年，图灵发表了著名论文《计算机器与智能》，明确提出了“机器能思维”的观点。

至此，人工智能的雏形已初步形成，人工智能的诞生条件也已基本具备。人工智能开拓者们在数理逻辑、计算本质、控制论、信息论、自动机理论、神经网络模型、电子计算机等方面做出的创造性贡献，奠定了人工智能发展的理论基础，孕育了人工智能。

1.2.2 形成期

1956 年夏季，美国达特茅斯学院召开了关于“如何用机器模拟人的智能”的学术研讨会，研讨会由麦卡锡、明斯基、香农等发起，西蒙、塞缪尔、纽厄尔等参加，会上第一次正式采用“人工智能”这个术语。这次学术会议标志着人工智能作为一门新学科的诞生。此后，美国形成了多个人工智能研究组织，如纽厄尔和西蒙的 Carnegie RAND（卡耐基兰德）协作组、明斯基和麦卡锡的 MIT 研究组、塞缪尔的 IBM（国际商业机器公司）工程研究组等。之后的十多年中，人工智能在机器学习、定理证明、模式识别、问题求解、专家系统、人工智能语言等众多领域取得了一大批重要的研究成果。人工智能的形成期大约为从 1956 年开始的十多年，这一时期的主要成就包括以下几方面。

1956 年，纽厄尔和西蒙研制成功了“逻辑理论家”推理程序，该程序模拟了人们用数理逻辑证明定理时的思维规律，证明了怀特海德和罗素的《数学原理》第二章中的 38 条定理，后来经过改进，又于 1963 年证明了该章中的全部 52 条定理。这一工作受到了高度的评价，被认为是计算机模拟人的重大成果，是人工智能的真正开端。

1956 年，塞缪尔研制成功了具有自学习、自组织和自适应能力的西洋跳棋程序。该程序可以从棋谱中获得知识，也可以在下棋过程中积累经验，从而提高棋艺。

1957 年，罗森布拉特研制成功了感知机。这是一种将人工神经元用于识别的系统，它的学习功能引起了科学家们的广泛兴趣，推动了连接机制的研究。

1958 年，麦卡锡建立了行动规划咨询系统。1960 年，麦卡锡又研制了人工智能语言 LISP（表处理）。目前，LISP 语言仍然是人工智能系统重要的程序设计语言和开发工具。美籍华人数理逻辑学家王浩于 1958 年在 IBM-704 机器上用 3～5 分钟证明了《数学原理》中有关命题演算的全部定理（220 条），并且还证明了谓词演算 150 条定理中的 85%。

1960 年，纽厄尔、肖、西蒙等研制了通用问题求解程序，它是对人们求解问题时的思维活动的总结。他们发现人们求解问题时的思维活动包括三个步骤：制订出大致的计划；根据记忆中的公理、定理和解题计划实施解题过程；在实施解题过程中，不断进行方法和目的的分析，修正计划。他们还首次提出了“启发式搜索”的概念。

1965 年，鲁滨逊提出归结原理（消解原理），这被认为是一个重大的突破，也为定理的机器证明研究带来了又一次高潮。

1968 年，美国斯坦福大学费根鲍姆领导的研究小组研制成功了化学专家系统 DENDRAL，这被认为是专家系统的萌芽。

在知识表示方面，1968 年奎廉提出了特殊的语义网络结构，明斯基在同年从信息处理的角度对语义网络的使用做出了很大的贡献。

1969 年召开的第一届国际人工智能联合会议（IJCAI）标志着人工智能作为一门独立的学科登上了国际学术舞台。1970 年，《人工智能》国际杂志创刊，对开展人工智能国际学术活动和交流、促进人工智能的研究和发展起到了积极的作用。

1.2.3 暗淡期

人工智能在经过形成期的快速发展之后，很快就遇到了许多麻烦。

在博弈方面，塞缪尔的下棋程序在与世界冠军对弈时，五局中败了四局。

在定理证明方面，鲁滨逊的归结原理被发现证明能力有限。当用归结原理证明“两个连续函数之和还是连续函数”时，推了 10 万步也未能证明出结果。

在问题求解方面，由于过去研究的多是良结构的问题，而现实世界中的问题却多为不良结构，如果仍用原先的方法去处理，将会产生组合爆炸问题。

在机器翻译方面，原本人们以为只要有一本双解字典和一些语法知识就可以实现两种语言的互译，但后来发现并不那么简单。例如，把“心有余而力不足”的英语句子“The spirit is willing but the flesh is weak”翻译成俄语，然后再翻译回来时就变成了“The wine is good but the meat is spoiled”，即“酒是好的，肉变质了”。1960 年，美国政府顾问委员会的一份报告裁定：“还不存在通用的科学文本机器翻译，也没有很近的实现前景。”因此，英国、美国当时中断了对大部分机器翻译项目的资助。

在神经生理学方面，研究发现人脑由 10 亿个左右的神经元组成，在当时的技术条件下用机器从结构上模拟人脑是根本不可能的。明斯基和派珀特出版的专著 *Perceptrons*（《感知机》）指出了单层感知机模型存在的严重缺陷，致使人工神经网络的研究落入低潮。

在人工智能的本质、理论、思想和机理方面，人工智能受到了来自哲学、心理学、神经生理学等各界的责难、怀疑和批评。

在机器学习等其他方面，人工智能也都遇到了困难，研究一时陷入了困境。

1971 年，英国剑桥大学数学家詹姆士按照英国政府的旨意发表了一份关于人工智能的综合报告，声称“人工智能研究即使不是骗局，也是庸人自扰”。在这份报告的影响下，英国政府削减了人工智能研究经费，解散了人工智能研究机构。在美国，在人工智能研究方面颇有影响力的 IBM 公司被迫取消了所有的人工智能研究。人工智能研究在世界范围内陷入困境，处于低潮。

1.2.4 知识应用期

在困难和挫折面前，人工智能的先驱者们在反思中认真总结了人工智能发展过程中的经验教训，从而又开创了一条以知识为中心、面向应用开发的研究道路，使人工智能又进入了一条新的发展道路。通常，人们把从 1971 年到 20 世纪 80 年代末这段时间称为人工智能的知识应用期（也有人称为低潮时期）。

知识工程是一门以知识为研究对象的学科，它将具体智能系统研究中那些共同的基本问题抽取出来，作为知识工程的核心内容，使之成为指导研制各类智能系统的一般方法和基本工具。专家系统（ES）是一个具有大量专门知识，并能够利用这些知识去解决特定领域中需要由专家才能解决的那些问题的计算机程序。专家系统使人工智能实现了从理论研究走向实际应用，从一般思维规律探讨走向专门知识运用的重大突破，是人工智能发展史上的一次重要转折。

1972—1976 年，费根鲍姆研究小组成功开发了 MYCIN 医疗专家系统，该专家系统用于抗生素药物治疗。在 1977 年举行的第五届国际人工智能联合会议上，费根鲍姆正式提出了知识工程的概念，并预言 20 世纪 80 年代将是专家系统蓬勃发展的时代。事实上，在整个 20 世纪 80 年代，专家系统和知识工程的确在全世界得到迅速发展。第一个成功应用的商用专家系统于 1982 年开始在美国数字装备集团公司（DEC）运行，用于进行新计算机系统的结构设计。到 1988 年，DEC 的人工智能团队开发了 40 个专家系统。当时，几乎每个美国大公司都拥有自己的人工智能小组，并应用专家系统或投资专家系统技术。在 20 世纪 80 年代，日本和西欧各国也争先恐后地投入到对专家系统的开发中，并将其应用于工业部门。日本 1981 年发布了"第五代计算机计划"，其构想中的计算机的主要特征是具有智能接口、知识库管理和自动解决问题的能力，并在其他方面具有人的智能行为。这一计划的提出使全世界形成了一股热潮，促使各重要国家都开始制订对新一代智能计算机的开发和研制计划，使人工智能进入了一个基于知识的兴旺时期。1981 年，斯坦福大学国际人工智能中心的杜达等人成功研制了地质勘探专家系统 PROSPECTOR。在开发专家系统的过程中，许多研究者获得共识，即人工智能系统是一个知识处理系统，知识表示、知识利用和知识获取成为人工智能系统的三个基本问题。

然而，日本、美国、英国等国家所制订的那些针对人工智能的大型计划多数执行到 20 世纪 80 年代中期就开始面临重重困难，人们已经看出研究达不到预想的目标。1992 年，第五代计算机系统（FGCS）正式宣告失败。通过进一步分析发现，失败的原因不只是个别项目的问题，更是涉及人工智能研究的根本性问题。总的来讲，根本性问题为两个：一个是所谓的交互问题，即传统人工智能方法只能模拟人类深思熟虑的行为，而不包括人与环境的交互行为；另一个是扩展问题，即所谓的大规模问题，传统人工智能方法只适合于建造领域狭窄的专家系统，而不能简单地推广应用到规模更大、领域更宽的复杂系统。诸多计划的失败对人工智能的发展是一个挫折。于是，到了 20 世纪 80 年代中期，专家系统研究热大大降温，进而导致一部分人对人工智能的前景持悲观态度，甚至有人提出人工智能的冬天已经来临。

1.2.5　集成发展期

1980 年年初，人工神经网络的研究开始复苏。1982 年，霍普菲尔德提出的 Hopfield（霍普菲尔德）网络的突破性进展再度唤起了人们对神经网络的研究热情。1985 年，辛顿研制出 Boltzman（玻尔兹曼）机，采用

“模拟退火”的方法，使系统可以从局部极小状态跳出，趋向于全局极小状态。1986年，鲁姆哈特等研制出新一代的多层感知机——反向传播（BP）神经网络，突破了简单感知机的局限性，提高了多层感知机的识别能力。1987年，首届国际人工神经网络学术大会在美国的圣地亚哥举行，会上成立了国际神经网络协会（INNS），掀起了人工神经网络研究的第二次高潮。1986年之后也称为集成发展期。计算智能弥补了人工智能在数学理论和计算上的不足，更新和丰富了人工智能的理论框架，使人工智能进入了一个新的发展时期。随着人工神经网络的再度兴起和布鲁克斯机器虫的出现，人工智能研究形成了相对独立的三大学派，即基于知识工程的符号主义学派、基于人工神经网络的联结主义学派和基于控制论的行为主义学派。它们在学术观点与科学方法上存在严重的分歧和差异，在特定的历史条件下，各自走出了自己的研究道路和成长历史。从20世纪80年代末开始，科研人员们又进一步认识到，三个学派各有所长，应相互结合、取长补短、综合集成，因此这段时间成为由学派分立走向学派综合的时期。

自21世纪初以来，以人工智能为核心，自然智能、人工智能、集成智能和协同智能集成发展的模式引起了人们的极大关注。协同智能是指个体智能相互协调所涌现的群体智能。此时期，智能科学技术研究的主要特征包括以下四个方面：由对人工智能的单一研究走向对以自然智能、人工智能、集成智能为一体的协同智能的研究；由人工智能学科的独立研究走向与脑科学、认知科学等学科的交叉研究；由多个不同学派的分立研究走向多学派的综合研究；由对个体、集中智能的研究走向对群体、分布智能的研究。互联网为智能科学与技术提供了重要的研究、普及和应用平台。

近十年来，深度学习的研究逐步深入，并已在图像处理、计算机视觉、自然语言处理等领域获得比较广泛的应用。这些研究成果活跃了学术氛围，推动了机器学习的发展。这些新的人工智能理论、方法和技术的出现，以及人工智能各大学派携手合作、共同发展的方式，开创了人工智能发展的新时期。

1.2.6 我国人工智能的发展

我国人工智能研究起步较晚，纳入国家计划的智能模拟研究始于1978年。自1981年起，我国相继成立了中国人工智能学会（CAAI）、中国计算机学会人工智能与模式识别专业委员会、中国自动化学会模式识别与机器智能专业委员会、中国计算机视觉与智能控制专业委员会等学术团体。我国于1984年召开了智能计算机及其系统的全国学术讨论会；1986年起把智能计算机系统、智能机器人和智能信息处理（含模式识别）等重大项目列入国家高技术研究发展计划（“863”计划）；1989年首次召开了中国人工智能联合会议（CJCAI）；1989年创刊了《模式识别与人工智能》；1993年起把智能控制和智能自动化等项目列入国家科技攀登计划；1997年起把智能信息处理、智能控制等项目列入国家重点基础研究发展计划（“973”计划）；2006年创刊了《智能系统学报》和《智能技术》杂志。进入21世纪后，在最新制定的《国家中长期科学和技术发展规划纲要（2006—2020年）》中，“脑科学与认知科学”已被列入八大前沿科学问题之一。2017年，我国政府提出了《新一代人工智能发展规划》，使人工智能上升为国家战略。

我国科技工作者在人工智能领域也取得了一些具有国际领先水平的创造性成果。其中，吴文俊院士关于几何定理证明的“吴氏方法”在国际上产生了重大影响，并荣获2001年国家科学技术最高奖励。2006年是符号逻辑（功能模拟）人工智能诞生50周年，中国人工智能学会和美国人工智能学会、欧洲人工智能协调委员会合作，在北京召开了“2006人工智能国际会议”，系统总结了50年来人工智能发展的成就和问题，探讨了未来的研究方向。会议期间，中国人工智能学会提出了以高等智能为标志的研究理念和纲领，得到了与会者的普遍认同。目前，我国已有数以万计的科技人员和大学师生从事不同层次的人工智能研究与学习。人工智能研究必将为促进其他学科的发展和我国的现代化建设做出新的重大贡献。

1.3　人工智能的研究目标、方法、学派与内容

1.3.1　人工智能的研究目标

1978年，斯洛曼对人工智能的研究给出了以下三个主要目标：提出对智能行为的解释理论、解释人类智能、构造具有智能的人工制品。要实现斯洛曼的这些目标，需要同时开展对智能机理和智能构造技术的研究。对于图灵所期望的那种智能机器，尽管他没有提到思维过程，但要真正实现这种智能机器，同样离不开对智能机理的研究。因此，揭示人类智能的根本机理，用智能机器去模拟、延伸和扩展人类智能应该是人工智能研究的根本目标，或者称为远期目标。人工智能的远期目标涉及脑科学、认知科学、计算机科学、系统科学、控制论、微电子等多个学科，并有赖于这些学科的共同发展。但从目前这些学科的现状来看，实现人工智能的远期目标还需要一段较长的时期。人类对自身的思维活动过程和各种智力行为的机理还知之甚少，还不知道要模仿对象的本质和机制。

人工智能的近期目标在于研究用机器来模仿、代替执行人脑的某些智力功能或活动，并开发相关理论和技术，通俗地说，就是使现有的计算机不仅能够进行一般的数值计算和非数值信息的数据处理，而且能够使用知识和计算智能模拟人类的部分智力功能，解决传统方法无法处理的问题，模拟人类的智能行为，如推理、思考、分析、决策、预测、理解、规划、设计、学习等。为了实现这个近期目标，就需要研究开发能够模仿这些人类智力活动的相关理论、技术和方法，建立相应的人工智能系统。

人工智能的远期目标与近期目标是相互依存的。一方面，近期目标的实现为远期目标的研究做好理论和技术准备，打下必要的基础，并增强人们实现远期目标的信心。另一方面，远期目标则为近期目标指明了方向，强化了近期目标的战略地位。近期目标和远期目标之间并无严格界限，近期目标会随人工智能研究的发展而变化，并最终达到远期目标。人工智能的远期目标几乎涉及自然科学和社会科学的所有学科。

1.3.2 人工智能的研究方法

长期以来，由于不同专业和研究领域的研究者各自采用不同的研究方法，因此其对智能本质的理解有异，形成了不同的人工智能研究方法。与符号主义、联结主义和行为主义相对应的人工智能研究方法为功能模拟法、结构模拟法和行为模拟法，综合这三种模拟方法的人工智能研究方法为集成模拟法。

1. 功能模拟法

符号主义学派也称为功能模拟学派。该学派认为，智能活动的理论基础是物理符号系统，认知的基元是符号，认知的过程是符号模式的操作处理过程。功能模拟法是人工智能出现时间最早和应用最广泛的研究方法。功能模拟法以符号处理为核心对人脑功能进行模拟。本方法根据人脑的心理模型把问题或知识表示为某种逻辑结构，运用符号演算，实现表示、推理、学习等功能，模拟人脑思维，实现人工智能。功能模拟法已取得许多重要的研究成果，如定理证明、自动推理、专家系统、自动程序设计、机器博弈等。该方法一般采用显式知识库和推理机来处理问题，因而能够模拟人脑的逻辑思维，便于实现人脑的高级认知功能。功能模拟法虽能模拟人脑的高级智能，但也存在不足之处。在用符号表示知识的概念时，功能模拟法的有效性很大程度上取决于符号表示的正确性和准确性。当把这些知识概念转换成推理机构能够处理的符号时，有可能丢失一些重要信息。此外，功能模拟法难以对含有噪声的信息、不确定性信息和不完全性信息进行处理。这些情况表明，单一使用符号主义的功能模拟法不可能解决人工智能的所有问题。

2. 结构模拟法

联结主义学派也称为结构模拟学派。该学派认为，思维的基元不是符号而是神经元，认知的过程也不是符号模式的操作处理过程。联结主义学派提出，对人脑从结构上进行模拟，即根据人脑的生理结构和工作机理来模拟人脑的智能属于非符号处理范畴。由于人类对大脑的生理结构和工作机理还很不清楚，因而现在只能对人脑的局部进行模拟或近似模拟。人脑中由极其大量的神经细胞构成神经网络。结构模拟法通过人脑神经网络、神经元之间的连接以及在神经元间的并行处理，实现对人脑智能的模拟。与功能模拟法不同，结构模拟法基于人脑的生理模型，通过数值计算从微观上模拟人脑，实现人工智能。结构模拟法已在模式识别和图像信息压缩方面获得成功应用。结构模拟法也有缺点，它不适合模拟人的逻辑思维过程，而且受大规模人工神经网络制造的制约，尚不能满足人脑完全模拟的要求。

3. 行为模拟法

行为主义学派也称为行为模拟学派。该学派认为，智能不取决于符号和神经元，而取决于感知和行动，因此提出智能行为的感知 - 动作模式。行为主义学派认为，智能不需要知识，不需要表示，不需要推理；人工智能可以像人类智能一样逐步进化；智能行为只能在现实世界中与周围环境交互作用而表现出来。智能行为的感知 - 动作模式并不是一种新思想，它是模拟自动控制过程的有效方法，后来被用于模拟智能行为。布鲁克斯的六足行走机器虫是行为模拟法的代表作，为人工智能研究开辟了一条新的途径。

4. 集成模拟法

上述三种人工智能的研究方法各有长短。仔细学习和研究各个学派的思想和研究方法之后不难发现，各种模拟方法可以取长补短，实现优势互补。采用集成模拟法研究人工智能，一方面可以使各学派密切合作、取长补短，把一种方法无法解决的问题转化为另一种方法能够解决的问题；另一方面可以通过逐步建立统一的人工智能理论体系和方法论，在一个统一的系统中集成逻辑思维、形象思维和进化思想，是更先进的研究方法。

1.3.3　人工智能的研究学派

不同学者对智能本质的理解和认识不同，从而逐步形成了人工智能研究的不同途径，在从不同的研究角度、用不同的研究方法对人工智能本质进行探索的过程中，逐渐形成了符号主义、联结主义和行为主义三大学派。

1. 符号主义学派

符号主义学派又称逻辑主义学派、心理学派或计算机学派，是基于物理符号系统假设和有限合理性原理的人工智能学派。符号主义源于数理逻辑。数理逻辑从 19 世纪末起就发展迅速，到 20 世纪 30 年代开始用于描述智能行为。计算机出现后，实现了逻辑演绎系统。符号主义者在 1956 年首先采用了“人工智能”这个术语，后来又发展了启发式算法、专家系统、知识工程理论与技术，并在 20 世纪 80 年代取得很大的发展。符号主义学派曾为人工智能的发展做出重要贡献，尤其是专家系统的成功开发与应用，对人工智能走向工程应用和实现理论联系实际具有特别的重要意义。

符号主义学派认为，人的认知基元是符号，认知过程即符号操作过程，智能行为的充要条件是它是一个物理符号系统。而人是一个物理符号系统，计算机也是一个物理符号系统，因此可以用计算机来模拟人的智能行为，即用计算机的符号操作来模拟人的认知过程。也就是说，人的思维是可操作的。符号主义学派还认为，知识是信息的一种形式，是构成智能的基础。人工智能的核心问题是知识表示、知识推理和知识运用。知识可用符号表示，也可用符号进行推理，因而有可能建立起基于知识的人类智能和机器智能的统一理论体系。符号主义以归结原理为基础，以 LISP 和 Prolog 语言为代表，着重研究问题求解中的启发式搜索和推理过程，在逻辑思维的模拟方面取得了成功，如自动定理证明和专家系统。

多年来，符号主义学派走过了一条“启发式算法—专家系统—知识工程”的发展道路，并一直在人工智能中处于主导地位。即使在其他学派出现之后，它也仍然是人工智能的主流学派。在研究方法上，符号主义学派认为人工智能的研究应该采用功能模拟的方法，即通过研究人类认知系统的功能和机理，用计算机进行模拟，从而实现人工智能。它主张用逻辑方法来建立人工智能的统一理论体系，但却遇到了“常识”问题的障碍，以及不确知事物的知识表示和问题求解等难题，因此受到了其他学派的批评与否定。

2. 联结主义学派

联结主义学派又称仿生学派或生理学派，其原理主要为神经网络及神经网络间的连接机制与学习算法。联结主义学派认为，人工智能源于仿生学，特别是人脑模型的研究。联结主义学派的代表性成果是 1943 年由麦卡洛克和皮茨创立的脑模型，即 M–P 模型。联结主义学派从神经元研究开始，进而研究神经网络模型和脑模型，为人工智能开创了一条用电子装置模仿人脑结构和功能的新途径。从 20 世纪 60 年代到 70 年代中期，联结主义学派对以感知机为代表的脑模型的研究曾出现过热潮。但由于当时的理论模型、生物原型和技术条件的限制，联结主义学派在 20 世纪 70 年代中期到 80 年代初期跌入低谷，直到霍普菲尔德在 1982 年和 1984 年发表两篇重要论文，提出用硬件模拟神经网络，联结主义学派才又重新抬头。1986 年，鲁姆哈特等人提出的多层网络中的反向传播算法，以及人工神经网络在图像处理、模式识别等方面表现出来的优势，使联结主义学派在新的技术条件下又掀起了一个研究热潮。此后，从模型到算法，从理论分析到工程实现，联结主义学派势头大振，为神经网络计算机走向市场打下了基础。目前，在人工智能领域中，对人工神经网络的研究热情仍然不减。

联结主义学派具有如下主要特征：

（1）通过神经元之间的并行协作实现信息处理，处理过程具有并行性、动态性、全局性；

（2）可以实现联想的功能，便于对有噪声的信息进行处理；

（3）可以通过对神经元之间连接强度的调整实现学习、分类等；

（4）适合模拟人类的形象思维过程；

（5）求解问题时，可以较快地得到一个近似解。

联结主义学派的主要学术观点是：智能活动的基元是神经细胞，智能活动的过程是神经网络的状态演化过程，智能活动的基础是神经细胞的突触联结机制，智能系统的工作模式是模拟人脑的模式。联结主义学派的主要研究方法是基于神经心理学与生理学的、以神经系统的结构模拟为重点的数学模拟与物理模拟方法。但联结主义学派的方法不适合解决逻辑思维问题，而且体系结构固定和组成方案单一的系统也不适合多种知识的开发，而已有的模型和算法也存在一定的问题，理论上的研究也有一定的困难。因此，单靠联结机制解决人工智能的全部问题是不现实的。

3. 行为主义学派

行为主义学派又称进化主义学派或控制论学派，是基于控制论和感知－动作控制系统的人工智能学派。行为主义学派认为，人工智能起源于控制论，智能取决于感知和行为，取决于对外界复杂环境的适应，而不是表示和推理，提出了智能行为的感知－动作模型。控制论思想早在 20 世纪 40 年代就成为时代思潮的重要部分，1952 年研制成功的第一个“控制论动物”——香农老鼠，影响了早期的人工智能工作者。维纳提出的控制论、麦克洛提出的自组织系统及钱学森等人提出的工程控制论和生物控制论影响了诸多领域。到 20 世纪 60 年代，上述控制论系统的研究取得了一定进展，播下了智能控制和智能机器人的种子。20 世纪 80 年代，智能控制和智能机器人系统诞生了。行为主义学派是在20世纪末才以人工智能新学派的面孔出现的，引起了许多人的兴趣。

1991年8月，在悉尼召开的第12届国际人工智能联合会议上，布鲁克斯在多年进行人造机器虫研究与实践的基础上发表了论文《没有推理的智能》，对传统人工智能进行了批评，提出了基于行为进化的人工智能研究新途径，促使在国际人工智能界形成行为主义新学派。行为主义学派认为，人的根本能力（在动态环境中的行走能力、对外界事物的感知能力、维持生命和繁衍生息的能力）为智能的发展提供了基础。在理论上，行为主义学派认为：知识的形式化表达和模型化方法是人工智能的重要障碍之一，任何一种表达方式都不能完善地表达客观世界中的真实概念，因而用符号串表示智能过程是不妥当的；智能不需要知识，不需要表示，不需要推理，人工智能可以像人类智能一样逐步进化，分阶段发展和增强；智能行为只能体现在世界中，通过与周围环境交互而表现出来；智能取决于感知和行动，应直接利用机器对环境作用，以环境对作用的响应为原型；传统人工智能学派（主要指符号主义学派，也涉及联结主义学派）对现实世界中客观事物的描述和复杂智能行为的工作模式做了虚假的、过于简单的抽象。在研究方法上，行为主义学派主张人工智能研究应采用行为模拟的方法。该学派认为，功能、结构和智能行为是不可分开的，不同的智能行为表现出不同的功能和不同的控制结构。行为主义研究方法也同样受到其他学派的怀疑与批判，其他学派认为行为主义最多只能创造出智能昆虫的行为，而无法创造出人的智能行为。有人认为布鲁克斯的机器虫在行为上的成功并不意味着其能产生高级控制行为。尽管如此，行为主义学派的兴起表明控制论和系统工程的思想将进一步影响人工智能的发展。

上述三个学派从不同侧面研究了人的自然智能，并与人脑的思维方式有着对应关系——符号主义研究抽象思维，联结主义研究形象思维，而行为主义研究感知思维。人工智能的三大学派在学术观点、研究内容、科学方法上存在分歧与差异。联结主义学派反对符号主义学派关于物理符号系统的假设，认为人脑神经网络的联结机制与计算机的符号运算模式有原则性的差别；行为主义学派批评符号主义学派、联结主义学派对真实世界做了虚假的、过分简化的抽象，认为存在“不需要知识”“不需要推理”的智能；符号主义学派与联结主义学派批评行为主义学派的研究只能创造出智能昆虫的行为，而无法创造出人的智能行为。在人工智能学科发展的过程中，科研人员逐步认识到功能模拟、结构模拟和行为模拟各有侧重、各有所长，研究中应当相互结合、取长补短。

1.3.4　人工智能的研究内容

人工智能学科有着十分广泛和极其丰富的研究内容。由于不同学派的人工智能研究者从不同的角度对人工智能的研究内容进行分类，如基于脑功能模拟、基于不同认知观、基于应用领域和应用系统、基于系统结构和支撑环境等，因此对人工智能的研究内容进行全面和系统的介绍是比较困难且没有必要的。下面综合介绍一些得到诸多学者认同并具有普遍意义的人工智能的基本研究内容。总体而言，要用机器模拟人类智能，就必须开展对机器感知、机器思维、机器学习、机器行为的研究，以及对智能系统和智能机器建造技术的研究。

机器感知是使机器具有类似于人的感觉，包括视觉、听觉、触觉、嗅觉、痛觉、接近感、速度感等。其中，最重要和应用最广的是机器视觉（计算机视觉）和机器听觉。机器视觉要能够识别与理解文字、图像、场景甚至人的身份等，机器听觉要能够识别与理解声音、语言等。机器感知是机器获取外部信息的基本途径。要使机器具有感知能力，就要为它安装各种传感器。正如人的智能离不开感知一样，为了使机器具有智能，就需要为它配置上会“听”“看”的感觉器官。对此，人工智能领域中已经形成了三个专门的研究方向，即模式识别、自然语言理解及计算机视觉。

机器思维是让计算机能够对感知到的外界信息和自己产生的内部信息进行思维性加工。人的智能来自大脑的思维活动，机器智能也主要是通过机器思维实现的。因此，机器思维是人工智能研究中非常关键的部分。它使机器能模拟人类的思维活动，能像人那样既可以进行逻辑思维，又可以进行形象思维。为了实现机器思维功能，需要在知识的表示、组织及推理方法，各种启发式搜索及控制策略，神经网络及思维机理等方面进行研究。

机器学习是让计算机能够像人那样自动地获取新知识，并在实践中不断地自我完善和增强能力。机器学习是机器具有智能的重要标志，也是人工智能研究的核心问题之一。目前，科研人员根据对人类自身学习的已有认识，已经研究出了不少机器学习方法，如记忆学习、归纳学习、解释学习、发现学习、联结学习、遗传学习等。现有的计算机系统和人工智能系统大多没有学习能力，至多也只有非常有限的学习能力。学习是人类具有的一种重要的智能行为。机器学习就是使机器（计算机）具有学习新知识和新技术并在实践中不断改进和完善的能力。机器学习能够使机器自动获取知识，通过分析文献资料、与人交谈或观察环境进行学习。知识是智能的基础，要使计算机有智能，就必须使它有知识。人们可以把有关知识归纳整理在一起，并用计算机可接受处理的方式输入计算机，使计算机具备知识，但是这种方法不能及时地更新知识，计算机也不能适应环境的变化。为了使计算机具有真正的智能，必须使计算机具有类似于人的学习能力，使它能通过学习自动地获取知识。机器学习与脑科学、神经心理学、计算机视觉、计算机听觉等都有密切联系，并依赖于这些学科的共同发展。经过近些年的研究，机器学习已经取得了很大的进展，很多学习方法被提出，特别是深度学习的研究取得了长足的进步。

机器行为是让计算机能够具有像人那样的行动和表达能力，如走、跑、拿、说、写、画等。如果把机器感知看成智能系统的输入部分，那么机器行为可看成智能系统的输出部分。研究机器的拟人行为是人工智能的高难度任务。机器行为与机器思维密切相关，机器思维是机器行为的基础。与人的行为能力相对应，机器行为主要是指计算机的表达能力，即“说”“写”“画”等能力，智能机器人还应具有人的四肢功能，即能走路、能取物、能操作等。

1.3.5 广义人工智能

2001 年，中国人工智能学会第九届全国人工智能学术年会在北京举行，时任中国人工智能学会理事长的涂序彦在大会主题报告《广义人工智能》中提出了“广义人工智能”（Generalized Artificial Intelligence，GAI）的概念，给出了广义人工智能的学科体系，人工智能学科已从学派分立的、层次不同的、传统的狭义人工智能，走向多学派兼容的、多层次结合的、现代的广义人工智能。广义人工智能的含义如下：广义人工智能是兼容多学派的“多学派人工智能”，致力于模拟、延伸与扩展“人的智能”及其他动物的智能，既研究“机器智能”，也开发“智能机器”；广义人工智能是多层次结合的“多层次人工智能”，包括自推理、自联想、自学习、自寻优、自协调、自规划、自决策、自感知、自识别、自辨识、自诊断、自预测、自聚焦、自融合、自适应、自组织、自整定、自校正、自稳定、自修复、自繁衍、自进化等，不仅研究专家系统，也研究人工神经网络、模式识别、智能机器人等；广义人工智能是“多智体协同人工智能”，不仅研究个体的、单机的、集中式人工智能，而且研究群体的、网络的、多智体、分布式人工智能，研究如何使分散的“个体人工智能”协调配合，形成协同的“群体人工智能”，模拟、延伸与扩展人的群体智能及其他动物的群体智能。

1.4　人工智能的研究与应用领域

人工智能是一门研究范围非常广泛的新兴交叉学科，它吸取了自然科学和社会科学的最新成果，以智能为核心，形成了具有自身特点的研究和理论体系。人工智能研究所涉及的主要领域包括知识表示、搜索技术、机器学习、求解数据和知识不确定问题的各种方法，应用领域包括专家系统、博弈、定理证明、自然语言理解、图像理解、智能检索、智能调度、机器学习、机器人学、智能控制、模式识别、视觉系统、神经网络、Agent（智能体）计算智能、问题求解、人工生命、人工智能方法、自动程序设计语言等。人工智能是一门综合性的学科，它是在控制论、信息论和系统论的基础上诞生的，涉及哲学、心理学、认知科学、计算机科学、数学及各种工程学方法，这些学科为人工智能的研究提供了丰富的知识和研究方法。这里采用基于智能本质与应用的划分方法，从机器感知、机器思维、机器学习、机器行为、计算智能、智能应用等方面来进行讨论。

1.4.1　机器感知

机器感知作为机器获取外界信息的主要途径，是机器智能的重要组成部分。下面介绍模式识别、自然语言理解、机器视觉。

1. 模式识别

模式识别是人工智能早期的研究领域之一。在日常生活中，客观存在的事物形式称为模式。在模式识别理论中，通常把对某一事物所做的定量或结构性描述的集合称为模式。模式识别就是让计算机能够对给定的事物进行鉴别，并把它归入与其相同或相似的模式中。其中，被鉴别的事物可以是物理的、化学的、生物的，也可以是文字、图像、声音等。为了能使计算机进行模式识别，通常需要给它配上各种传感器，使其能够直接感知外界信息。模式识别的一般过程是先采集待识别事物的信息，然后对其进行各种变换和预处理，从中抽出特征或基元，得到待识别事物的模式，再与机器中原有的各种标准模式进行比较，完成对待识别事物的分类识别，最后输出识别结果。

一个计算机模式识别系统基本上由三部分组成，即数据采集、数据处理和分类决策（或模型匹配）。模式识别技术可有多种不同的识别方法。经常采用的方法有模板匹配法、统计模式法、模糊模式法、神经网络法等。模板匹配法是把机器中原有的待识别事物的标准模式看成一个典型模板，并把待识别事物的模式与典型模板进行比较，从而完成识别工作。统计模式法是根据待识别事物的有关统计特征构造出一些彼此存在一定差别的样本，并把这些样本作为待识别事物的标准模式，然后利用这些标准模式及相应的决策函数对待识别事物进行分类识别。统计模式法适用于那些不易给出典型模板的待识别事物，如对手写体数字的识别，其识别方法是先请很多人来书写同一个数字，然后再按照它们的统计特征给出识别该数字的标准模式和决策函数。模糊模式法建立在模糊集理论基础上，实现客观世界中带有模糊特征的事物的识别和分类。神经网络法是把神经网络与模式识别相结合所产生的一种新方法。模式识别呈现多样性和多元化趋势，已经在天气预报、卫星航空图片解释、工业产品检测、字符识别、语音识别、指纹识别、医学图像分析等许多方面得到了成功的应用。

2. 自然语言理解

自然语言理解研究如何使计算机理解和生成人类的自然语言，是一门与语言学、计算机科学、数学、心理学、声学等学科相联系的交叉学科。自然语言是人类进行信息交流的主要媒介，但它的多义性和不确定性使得人类与计算机系统之间的交流还主要依靠那些受到严格限制的人工语言。自然语言在以下四个方面与人工语言有很大的差异：

（1）自然语言中充满歧义；

（2）自然语言的结构复杂多样；

（3）自然语言的语义表达千变万化，至今还没有一种简单而通用的途径来描述它；

（4）自然语言的结构和语义之间有着千丝万缕、错综复杂的联系。

要真正实现人机之间直接的自然语言交流，还有待于自然语言理解研究的突破性进展。

自然语言理解可分为声音语言理解和书面语言理解两大类。其中，声音语言的理解过程包括语音分析、词法分析、语法分析、语义分析和语用分析五个阶段，书面语言的理解过程除不需要进行语音分析外，其他四个阶段与声音语言的理解过程相同。自然语言理解的主要困难在语用分析阶段，原因是其涉及上下文，需要考虑语境对语言的影响。与自然语言理解密切相关的另一个领域是机器翻译，即用计算机把一种语言翻译成另一种语言。

自然语言理解研究有以下三个目标：

一是计算机能正确理解人类用自然语言输入的信息，并能正确答复输入的信息；

二是计算机对输入的信息能产生相应的摘要，而且能复述输入的内容；

三是计算机能把输入的自然语言翻译成要求的另一种语言，如将汉语译成英语或将英语译成汉语等。

自然语言处理技术在我国信息领域的科学技术进步与产业发展中占有特殊位置，推动着我国信息科技与产业的发展，如王选的汉字激光照排（两次获国家科技进步一等奖）、联想汉卡（获国家科技进步一等奖）、刘迎建的汉王汉字输入系统（获国家科技进步一等奖）、陈肇雄的机器翻译系统（获国家科技进步一等奖）、丁晓青的清华文通汉字 OCR（光学字符识别）系统（获国家科技进步二等奖）等。我们已经进入以互联网为主要标志的海量信息时代，数字信息的有效利用问题已成为制约信息技术发展的一个瓶颈。自然语言处理无可避免地成为信息科学技术中长期发展的一个新的战略制高点。《国家中长期科学和技术发展规划纲要》指出，我国将促进“以图像和自然语言理解为基础的‘以人为中心’的信息技术发展，推动多领域的创新”。

3. 机器视觉

机器视觉是一门用计算机模拟或实现人类视觉功能的新兴学科，其主要研究目标是使计算机具有通过二维图像认知三维环境信息的能力。这种能力不仅包括对三维环境中的物体形状、位置、姿态、运动等几何信息的感知，还包括对这些信息的描述、存储、识别与理解。

视觉是人类各种感知能力中最重要的一部分，在人类感知到的外界信息中，80% 以上是通过视觉获得的。人类对视觉信息的获取、处理与理解的大致过程是：人们视野中的物体在可见光的照射下先在眼睛的视网膜上形成图像，再由感光细胞转换成神经脉冲信号，经神经纤维传入大脑皮层，最后由大脑皮层对其进行处理与理解。由此可见，视觉不仅指对光信号的感受，还包括对视觉信息的获取、传输、处理、存储与理解的全过程。机器视觉系统先通过图像摄取装置将被摄取的目标转换成图像信号，然后将其传送给专用的图像处理系统，系统根据像素分布和宽度、颜色等信息将图像信号转换成数字信号，再对这些信号进行各种运算，抽取目标的特征，最后根据判断的结果来控制现场的设备动作。

机器视觉与模式识别存在很大程度的交叉性，两者的主要区别是机器视觉更注重三维视觉信息的处理，而模式识别仅仅关心模式的类别。此外，模式识别还处理听觉等非视觉信息。机器视觉的基本步骤是：首先获取灰度图像；其次从图像中提取边缘、周长、惯性矩等特征；最后从描述已知物体的特征库中选择特征匹配最好的相应结果。机器视觉通常可分为低层视觉与高层视觉两类。低层视觉主要执行预处理功能，如边缘检测、运动目标检测和纹理分析，通过阴影获得形状、立体造型、曲面色彩等，其目的是使被观察的对象更加凸显出来。高层视觉主要是理解所观察的对象。机器视觉的前沿研究领域包括实时并行处理、主动式定性视觉、动态和时变视觉、三维景物的建模与识别、实时图像压缩传输和复原、多光谱和彩色图像的处理与解释等。

1.4.2 机器思维

在人工智能领域，与机器思维有关的主要是知识表示与推理、搜索、问题求解、规划、定理证明、专家系统、开发工具与自动程序设计等。

1. 知识表示与推理

知识表示是把人类知识概念化、形式化或模型化，一般来说就是运用符号知识、算法、状态图等来描述待求解的问题。

推理是指按照某种策略，从已知事实出发，用知识推出所需结论的过程。机器推理可根据所用知识的确定性分为确定性推理和不确定性推理两大类。确定性推理是指推理所使用的知识和推出的结论都是可以精确表示的，其值要么为真要么为假。不确定性推理是指推理所使用的知识和推出的结论可以是不确定的，所谓不确定性是对非精确性、模糊性和非完备性的统称。现实世界中存在大量不确定性问题。不确定性推理的理论基础是非经典逻辑、概率等。非经典逻辑泛指除一阶经典逻辑以外的其他各种逻辑，如多值逻辑、模糊逻辑、模态逻辑、概率逻辑等。最常用的不确定性推理方法有基于贝叶斯公式的主观贝叶斯方法、基于 D-S 证据理论和模糊逻辑的可能性理论等。基于一阶谓词逻辑，科研人员还开发了一种人工智能程序设计语言 Prolog。

逻辑为推理特别是机器推理提供了理论基础，同时也开辟了新的推理技术和方法。随着推理的需要，还会出现一些新的逻辑。同时，这些新逻辑也会提供一些新的推理方法。推理与逻辑是相辅相成的，一方面推理为逻辑提出课题，另一方面逻辑为推理奠定基础。

2. 搜索

搜索是指为了达到某一目标，不断寻找推理线路，以引导和控制推理，使问题得以解决的过程。搜索可根据问题的表示方式分为状态空间搜索和与或树搜索两大类。其中，状态空间搜索是一种用状态空间法求解问题时的搜索方法；与或树搜索是一种用问题归约法求解问题时的搜索方法。对于搜索问题，启发式搜索方法包括状态空间的启发式搜索方法、与或树的启发式搜索方法等。搜索技术也是一种规划技术，因为对于有些问题，其解就是由搜索而得到的“路径”。在人工智能研究的初期，启发式搜索算法曾一度是人工智能的核心课题。传统的搜索技术都是基于符号推演方式进行的。搜索策略决定着问题求解的一个推理步骤中知识被使用的优先关系，可分为无信息导引的盲目搜索和利用经验知识导引的启发式搜索。启发式知识常由启发式函数来表示，启发式知识利用得越充分，求解问题的搜索空间就越小，解题效率就越高。

3. 问题求解

人工智能的成就之一是开发了高水平的下棋程序。在下棋程序中应用的某些技术，如向前看几步以及把困难的问题分成一些比较容易的子问题，发展了搜索和问题归约技术。计算机程序能够以锦标赛水平下各种方盘棋，如五子跳棋和国际象棋，并取得战胜国际象棋冠军的成果。这是一种问题求解程序。还有一种问题求解程序能够进行各种数学公式运算，其性能达到很高的水平，并正在为许多科学家和工程师所应用。有些程序甚至还能够用经验来改善其性能。问题求解过程实质上就是在显式的或隐式的问题空间中进行搜索的过程，即在某状态图或者与或图，或者一般地说，在某种逻辑网络上进行搜索的过程。例如，难题求解是明显的搜索过程，而定理证明实际上也是搜索过程，它是在定理集合（或空间）上的搜索过程。

4. 规划

规划是一种问题求解技术，它是从某个特定问题状态出发，寻找并建立一个操作序列，直到求得目标状态为止的一个行动过程的描述。与一般问题求解技术相比，规划更侧重于问题求解过程，并且要解决的问题一般是真实世界的实际问题而不是抽象的数学模型问题。比较完整的规划系统是斯坦福研究所问题求解系统（STRIPS）。这是一种基于状态空间和F规则的规划系统，所谓F规则是指以正向推理方式使用的规则。整个STRIPS由以下三部分组成。

（1）世界模型

世界模型用一阶谓词公式表示，它包括问题的初始状态和目标状态。

（2）操作符

操作符（即F规则）包括先决条件、删除表和添加表。其中，先决条件是F规则能够执行的前提条件，删除表和添加表是执行一条F规则后对问题状态的改变。删除表包含的是要从问题状态中删去的谓词，添加表包含的是要在问题状态中添加的谓词。

（3）操作方法

操作方法采用状态空间表示和中间－结局分析的方法。其中，状态空间表示包括初始状态、中间状态和目标状态；中间－结局分析是一个迭代过程，它每次都选择能够缩小当前状态与目标状态之间差距的、先决条件可以满足的F规则执行，直至达到目标状态为止。

5. 定理证明

早期的逻辑演绎研究工作与问题求解的关系相当密切。已开发出的程序能够借助对事实数据库的操作来“证明”判定，只要本原事实是正确的，那么程序就能够证明这些从事实得出的定理。为臆测的数学定理寻找一个证明或反证是一项智能任务，为此不仅需要有根据假设进行演绎的能力，而且需要某些直觉技巧。一名熟练的数学家能够运用其判断力精确地推测出某个科目范围内哪些已证明的定理在当前的证明中是有用的，并把主问题归结为若干子问题，以便独立地处理它们。有几个定理证明程序已在有限的程度上具有这样的技巧。1976 年 7 月，美国的阿佩尔等人合作解决了困扰数学家们 124 年之久的难题——四色定理。他们用 3 台大型计算机，花去 1 200 小时，对中间结果进行人为反复修改达 500 多处。吴文俊院士提出并实现的几何定理机器证明方法——“吴氏方法”是定理证明领域的一项标志性成果。

6. 专家系统

专家系统是一个基于专门的领域知识来求解特定问题的计算机程序系统，它通过对人类专家的问题求解能力的建模，采用人工智能中的知识表示和知识推理技术来模拟通常由专家才能解决的复杂问题，达到具有与专家同等的解决问题能力的水平。这种基于知识的系统设计是以知识库和推理机为中心而展开的，即“专家系统 = 知识库 + 推理机”。专家系统由以下两部分组成：一是称为知识库的知识集合，它包括要处理问题的领域知识；二是称为推理机的程序模块，它包含一般问题求解过程所用的推理方法与控制策略。人类专家能够高效率地求解复杂问题，除了因为其拥有大量的专门知识外，还体现在其选择知识和运用知识的能力方面。知识的运用方式称为推理方法，知识的选择过程称为控制策略。专家系统中的知识往往具有不确定性或不精确性，专家系统必须能够使用这些模糊的知识进行推理以得出结论。

7. 开发工具与自动程序设计

开发新方法也是人工智能研究的一个重要方面。计算机系统的一些概念，如分时系统、编目处理系统、交互调试系统等，已经在人工智能研究中得到发展。一些能够简化演绎、机器人操作和认识模型的专用程序或系统常常是新思想的丰富源泉。20 世纪 70 年代后期被开发出来的几种知识表达语言探索了各种建立推理程序的思想。20 世纪 80 年代以来，分布式系统、并行处理系统、多机协作系统和各种计算机网络等都有了发展，在人工智能程序设计语言方面，除了继续开发和改进通用或专用的编程语言及新语种外，还研究出一些面向目标的编程语言和专用开发工具。

1.4.3 机器学习

学习是人类智能的主要标志和获得知识的基本手段。学习是一个有特定目的的知识获取过程，其内部表现为新知识结构的不断建立和修改，外部表现为性能的改善。机器学习研究计算机怎样模拟或实现人类的学习行为，以获取新的知识或技能，更新已有的知识结构，使之不断改善自身的性能。一般来说，环境为学习单元提供外界信息源，学习单元利用该信息对知识库做出改进，执行单元利用知识库中的知识执行任务，任务执行后的信息又反馈给学习单元作为进一步学习的输入。研究机器学习还有助于发现人类学习的机理和揭示人脑的奥秘。机器学习是使计算机自动获取知识、具有智能的根本途径。机器学习有多种不同的分类方法，如果按照对人类学习的模拟方式划分，可分为符号学习、联结学习等。

1. 符号学习

符号学习是一种从功能上模拟人类学习能力的机器学习方法，它是一种基于符号主义学派的机器学习观点。按照这种观点，知识可以用符号来表示，机器学习过程实际上是一种符号运算过程。符号学习可根据学习策略，即学习中所使用的推理方法，分为记忆学习、归纳学习、演绎学习等。

（1）记忆学习

记忆学习也称“死记硬背学习”，是一种最基本的学习方法。任何学习系统都必须记住它们所获取的知识，以便将来使用。

（2）归纳学习

归纳学习是指以归纳推理为基础的学习，它是机器学习中被研究得较多的一种学习类型，其任务是从关于某个概念的一系列已知的具体例子出发，归纳出一般的结论。归纳学习的基本规则是改变适用的范围或事例，称作泛化和特化。泛化是使规则能匹配应用于更多的情形或实例；特化则以类比推理为基础，通过识别两种情况的相似性，使用一种情况中的知识去分析或理解另一种情况。示例学习、决策树学习、统计学习等都是典型的归纳学习方法。

（3）演绎学习

演绎学习是指以演绎推理为基础的学习，解释学习是一种典型的演绎学习方法，它是在领域知识的指导下，通过对单个问题求解例子的分析，构造出求解过程的因果解释结构，并对该解释结构进行概括化处理，得到可用来求解类似问题的一般性知识。

2. 联结学习

联结学习是一种基于人工神经网络的学习方法。研究表明，人脑的学习和记忆过程都是通过神经系统来完成的；神经元既是学习的基本单位，也是记忆的基本单位。联结学习有多种不同的方法，比较典型的学习算法有感知机学习、BP 网络学习、Hopfield 网络学习等。

3. 分析学习

分析学习是利用背景或领域知识分析很少的典型实例，再通过演绎推导形成新的知识，使对领域知识的应用更为有效。分析学习方法的目的在于改进系统的效率与性能，同时不牺牲其准确性和通用性。

4. 遗传学习

遗传学习源于模拟生物繁殖中的遗传变异（交换、突变等）及达尔文的自然选择（生态圈中适者生存）。一个概念描述的各种变体或版本对应于一个物种的各个个体，这些概念描述的变体在发生突变和重组后，通过某种目标函数（对应于自然选择）的衡量决定被淘汰还是继续生存下去。

5. 记忆与联想

记忆是智能的基本条件，不管是人脑智能还是机器智能，都以记忆为基础。记忆也是人脑的基本功能之一。伴随着记忆的就是联想，联想是人脑的奥秘之一。计算机要模拟人脑的思维就必须具有联想功能。要实现联想就是要建立事物之间的联系，在机器世界里面就是有关数据、信息或知识之间的联系。建立这种联系的方法很多，如用指针、函数、链表等。传统方法实现的联想只能针对那些完整的、确定的（输入）信息联想起有关的（输出）信息。这种“联想”与人脑的联想功能相差甚远。人脑对那些残缺的、失真的或变形的输入信息仍然可以快速准确地输出联想响应。研究表明，人脑的联想功能是基于神经网络、按内容记忆方式进行的，也就是说，只要是内容相关的事情，不管在哪里（与存储地址无关），都可由其相关的内容被想起。例如，苹果这一概念一般有形状、大小、颜色等特征，内容记忆方式就是由形状（如苹果是圆形的）想起颜色、大小等特征，而不需要关心其内部地址。在机器联想功能的研究中，人们就是利用这种内容记忆原理，采用一种称为“联想存储”的技术来实现联想功能的。

6. 知识发现与数据挖掘

知识发现与数据挖掘是人工智能、机器学习与数据库技术相结合的产物。它们是 20 世纪 90 年代初期崛起的一个活跃的研究领域。随着互联网的发展和信息量的爆炸，如何从大量数据中挖掘出有用的信息（模式）和知识（规律），挖掘出科学数据中的未知规律，已成为人类迫切需要解决的问题。知识发现通过各种学习方法从大量数据中提取可信的、新颖的、有用的、能被人理解的、具有必然性且有意义的知识，揭示出蕴含在这些数据背后的内在联系和本质规律，从而实现知识的自动获取。知识发现是从数据库中发现知识的全过程，而数据挖掘则是这个全过程的一个特定的、关键的步骤。

1.4.4　机器行为

机器行为作为计算机作用于外界环境的主要途径，是机器智能的主要组成部分。下面主要介绍智能检索、智能调度与指挥、智能控制、智能机器人、智能制造等。

1. 智能检索

智能检索是指利用人工智能的方法从大量信息中尽快找到所需要的信息或知识。随着科学技术的迅速发展和信息手段的快速提升，互联网上存放着海量的信息。面对这种信息海洋，迫切需要相应的智能检索技术和智能检索系统来帮助人们快速、准确、有效地完成检索工作。在“知识爆炸”时代，对国内外种类繁多和数量巨大的科技文献的检索远非人力和传统检索系统所能胜任，研究智能检索系统已成为科技持续快速发展的重要保证。智能检索系统应具有下述功能：能理解自然语言，允许用户使用自然语言提出检索要求和询问；具有推理能力，能根据数据库存储的事实推理产生用户要求和询问的答案；拥有一定的常识性知识，以补充系统中的专业知识，根据这些常识性知识和专业知识能演绎推理出专业知识中没有包含的答案。互联网的海量信息检索是智能检索的一个重要研究方向，同时也对智能检索系统的发展起到了积极的推动作用。

2. 智能调度与指挥

确定优化调度或组合是人们感兴趣的一类问题。其中，一个古典的问题就是推销员旅行问题，这个问题要求为推销员寻找一条最短的旅行路线。这位推销员从某个城市出发，访问每个城市一次且只允许一次，然后回到出发的城市。这个问题的一般提法是在由若干个点组成的一个图的各条边中寻找一条最小代价的路径，且这条路径对每个点只允许穿过一次。试图求解这类问题产生了组合爆炸的可能性。许多实际问题如推销员旅行、生产计划与调度、通信路由调度等，都属于组合优化问题。组合优化问题一般是 NP（非确定多项式）完全问题。NP 完全问题是指用目前知道的最好方法求解，问题求解需要花费的时间（或称为问题求解的复杂性）随问题规模的增大以指数关系增长。至今还不知道对 NP 完全问题是否有花费时间较少的求解方法，如使求解时间随问题规模按多项式关系增长（随着求解问题规模的增大，问题求解程序的复杂性，即求解程序运行所需的时间和空间或求解步数，可随问题规模按线性关系、多项式关系或指数关系增长）。大多数组合优化问题求解程序都面临着组合爆炸问题。经典的优化方法难以求解大规模组合优化问题，因此需要研究人工智能求解方法，目前已经提出了许多有效的方法，如遗传算法、人工神经网络优化方法等。组合优化问题的求解方法已经应用于生产计划与调度、通信路由调度、交通运输调度、列车组编、空中交通管制、军事指挥自动化等系统。

3. 智能控制

智能控制是驱动智能机器自主地实现其目标的过程，是一种把人工智能技术与传统自动控制技术相结合，研制智能控制系统的方法和技术。自从国际知名美籍华裔科学家傅京孙在1965年首先提出把人工智能的启发式推理规则用于学习控制系统以来，国内外众多的研究者投身于智能控制系统的研制并不断取得成果。经过20年左右的努力，到20世纪80年代中期，智能控制的学科形成条件已经逐渐成熟。1985年8月，在美国纽约召开的智能控制学术讨论会讨论了智能控制原理和智能控制系统结构。1987年1月，IEEE（电气和电子工程师协会）控制系统学会和计算机学会在美国费城联合召开了智能控制国际学术讨论会，智能控制取得长足进展。这次会议表明，智能控制已作为一门新学科出现在国际科学舞台上。智能控制诸多研究领域的研究课题既具有独立性又具有关联性，目前主要集中在以下六个方面：智能机器人规划与控制、智能过程规划、智能过程控制、专家控制系统、语音控制及智能仪器。用于构造智能控制系统的理论和技术有分级递阶控制理论、分级控制器设计方法、专家控制系统、学习控制系统、神经控制系统、模糊控制等。智能控制的主要应用领域包括智能机器人系统、计算机集成制造系统及能源系统、复杂工业过程的控制系统、航空航天控制系统、社会经济管理系统、交通运输系统等。

4. 智能机器人

自20世纪60年代初研制出尤尼梅特和沃莎特兰两种机器人以来，机器人的研究已经经历了从低级到高级三代的发展历程。第一代机器人即程序控制工业机器人，主要指只能以“示教－再现”方式工作的机器人。这类机器人的本体是一只类似于人上肢的机械手臂，末端是手爪等操作机构。第二代机器人即自适应机器人，是指基于传感器的信息来工作的机器人。它依靠简单的感觉装置来获取作业环境和对象的简单信息，通过对这些信息的分析、处理做出一定的判断，对动作进行反馈控制。第三代机器人即智能机器人，是一类具有高度适应性和一定自主能力的机器人。它本身能感知工作环境、操作对象及其状态，能接受、理解人给予的指令，并结合自身认知来独立地决定工作规划，利用操作机构和移动机构来实现任务目标，还能适应环境变化，调整自身行为。区别于第一代、第二代机器人，第三代机器人必须具备四种机能：行动机能，相当于人的手、足动作机能；感知环境的机能，即配备有视觉、听觉、触觉、嗅觉等感觉器官，能获取外部环境和对象的状态信息，以便进行自我行为监视；思维机能，即能对感知到的信息进行处理，对求解问题进行认知、推理、记忆、判断、决策、学习等；人机交互机能，即能理解指示命令、输出内部状态、与人进行信息交换等。围绕上述四种机能，智能机器人的主要研究内容有操作与移动、传感器及其信息处理、控制、人机交互、体系结构、机器智能和应用研究。智能机器人的研究和应用体现出广泛的学科交叉性质，涉及众多课题，如机器人体系结构、机构、控制、智能、视觉、触觉、力觉、听觉、机器人装配、恶劣环境下的机器人及机器人语言等。

5. 智能制造

智能制造是指以计算机为核心，集成有关技术，取代、延伸与强化有关专门人才在制造中的相关智能活动所形成、发展乃至创新的制造。智能制造中所采用的技术称为智能制造技术，它是指在制造系统和制造过程中的各个环节通过计算机来模拟人类专家的制造智能活动，并与制造环境中人的智能进行柔性集成与交互的各种制造技术的总称。智能制造技术主要包括机器智能的实现技术、人工智能与机器智能的融合技术、多智能源的集成技术。实际智能制造系统一般为分布式协同求解系统，其本质特征表现为智能单元的“自主性”与系统整体的“自组织能力”。近年来，Agent技术被广泛应用于网络环境下的智能制造系统开发。

1.4.5　计算智能

计算智能是指借鉴仿生学的思想，基于人们对生物体智能机理的认识，采用数值计算的方法去模拟和实现人类的智能。计算智能的主要研究领域包括神经网络计算、进化计算、模糊计算等。

1. 神经网络计算

神经网络计算也称神经网络或神经计算，是一类计算模型，其工作原理模仿了人类大脑的某些工作机制。神经网络计算研究始于20世纪40年代初期，经历了一条十分曲折的道路。20世纪80年代初以来，神经网络计算研究再次出现高潮，霍普菲尔德提出用硬件实现神经网络及鲁姆哈特等人提出多层网络中的反向传播算法就是两个重要标志。对神经网络模型、算法、理论分析和硬件实现的大量研究，为神经网络计算机走向应用提供了物质基础。神经网络在模式识别、图像处理、组合优化、自动控制、信息处理、机器人学和人工智能的其他领域获得了日益广泛的应用。

2. 进化计算

进化计算以达尔文进化论的“物竞天择，适者生存”作为算法的进化规则，结合孟德尔的遗传变异理论，将生物进化过程中的繁殖、变异、竞争和选择引入到算法中，是一种对人类智能的演化模拟方法。总体而言，进化计算是指以达尔文进化论为依据来设计、控制和优化人工系统的技术和方法的总称，它包括遗传算法、进化规划和进化策略。它们遵循相同的指导思想，但彼此之间存在一定的差别。

（1）遗传算法

遗传算法是进化计算中最初形成的一种具有普遍影响的模拟进化优化算法。遗传算法的基本思想是使用模拟生物和人类进化的方法来求解复杂问题。它从初始种群出发，采用优胜劣汰、适者生存的自然法则选择个体，并通过杂交、变异来产生新一代种群，如此逐代进化，直到满足目标为止。科扎把遗传算法用于最优计算机程序设计（即最优控制策略），创立了遗传编程。遗传算法的优点是适应性强，除需要知道其适应性函数外，几乎不需要其他的先验知识，所以能在不同的领域中得到应用。但正因为它利用先验知识少，不能做到“具体问题具体分析”，所以该方法虽能较快地求得一个比较好的解，但要求得一个精确的解却非常困难。遗传算法长于全局搜索而短于局部搜索，一般必须与其他方法相结合，取长补短，才能得到比较满意的结果。

（2）进化规划

进化规划是由福格尔等人于20世纪60年代提出来的。该方法认为智能行为必须具有预测环境的能力和在一定目标指导下对环境做出合理响应的能力。进化规划采用有限字符集的符号序列表示所模拟的环境，用有限状态机表示智能系统。它不像遗传算法那样注重父代与子代在遗传细节上的联系，而是把重点放在父代与子代在表现行为上的联系。

（3）进化策略

进化策略由德国人雷兴贝格和施韦费尔提出。他们在进行风洞实验时，随机调整气流中物体的最优外形参数并测试其效果，产生了进化策略的思想。

遗传算法、进化规划和进化策略这三个领域的研究相互联系，它们的共同理论基础是生物进化论。

3. 模糊计算

模糊计算也称模糊系统，它通过对人类处理模糊现象的认知能力的认识，用模糊集合和模糊逻辑去模拟人类的智能行为。模糊集合与模糊逻辑是美国加州大学扎德教授提出来的一种处理因模糊而引起的不确定性的有效方法。通常，人们把那种因没有严格边界划分而无法精确刻画的现象称为模糊现象，并把反映模糊现象的各种概念称为模糊概念，如人们常说的“大”“小”“多”“少”等都属于模糊概念。在模糊系统中，模糊概念通常是用模糊集合来表示的，而模糊集合又是用隶属函数来刻画的。一个隶属函数描述一个模糊概念，其函数值为［0，1］区间内的实数，用来描述隶属自变量所代表的模糊事件隶属于该模糊概念的程度。目前，模糊计算已经在推理、控制、决策等方面得到了非常广泛的应用。

1.4.6　智能应用

1. 分布式人工智能

分布式人工智能是随着计算机网络、计算机通信和并发程序设计技术发展起来的一个新人工智能研究领域，是分布式计算与人工智能相结合的结果。它主要研究在逻辑上或物理上分布的智能系统之间如何相互协调各自的智能行为，实现问题的并行求解。分布式人工智能系统以鲁棒性作为控制系统质量的标准，并具有互操作性，即不同的异构系统在快速变化的环境中具有交换信息和协同工作的能力。分布式人工智能的研究目标是创建一种能够描述自然系统和社会系统的精确概念模型。分布式人工智能中的智能并非独立存在的概念，其只能在团体协作中实现，因而它的主要研究问题是各 Agent 之间的合作与对话，包括分布式问题求解和多智能体系统（MAS）两个领域。其中，分布式问题求解是把一个具体的求解问题划分为多个相互合作和知识共享的模块或节点；多智能体系统则研究 Agent 之间智能行为的协调，包括规划、知识、技术和动作的协调。多智能体系统是由多个自主 Agent 所组成的一个分布式系统。在这种系统中，每个 Agent 都可以自主运行和自主交互，即当一个 Agent 需要与别的 Agent 合作时，就通过相应的通信机制去寻找可以合作并愿意合作的 Agent，以共同解决问题。当前，多智能体和 MAS 的研究包括多智能体和 MAS 理论、体系结构、语言、合作与协调、通信与交互技术、MAS 学习与应用等。MAS 已在自动驾驶、机器人导航、机场管理、电力管理、信息检索等方面得到应用。完全自主 Agent 的四个主要应用领域分别是足球机器人、无人驾驶车辆、拍卖和自主计算。其中，足球机器人和无人驾驶车辆属于“物理 Agent”，而拍卖和自主计算则属于“软件 Agent”。这些应用充分展示了机器学习与多智能体推理的紧密结合，涉及自适应及层次表达、分层学习、迁移学习、自适应交互协议、多智能体建模等关键技术。

2. 智能网络

智能网络是具有自动调整功能，网络中的各个节点协调工作，能为用户提供便利、有效服务的网络。智能网络研究的关键问题包括：语义的表达问题，即如何对网络中的各种信息等进行有效的表达，以使它们可被方便地共享和处理；智能软件实体的构建问题，即如何构建网络中的各种软件实体，以使它们能够具有智能性、自治性和自适应性，并有效地为用户服务；资源的组织管理问题，即如何有效地将网络中的各种资源组织起来，使它们能够得到合理分配、共享和利用；服务的描述和组织问题，即如何精确地描述和组织网络中的各种服务，以便提供和调用服务；知识的抽取和利用问题，即如何在互联网中发现和抽取有用知识，以改善智能网络的利用效率。

3. 智能决策支持系统

智能决策支持系统泛指各种具有智能特征和功能的软硬件系统。从这种意义上讲，前面所讨论的研究内容几乎都能以智能决策支持系统的形式出现，如智能控制系统、智能检索系统等。下面主要介绍一些除上述研究内容以外的智能决策支持系统。智能决策支持系统（IDSS）是指在传统决策支持系统（DSS）中增加了相应的智能部件的决策支持系统。它把人工智能技术与DSS相结合，综合运用DSS在定量模型求解与分析方面的优势，以及人工智能在定性分析与不确定性推理方面的优势，利用人类在问题求解中的知识，通过人机对话的方式，为解决半结构化和非结构化问题提供决策支持。智能决策支持系统通常由数据库、模型库、知识库、方法库、人机接口等主要部件组成。目前，实现系统部件的综合集成和基于知识的智能决策是IDSS发展的一种必然趋势，结合数据仓库和OLAP（在线分析处理）技术构造企业级决策支持系统是IDSS走向实际应用的一个重要方向。智能决策支持系统属于管理科学的范畴。它是决策支持系统与人工智能，特别是专家系统相结合的产物，既可以进行定量分析，又可以进行定性分析，能有效地解决半结构化和非结构化的问题。

4. 人工心理、人工情感与人工生命

人类智能并不是一个孤立现象，它往往和心理与情感联系在一起。心理学的研究结果表明，心理和情感会影响人的认知，即影响人的思维，因此在研究人工智能的同时，也应该开展对人工心理和人工情感的研究。

（1）人工心理

人工心理就是利用信息科学的手段，对人的心理活动（重点是人的情感、意志、性格、创造）进行全面的人工机器（计算机、模型算法）模拟，其目的在于从心理学广义层次上研究情感、情绪与认知，以及动机与情绪的人工机器实现问题。

（2）人工情感

人工情感是利用信息科学的手段，对人类情感过程进行模拟识别和理解，使机器能够产生类人情感，并与人类自然和谐地进行人机交互的研究领域。目前，人工情感研究的两个主要领域是情感计算和感性工学。人工心理与人工情感有着广阔的应用前景，如支持开发有情感、意识和智能的机器人，实现真正意义上的拟人机械研究，使控制理论更接近于人脑的控制模式，进行人性化的商品设计和市场开发，以及实现人性化的电子化教育等。

（3）人工生命

人工生命的概念是由美国圣塔菲研究所非线性研究组的兰顿于 1987 年提出的，旨在用计算机、精密机械等人工媒介生成或构造出能够表现自然生命系统行为特征的仿真系统或模型系统。自然生命系统行为具有自组织、自复制、自修复、适应环境等特征。人工生命以计算机为研究工具，模拟自然界的生命现象，生成表现自然生命系统行为特点的仿真系统，通过计算机仿真生命现象所体现的自适应机理，对相关非线性对象进行更真实的动态描述和动态特征研究。人工生命学科的研究内容包括仿生系统、人工建模与仿真、进化动力学、人工生命的计算理论、进化与学习综合系统及人工生命的应用，涉及包含天体生物学、宇宙生物学、自催化系统、分子自装配系统、分子信息处理等领域的生命自组织和自复制问题，以及包含多细胞发育、基因调节网络、自然和人工的形态形成理论的发育和变异问题。

5. 博弈

博弈是人类社会和自然界中普遍存在的一种现象，如下棋、打牌、战争等。博弈的双方可以是个人、群体，也可以是生物群或智能机器，各方都力图用自己的智慧获取成功或击败对方。博弈过程可能产生庞大的搜索空间，要搜索这些庞大且复杂的空间需要使用强大的技术，以判断备选状态、探索问题空间，这些技术被称为启发式搜索。博弈为人工智能提供了一个很好的实验场所，可以对人工智能的技术进行检验，以促进这些技术的发展。1956 年，塞缪尔研制了跳棋程序，打败了自己。1997 年 5 月 11 日，IBM 的“深蓝”计算机战胜了国际象棋大师卡斯帕罗夫。2006 年 8 月 9 日，在北京举办的首届中国象棋人机大赛中，计算机以“3 胜 5 平 2 负”的微弱优势战胜了人类象棋大师。今天的计算机程序能够以锦标赛水平下十五子棋、中国象棋、国际象棋等，并取得战胜世界冠军和国家冠军的成绩。状态空间搜索是大多数博弈研究的基础。对于人类来说，博弈是一种智能性很强的竞争活动。人工智能研究博弈的主要目的是通过对博弈的研究来检验某些人工智能技术是否能实现对人类智慧的模拟。

6. 智能仿真

智能仿真是将人工智能技术引入仿真领域，建立智能仿真系统。仿真是对动态模型的实验，即行为产生器在规定的实验条件下驱动模型，从而产生模型行为。具体地说，仿真是在三种类型的知识——描述性知识、目的性知识及处理知识的基础上，产生另一种形式的知识——结论性知识。因此，仿真可以被看作一个特殊的知识变换器。从这个意义上讲，人工智能与仿真有着密切的关系。利用人工智能技术能对整个仿真过程（包括建模、实验运行及结果分析）进行指导，能改善仿真模型的描述能力，在仿真模型中引进知识表示将为研究面向目标的建模语言打下基础，提高仿真工具面向用户、面向问题的能力。另外，与人工智能相结合可使仿真更有效地用于决策，更好地用于分析、设计及评价知识库系统，从而推动人工智能技术的发展。正是基于这些方面，近年来将人工智能特别是专家系统与仿真相结合，就成为仿真领域中一个十分重要的研究方向，引起了大批仿真专家的关注。

7. 智能 CAD

智能 CAD（计算机辅助设计）就是把人工智能技术引入计算机辅助设计领域，建立智能 CAD 系统。事实上，人工智能几乎可以应用到 CAD 技术的各个方面，而从目前发展的趋势来看，至少包含下述四个方面：设计自动化、智能交互、智能图形学及自动数据采集。从具体技术来看，智能 CAD 技术大致可分为以下几种方法：规则生成法、约束满足法、搜索法、知识工程法及形象思维法。

8. 智能 CAI

智能 CAI（计算机辅助教学）是把人工智能技术引入计算机辅助教学领域，建立智能 CAI 系统。智能 CAI 的特点是能因材施教地进行指导。为此，智能 CAI 应具备下列智能特征：自动生成各种问题与练习；根据学生的水平和学习情况自动选择与调整教学内容与进度；在理解教学内容的基础上自动解决问题、生成解答；具有自然语言生成和理解能力；对教学内容有理解咨询能力；能诊断错误、分析原因并采取纠正措施；能评价学生的学习行为；能不断地在教学中改善教学策略。一般，整个智能 CAI 系统分成三个基本模块（专门知识、教导策略和学生指导）和一个自然语言的智能接口。智能 CAI 已是人工智能的一个重要应用领域和研究方向，引起了人工智能界和教育界的极大关注和共同兴趣。特别是 20 世纪 80 年代以来，知识工程、专家系统技术的进展使得智能 CAI 与专家系统的关系日益密切。近几届国际人工智能会议都把智能 CAI 的研究列入议程，甚至还召开了专门的智能教学系统会议。

9. 智能多媒体系统

多媒体技术是当前热门的计算机研究领域之一。多媒体计算机系统是能综合处理文字、图形、图像、声音等多种媒体信息的计算机系统。智能多媒体系统就是将人工智能技术引入多媒体系统，使其功能和性能得到进一步的发展和提高。事实上，多媒体技术与人工智能所研究的机器感知、机器理解等技术有密切关系。智能多媒体是人工智能与多媒体技术的有机结合。若将人工智能的计算机视听觉、语音识别与理解、语音对译、信息智能压缩等技术运用于多媒体系统，将会使现在的多媒体系统产生质的飞跃。目前，基于视频的动画技术、虚拟中文打字机等都成为热点研究课题。

10. 智能操作系统

智能操作系统就是将人工智能技术引入计算机的操作系统之中，从而从本质上提高操作系统的性能和效率。智能操作系统的基本模型将以智能机为基础，能支撑外层的人工智能应用程序，实现多用户的知识处理和并行推理。智能操作系统主要有三大特点：并行性、分布性和智能性。并行性是指能够支持多用户、多进程，同时进行逻辑推理和知识处理。分布性是指把计算机的硬件和软件资源分散而又有联系地组织起来，能支持局域网和远程网处理。智能性体现在三个方面：一是操作系统所处理的对象是知识对象，具有并行推理和知识操作功能，支持智能应用程序的运行；二是操作系统本身的绝大部分程序将使用 AI 程序（规则和事实）编制，充分利用硬件并行推理功能；三是其系统管理具有较高智能程序的自动管理维护功能，如故障的监控分析等，以帮助系统维护人员做出必要的决策。

11. 智能计算机系统

智能计算机系统从基本元件到体系结构、从处理对象到编程语言、从使用方法到应用范围，同当前的诺依曼型计算机相比，都有质的飞跃和提高。它将全面支持智能应用开发，且自身就具有智能。

12. 智能通信

智能通信就是把人工智能技术引入通信领域，建立智能通信系统。智能通信就是在通信系统的各个层次和环节，如在通信网的构建、网络管理与网络控制、转接、信息传输与转换等环节实现智能化。这样，网络就可运行在最佳状态，具有自适应、自组织、自学习、自修复等功能。

13. 智能服务

推进社会智能化进程、发展智能服务也是人工智能研究和发展的一个重要方面。智能服务包括基于智能网络的智能服务、基于智能机器人的智能服务、基于智能软件的智能服务、基于智能产品的智能服务等。例如，未来智能机器人应该是一种具有人类感知和行为能力，超强记忆、学习、推理、规划能力，有情感，人性化，能代替人类在真实环境中自主工作的机器人。它将对社会生产力的发展和人类社会的进步，对人们生活、工作和思维方式的改进等产生不可估量的影响。有人预言，随着智能技术与主流信息技术的进一步融合，智能产业将逐步成为社会的第四产业，智件将逐步从软件中分离出来，成为智能计算机系统的三件（硬件、软件、智件）之一。

1.5 新一代人工智能

1.5.1 人工智能发展的新趋势

近年来，世界主要发达国家都把发展人工智能作为提升国家竞争力、维护国家安全的重大战略，加紧出台人工智能研究与应用的相关规划和政策，围绕核心技术、顶尖人才、标准规范等强化部署，力图在新一轮国际科技竞争中掌握主导权。在移动互联网、物联网、大数据、超级计算、脑科学等新理论、新技术，以及经济社会发展需求的共同驱动下，新型的机器学习方法如深度学习、深度强化学习、生成对抗学习、迁移学习、增量学习等不断出现。当前，人工智能无论在学术界还是工业界都呈现出百花齐放、百家争鸣的态势。由上海大学金东寒院士主编的《秩序的重构——人工智能与人类社会》中指出，当前人工智能的发展主要包括以下五个新趋势。

1. 大数据智能

大数据智能要实现从抽样学习向全体数据学习的转变，从高密度知识学习向价值稀疏知识学习的转变等。大数据驱动的人工智能通过使用数据挖掘和机器学习等技术，对大数据进行深度学习或其他学习，致力于获得有价值的知识。例如，谷歌曾通过大数据分析成功预测甲型 H1N1 流感。目前，大数据驱动的智能已经在投资领域的量化投资、金融领域的风险控制、消费领域的精准营销、交通领域的线路优化、医疗领域的健康管理等方面发挥重要作用。然而，大数据智能领域还有一些技术瓶颈需要突破，如数据驱动与先验知识相融合的智能方法、基于认知的数据智能分析方法、非完全与不确定信息下的智能决策基础理论与方法等。

2. 跨媒体智能

跨媒体智能要实现从单个通道数据的学习到多个通道数据的学习。人类智能可以对多个媒体对象进行处理，包括文本、语音、图像、视频等。而当前人工智能的一个主要局限性在于其处理对象的单一性，这进而造成了人工智能获得知识途径的单一性。例如，语音识别技术只能处理语音，而图像识别技术只能处理图像等。这就给新一代人工智能的发展带来了困难。为此，人工智能领域中一个亟须发展的方向就是融合跨媒体数据，并对其进行感知、认知、分析和推理。跨媒体智能将主要围绕跨媒体感知计算理论而展开，从视、听等感知通道出发，利用机器学习、语义分析、推理技术等，从跨媒体中获取不同维度的知识，并形成统一的跨媒体语义表达框架，以期能够习得超越人类感知能力的跨媒体机器自主学习技术。

3. 群体智能

群体智能要实现从单体智能到群体之间通过协作而形成宏观智能的转变。由于复杂的任务是单个个体难以完成的，因此需要通过大量个体组成的群体协同完成，这就表现出群体智能。群体智能相对于单体智能具有更强的鲁棒性和灵活性，其主要特点是没有全局控制，典型的示例为蚁群优化算法，这为复杂问题的求解提供了新的途径与新的思路。在万物互联的时代，人、机、物都可连接在一起，如何发挥不同个体的优势以形成群体智能，已经成为当前人工智能发展面临的挑战。

4. 混合增强智能

混合增强智能强调的是外部智能体信息的融合对人们从数据中获取智能的重要性。人工智能在搜索、计算、存储、优化等方面已经具有人类无法比拟的优势，然而在外部环境的感知、归纳、推理、学习等方面尚无法与人类智能相匹敌。如果人类智能和机器智能进行相互沟通与融合，则可创造出更为强大的人工智能，这个过程就是典型的混合增强智能。在混合增强智能系统中，生物体组织可以接收智能体的信息，智能体可以读取生物体组织的信息，两类信息可以实现无缝交互和实时反馈。混合增强智能系统不再仅仅是生物与机械的融合体，而是可融合生物、机械、电子、信息等领域的因素，形成有机整体，从而提升系统的行为、感知、认知等能力。

5. 自主无人系统

自主无人系统是可以有效感知与融合无人系统所在的外部环境，同时可以根据感知的外部环境信息进行自主决策，且能适应复杂变化的外部环境的系统。传统无人系统则主要是按照预先编排的计算机程序去完成一些特定任务，无法自主适应不同场景及动态变化不确定的场景。自主无人系统主要包括无人车、无人机、无人艇等。目前，无人驾驶汽车吸引了各界目光，全球已经有近百家公司在研发无人驾驶汽车，其中主要有谷歌、华为、特斯拉、优步等。无人艇和无人机也受到国内外的广泛重视。

1.5.2 深度学习

在20世纪80年代，神经网络理论重新开始流行，并在21世纪实现指数增长。1982年，霍普菲尔德提出了新一代神经网络模型，正式开启人工神经网络学科的新时代。霍普菲尔德的主要成就在于发现神经网络与统计力学之间的相似性。统计力学的基本工具（很快就演变为新一代神经网络的工具）是玻尔兹曼分布，这种工具可计算物理系统在某种特定状态下的概率分布。杰弗里·辛顿与特里·谢泽诺斯基在1985年发明了玻尔兹曼机，这是一种用于学习网络的软件技术。1986年，保罗·斯模棱斯基在此基础上发明了受限玻尔兹曼机。这些严格的数学算法可以确保神经网络理论的可行性与合理性。

后来，人工神经网络逐渐与另一个以统计和神经科学为背景的理论融合。朱迪亚·珀尔成功地将贝叶斯思想引入人工智能领域来处理概率知识。隐马尔可夫模型——贝叶斯网络中的一种形式，已经在人工智能领域特别是语音识别领域得到了广泛的应用。隐马尔可夫模型是一种特殊的贝叶斯网络，具有时序概念并能按照事件发生的顺序建模。该模型在1973年被卡内基梅隆大学的吉姆·贝克首次应用于语音识别，后来被IBM的弗雷德·耶利内克采用。与此同时，瑞典统计学家乌尔夫·格雷南德于1972年成立了布朗大学模式理论研究组，掀起了一场概念革命。乌尔夫·格雷南德的"通用模式论"为识别数据集中的隐藏变量提供了数学工具。后来，他的学生戴维·芒福德通过研究视觉大脑皮层，提出了基于贝叶斯推理的模块层次结构，其既能向上传播也能向下传播。该理论假设视觉区域中的前馈/反馈回路借助概率推理将自上而下的预期值与自下而上的观测值进行整合。芒福德将分层贝叶斯推理应用于建立大脑工作模型。

1995年，辛顿发明了Helmholtz（亥姆霍兹）机，实现了以下设想：基于芒福德和格雷南德的理论，用一种无监督学习算法发现一组数据中的隐藏结构。后来，卡内基梅隆大学的李带生进一步细化了分层贝叶斯框架。这些研究为后来Numenta公司建立广为人知的"分层式即时记忆"模型提供了理论基础。2006年，杰弗里·辛顿开发了深度信念网络（DBN）——一种用于受限玻尔兹曼机的快速学习算法，此领域才真正开始腾飞。

20世纪80年代到21世纪初，计算机的运行速度和价格发生了巨大的改变。辛顿的算法被应用于成千上万的并行处理器，取得了惊人的效果。也就在此时，媒体开始大肆宣传机器学习领域取得的各种巨大成就。深度信念网络是由多个受限玻尔兹曼机上下堆叠组成的分层体系结构，每个受限玻尔兹曼机的输出是上层受限玻尔兹曼机的输入，并且最高的两层共同形成相连存储器，一个层次发现的特征成为下一个层次的训练数据。辛顿等人发现了用多层受限玻尔兹曼机创建神经网络的方法。不过，深度信念网络仍存在一定的局限性，它属于静态分类器，即必须在一个固定的维度上进行操作，然而语音和图像并不会在固定的维度出现，而是在异常多变的维度出现，因此需要“序列识别”（即动态分类器）加以辅助。扩展深度信念网络到序列模式的一个方法就是将深度学习与“浅层学习架构”（如隐马尔可夫模型）相结合。

深度学习的另一条发展主线源于福岛邦彦在1980年创立的卷积神经网络理论。在此理论基础上，燕乐存于1998年成功建立了第二代卷积神经网络。卷积神经网络基本上属于三维层级的神经网络，专门用于图像处理。

同时，大卫·菲尔德和布鲁诺·奥尔斯豪森在1996年共同发明了将“稀疏编码”用于神经网络的无监督学习方法，可以学习数据集的固有模式。稀疏编码帮助神经网络以一种有效的方式来表示数据，并且还能用于其他神经网络。2007年，约书亚·本吉奥发明的“栈式自动编码器”进一步提高了数据集中捕获模式的效率。从此，被称为“自动编码器”的神经网络就能通过无监督的方式学习到数据的重要特征。

深度学习的“发明”及神经网络理论的“重振旗鼓”与许多科学家的努力分不开，这些科学家创造了许多具有重要价值的理论与技术，其中最突出的当数摩尔定律。从20世纪80年代到2006年，计算机以极快的速度朝着更快速、更便宜、更小巧的方向发展。人工智能领域的科学家能够处理比以前复杂数百倍的神经网络，而且还可以使用数以百万计的数据训练这些神经网络，这在以前是无法想象的。正是摩尔定律将人工智能领域的天平从逻辑方法向联结主义方法转移。GPU（图形处理器）在2010年以后的价格迅速降低，这也对深度学习的发展起到了重要的推动作用。

2012年，深度学习神经网络领域取得了里程碑式的成就。亚历克斯·克里泽夫斯基与其他几位多伦多大学辛顿研究组的同事在一篇深度卷积神经网络方面的研究论文中证实，在训练期间，当处理完2 000亿张图片后，深度学习的表现要远胜于传统的计算机视觉技术。深度信念网络是深度神经网络的一种，是由多层概率推理组成的概率模型。贝叶斯的概率理论将知识解释为一组概率（不确定的）表述，而把学习解释为改善那些概率事件的过程。随着获得更多的证据，人们会逐步掌握事物的真实面貌。

2012年以后，深度学习的应用范围迅速扩大，包括大数据、生物技术、金融、医学等。无数的领域希望在深度学习的帮助下实现数据理解和分类的自动化。目前，多个深度学习平台开放成为了开源软件，如纽约大学的Torch、加州大学伯克利分校彼得·阿布比尔研究组的Caffe、加拿大蒙特利尔大学的Theano、日本Preferred Networks公司的Chainer、谷歌的Tensor Flow等。这些开源软件的出现使研究深度学习的人数迅速增加。2015年，德国图宾根大学的马蒂亚斯·贝特格团队成功地让神经网络学会捕捉艺术风格，然后再将此风格应用到图片中去。

从深度学习理论诞生起，围棋一直是最受钟爱的研究领域。2006年，雷米·库伦推出了蒙特卡洛树形搜索算法并将其应用到围棋比赛中。这个算法有效提高了机器战胜围棋大师的概率。2009年，加拿大阿尔伯塔大学研发的Fuego Go战胜了中国台湾棋王周俊勋。2010年，由一个多地区合作团队研发的MoGo TW战胜了罗马尼亚棋手塔拉努·卡塔林。2012年，日本Yoji Ojima公司研发的Zen战胜了武宫正树。2013年，雷米·库伦研发的“疯狂的石头”击败了石田芳夫。2015年9月，马修·莱推出了一个名为Giraffe的开源围棋引擎，其能通过深度强化学习在72小时内自学掌握下棋。这个项目完全由马修·莱独自设计，运行于伦敦帝国理工学院的一台计算机上。2016年1月，马修·莱受邀加入DeepMind公司。两个月后，隶属于谷歌的DeepMind公司研发的AlphaGo击败了围棋大师李世石，各路媒体关于AlphaGo获胜的报道铺天盖地。DeepMind公司采用了稍作修改后的蒙特卡洛树形搜索算法，但更重要的是，AlphaGo通过跟自己对弈增强了自身的学习效果（所谓的“强化学习”）。AlphaGo的神经网络通过学习围棋大师的15万场比赛而得到训练。AlphaGo代表了能够捕捉人类模式的新一代神经网络。2016年，丰田公司向外界展示了一种能自学习的汽车，这是深度强化学习实际应用的再一次尝试。其运作方式是设置好必须严格遵守的交通规则，让具备自学习能力的汽车在路上随意驰骋，过不了多久，这些汽车就能掌握驾驶本领。

1.5.3 机器人

计算机大幅下降的价格和迅速提高的计算速度使依据成熟理论设计的机器人成为可能，如辛西娅·布雷西亚在2000年设计的情感机器人Kismet、Ipke Wachsmuth公司在2004年设计的会话代理Max、本田公司在2005年设计的人形机器人Asimo、长谷川修在2011年设计的能学习超出编程设定范围的功能的机器人，以及罗德尼·布鲁克斯在2012年推出的可用手编程机器人Baxter。相应的生产厂家也发展迅猛，它们能够制造成本低廉的微型传感器以及过去无法制造出来的各式各样的设备，这些设备令机器人的动作性能得到很大的改善。

柳树车库由谷歌早期的设计师斯科特·哈桑于2006年创立。它可能是近十年来最有影响力的机器人实验室。2007年，柳树车库联合斯坦福大学研发出机器人操作系统（ROS）并使之得到普及。2010年，柳树车库制造了PR2机器人。ROS和PR2构建了一个规模庞大的机器人开发者的开源社区，极大地促进了新型机器人设计的发展。柳树车库在2014年倒闭，离开柳树车库的科学家们在旧金山湾区成立了多个创业公司，继续致力于“个人”机器人的研发。值得注意的是，2001年尼古拉斯·汉森推出名为“协方差矩阵自适应”（CMA）的演进策略理论，主要对非线性问题做数值优化，目前这个理论已被广泛应用于机器人应用程序领域，这将有助于更好地校准机器人的动作。

目前，全世界的医院中有超过3 000个达·芬奇机器人。从2000年位于美国桑尼维尔市的Intuitive Surgical公司被允许在医院配置机器人设备开始，这些机器人已参与了近200万例外科手术。达·芬奇机器人仅仅充当的是手术中的助手，主要由外科医生操控。2015年，谷歌和强生公司联合成立了Verb Surgical公司，旨在打造真正的机器人外科医生。2016年，在位于华盛顿的儿童国家健康系统部门工作的彼得·金推出了一款机器人外科医生——智能组织自动机器人，它能够单独执行大部分的手术操作任务（但所用时间大约为人类外科医生的10倍）。

事实上，最先进的机器人是飞机。人们很少会把飞机看作机器人，但它是货真价实的机器人，能自主完成从起飞到降落的大部分动作。2014年，全球航班数超过850万架次，载客人数达到了8.384亿人。2015年波音777的飞行员调查报告显示，在正常飞行过程中，飞行员真正需要手动操纵飞机的时间仅有7分钟。而飞行员操控空中客车的时间则还要再减少一半。因此，机器人已经非常成功地担当了“副驾驶”（增强而非替代人的智能）的角色。

2016年最流行的机器人莫过于谷歌的自动驾驶汽车了，其实这项技术在约30年前就已经问世：1986年，恩斯特·迪克曼斯展示了其制造的机器人汽车VaMoRs。1994年10月，他改装的奔驰自动驾驶汽车在巴黎附近川流不息的1号高速公路以130千米/小时的速度前行。2012年，谷歌的联合创始人谢尔盖·布林表示，谷歌有望在5年之内（即到2017年）推出面向公众的自动驾驶汽车，然而事实上无人驾驶的路还很漫长。

1.5.4 云智能

在机器学习的基础上，利用云智能可以方便地实现预测分析、自然语言处理、图像识别、语音识别等人工智能技术。可见，云智能的出现将有可能改变业务系统或应用的工作方式。随着云智能的发展，任何人都可以使用人工智能的时代将要来临。

云智能不需要初期的成本、专家等，使人工智能的使用难度大大降低。而且，最先进的信息技术公司只需要半年的时间就可以逐步引入云智能。2015 年 2 月，微软正式发布了云智能 Azure Machine Learning。接着，日本竹中工务店在 Azure Machine Learning 中嵌入了大楼的控制技术，把东京千代田区的大型中心大楼中空调的运转状态、温度传感器信息及大厦的控制数据集中上传到微软的云中。2015 年 4 月，美国的亚马逊网络服务（AWS）公开了能进行预测分析的云智能 Amazon Machine Learning。另外，美国 IBM 的 Watson（沃森）也是通过云智能实现的，它于 2014 年年底发布 Beta（公开测试）版本，并于 2015 年开始陆续正式发布。同年年末，日语版问答系统的 Beta 版本也开始接受预订。

到目前为止，由于机器学习等智能技术大多是把大数据的运用作为核心，因此很难普及。而云智能技术却有着能立刻拓展智能技术用途的潜力。云智能主要有以下三大优点。

第一，云智能不需要软、硬件购买等初期投入。包含开发工具的使用费用在内，云智能花费的费用更少。利用微软 Azure 开发的推荐引擎可基于每天累计的访问量，对推荐清单进行更新。

第二，云智能不要求使用者是机器学习专家。Amazon Machine Learning 是针对机器学习的初学者所设计的系统，由于算法已经设计完成，因此只需要有针对性地进行调整就行。由于使用微软的 Azure Machine Learning 进行系统开发很费力，在如今推出的云智能中，机器学习作为科学家使用工具的同时也对系统工程师们开放了。

第三，使用云智能的分析功能可以在任意云中存储数据，并毫不费力地进行数据交换。例如，在 Amazon Machine Learning 中，点击鼠标就可在 Redshift 等云型数据仓库中取得所需的数据集合。

微软在 Azure Machine Learning 发布的初期就提出了以检测异常、命令、预测分析为主的云智能功能，之后基于多层神经网络的机器学习，新开发了基于深度学习的图像识别和语音识别的云智能功能。2015 年 7 月，微软把 Azure Machine Learning 中的多个云服务命名为 Cortana（微软小娜）

分析套件，集合了商业智能、机器学习等，并于2015年秋推出。IBM的Watson在美国最受欢迎的智力问答节目中击败了该节目最厉害的答题王，它同时也具备自然语言处理功能。2015年3月，Watson采用了能提供深度学习功能的美国阿鲁凯米API（应用程序编程接口），进一步强化了图像识别、语音识别能力。除了美国的大型信息技术公司外，其他国家的公司也积极地引入了云智能。日本的技术人员在美国硅谷设立了美国财富数据，2015年4月，通过云服务进行预测分析的机器学习库Hivemall开始引领云智能。2015年6月，Well Systems公司把Amazon Machine Learning追加到一个服务菜单中，这个服务菜单在AWS环境下具备构建数据分析系统所需要的功能。接着，面向图像识别、语音识别的云智能相继出现了。2015年6月，日本创业公司AlpacaDB公开了采用深度学习的图像识别云智能Labellio。2015年7月，东芝公司开始提供可以根据语音或影像揣摩人类意图的云智能RECAIUS。云智能的出现很大程度上改变了以机器人、智能APP（计算机应用程序）等形式为主的人工智能构架，从此一个公司不仅能够提供通用型人工智能，还能通过把多个云智能组合起来构筑与任何人都相适应的人工智能。下面介绍几种云智能的主要功能。

1. Azure Machine Learning

Azure Machine Learning具有广泛的预测分析、自然语言处理、图像语音处理功能。具体来讲，Azure Machine Learning的预测分析分为五种类型：从数据中提取出特征事态的“异常检出”；将数据分为两组的“二项分类”；将数据分为三个以上分组的“多项分类”；进行无标签信息分类的“聚类”；根据过去的数据预测将来的“回归分析”。Azure Machine Learning对每一种预测分析都预备了非常多的算法，包括支持向量机、神经网络等的最新算法。这样可以根据数据的特征选择最佳的算法，从而提高预测精度。在基于GUI（图形用户界面）的开发环境Azure Machine Learning Studio中，通过组合数据设置、学习模型等模块，无须编程就可以创建复杂的分析模型。图像识别、语音识别技术是从微软的研究开发项目Project Oxford（关于深度学习的人工智能技术）派生出来的，而预测分析以机器学习API的形式出现。例如，脸谱API可以从图像中检测出人脸，推测出其性别和年龄。如今，微软与美国的谷歌、美国的Facebook（脸书）、中国的百度一起投入巨资进行深度学习的研究开发，把语音识别与机器翻译组合起来进行同声翻译的Skype Translator就是其研究开发成果之一。Azure Machine Learning的主要功能见表1—1。

表 1—1 Azure Machine Learning 的主要功能

功能名称	功能介绍	功能应用
演讲 API	语音文本化、文本语音化	呼叫中心、中介服务等
脸谱 API	由图像数据识别人脸，推测性别、年龄等信息	通过商场内的摄像头进行顾客分析等
计算机视觉 API	图像分类、文字读取等	商品图像的分类等
文本分析 API	情感分析、重要语句的提取、要点建模等	社会媒体分析等
推荐 API	基于购买历史进行商品推荐	电商运营等
异常检测	根据时间序列检测异常的变化	基于信用卡信用清单进行分析等
二项分类	把数据分为两组	垃圾邮件的分析等
多项分类	把数据分为多个组	商品属性的判定等
聚类	无监督，把数据分为多个组	推荐等
回归分析	由过去的数据预测未来的值	需求预测等

2. Watson

Watson 包括问答系统 DeepQA 等核心功能和 IBM 的 PaaS 云平台中 Bluemix 的一部分。DeepQA 系统可以分析已知问题的意图，从已登录的数据库中确切地提示多个答案。另外，IBM 正在开发可以通过语音和文本实现实时对话的功能，同时它的日语版也在开发中。山田电机已将其与机器人 Pepper 组合，试制出了具有会话功能的迎宾系统。IBM 正在进行对话 APP 的开发，使其能够学习用户的服装爱好，给人工智能 APP “SENSY” 提供多彩的广告牌。Bluemix 版本的 Watson 从 Watson 平台提取出一部分功能，除此之外，还添加补充了语言识别、机器翻译、图像识别等功能。但是，目前日语版仅仅能实现语言翻译、语音文化等部分功能。当前，IBM 使用深度学习把图像识别、影像识别作为 Watson 的重点开发领域之一。回归分析等预测分析功能涉及 IBM 提供云服务的 Watson Analytics（沃森分析，基于自然语言处理的数据分析服务），其就是把统计分析软件 SPSS（统计产品与服务解决方案）与 BI（商业智能）工具 Cognos 进行组合的结果。API 尚不能作为其他系统的产品使用。将来，IBM 会考虑把分布处理型的机器学习软件 SystemML 组合到 Watson 的平台中去并公开 API。这样，

Watson 就具备了云智能的所有功能，包括语音处理、图像识别、语音识别等。

3. Amazon Machine Learning

Amazon Machine Learning 可以提供三种算法：二项分类、多项分类、回归分析。它可以通过数据存取与各种参数选择进行半自动学习。Amazon Machine Learning 的优点是可以从 Redshift、AWS 的已有数据库中方便地提取学习用的数据集，再由本公司的数据库通过批处理生成 CSV 文件，然后上传完成整个学习过程。

4. 其他云智能

AlpacaDB 是以美国的圣马特奥、日本的神户、日本的东京三个地方为落脚点从事机器学习的公司。2015 年 6 月，AlpacaDB 公开使用深度学习算法的图像识别云智能 Labeilio，该系统现可免费使用。利用 Labeilio 上传用户的图像，或通过定义关键词从外部的检索地址收集图像，能生成带有标记的图像学习数据集合。通过学习这些数据，Labeilio 可以对任意图像进行分类。2015 年 7 月，东芝公开发布了云智能 RECAIUS，其能通过语音或影音来理解人类的意图。2015 年 5 月，开发新闻 APP“Camerio”的公司公开了 Camerio API，它以在线媒体为对象，能够通过分析事件目录提取出事件的题目和含义，继而根据数以百万计的题目定量化地解读目录的含义，给用户提供事件推荐。

1.5.5　机器智能与工业 5.0

工业 5.0 是由丹麦优傲机器人公司率先提出的，当时在业界掀起不小的浪潮。以汽车行业为例，鉴于市场的发展演变和顾客的高度个性化需求，人工智能的加入势在必行。作为计算机科学的一个分支，人工智能不再是程序员简单地敲出代码，而是对人类思维意识的高度模拟，甚至是在机器的人性化设计中加入情感。

西安交通大学教授、博士生导师韩九强通过类人比较对工业革命发展规律进行了探索研究，发现每一次工业革命都是以机器衍生出类人的某种重要器官机能的机器机能为标志，由此推论出仿人智能的机器学习机能将引发第五次工业革命，智能机器的诞生和广泛应用即为工业 5.0。西安交通大学韩九强与上海大学杨磊研究团队据此研制成功了一种工业 5.0 的 XAVIS 群机器人柔性智能装配系统实验模型，为机器智能化、系统智动化、工业智慧化的研究开拓了思路，并阐明了人工智能在未来工业发展中的战略定位。工业 4.0 与工业 5.0 的装配系统对比如图 1—1 所示。

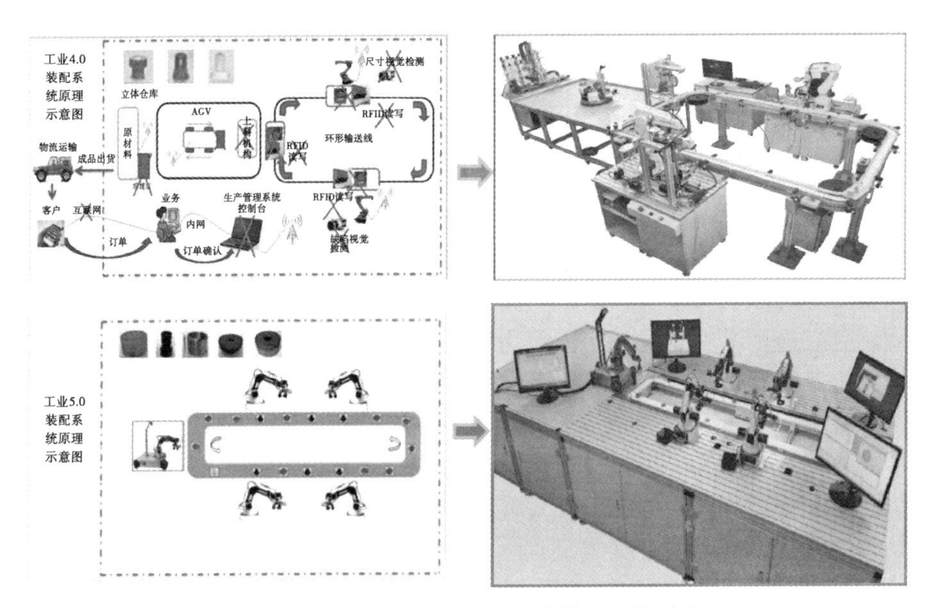

图 1—1 工业 4.0 与工业 5.0 的装配系统对比

1. 前三次工业革命

蒸汽机促进了机械化生产，掀起了第一次工业革命，其标志性的第一台机器就是 1764 年哈格里夫斯发明的珍妮纺织机。这意味着第一次工业革命使机器衍生出了类人体力的动力机能，也就是“人力 + 工具”带来的人类劳作工具化，此即为工业 1.0。随着电力应用、劳动分工和批量生产的实现，第二次工业革命拉开了帷幕，其代表性机器系统就是 1870 年辛辛拉提宰杀场建设的第一条肉鸡宰杀生产线。这意味着第二次工业革命使机器衍生出了类人动作的动作机能，也就是“人力 + 车具”带来的人类运物车具化，由此各种类型的动作机能机器不断诞生并被广泛应用，此即为工业 2.0。第三次工业革命随着 1969 年第一台莫迪康“084”可编程逻辑控制器（PLC）的诞生，以及生产自动化的电子信息技术系统的出现拉开了大幕。这意味着第三次工业革命使机器衍生出了类人脑算的计算机能，形成了机器驱动电力化，由此各种类型的计算机能机器不断诞生并被广泛应用，此即为工业 3.0。

2. 工业 4.0 与视觉智能

工业 4.0 概念包含了由集中式控制向分散式增强型控制的基本模式转变，目标是建立一个高度灵活的个性化和数字化的产品与服务生产模式。在这种模式中，传统的行业界限将消失，并会产生各种新的活动领域和合作形式。创造新价值的过程正在发生改变，产业链分工将被重组。工业 4.0 离不开智能制造，智能制造离不开机器视觉。机器视觉在工业 4.0 中的地位体现在：在所有科研项目和发明专利中，关于机器视觉的科研项目和发明专利占 78%。机器视觉是实现工业自动化和智能化的必要手段，相当于人类视觉在机器上的延伸。在工业 4.0 视觉机器系统研发中，有“视觉 + 机器 + 对象”构成的自动化视觉检测系统、“视觉 + 机器 + 对象”构成的视觉自动化机器系统、“网络 + 机器 + 视觉 + 对象”构成的自动化网络视觉测控系统等。

机器视觉用计算机来模拟人的视觉功能，从客观事物的图像中提取信息、进行处理并加以理解，最终用于工业智能制造中的实际检测、测量和控制等工作环节。在以智能制造为核心的工业 4.0 时代背景下，随着《中国制造 2025》的深入实施，机器视觉产业正呈现出爆炸式增长的势头。在智能机器人、无人机、自动驾驶、智能医生、智能安防、VR（虚拟现实）/AR（增强现实）等应用领域，机器视觉给各种先进产品一双“慧眼”，帮助各种仪器在未来工业自动化、智能化的发展道路上大展拳脚。

3. 工业 5.0 与机器智能

通过前四次工业革命发展的类人比较分析可以发现，每一次工业革命都是以机器衍生出类人的某种重要器官（即身体、手足、大脑、耳朵、嘴巴、眼睛）机能的机器机能（即动力、动作、计算、听、讲、看）为标志，诞生了各种类型的机能机器并得到广泛应用。这就是工业 X.0 的发展规律。通过对机器的类人深入比较分析可以发现，未来已经很难再找到新的类人机器机能。

人若要成长为一个有智慧的人，只有通过上学读书，而上学读书的必需条件是人的各重要器官发育成熟，即体力够、手能写、脑能算、耳能听、嘴能讲、眼能看等。以此类比机器，机器要发展成为智能机器，只有在各重要机器机能发展齐备（即动力够、会动作、会计算、会听、会讲、会看）后通过学习实现。由此可以认为，第五次工业革命的引发一定与机器学习有关，即机器衍生出类人认知学习能力的机器学习机能，届时具有各种类型学习机能的智能机器（人工智能）将诞生并被广泛应用，此即为工业 5.0。

工业革命出现的机器功能与人类器官功能的比较见表 1—2。从表 1—2 中可以看出，每次工业革命都是对机器机能的续增，而非对机器机能的革命或淘汰。例如，从工业 1.0 机器到工业 2.0 机器，动力由蒸汽变为电力，仅仅改变了机器的动力形式，工业 2.0 机器相当于在工业 1.0 机器的动力机能基础上续增了动作机能。工业革命有着很强的仿人重要器官机能而发展机器机能的规律性，以工业发展的这种规律性，可以前瞻性地预测未来机器机能和工业智能化系统的发展走向。通过增加机器学习机能，工业

表 1—2 工业革命出现的机器功能与人类器官功能的比较

人体及其能力			仿人的智能机器科学原理			代表性原理样机		领域应用智能样机引发工业 X.0			
人体	能力		仿人机具	现象规律	科学原理	原理样机	样机机能	领域样机	机能升级	机器变化	工业 X.0
身体	上肢做工能力		做功工具	草齿割力	齿割原理	伐木锯子	锯割具能	伐木铁锯	人力 + 工具	人类劳作工具化	工业 1.0
	下肢移动能力		运物车具	轮子滚力	轮车原理	单、双轮车	运物车能	运物车具	人力 + 车具	人类运物车具化	工业 2.0
	体力或体能		驱力机器	野兽体力	驯化原理	牛拉犁耕地	驱动机器动力机能	马匹托运	畜力 + 机具	机器驱动电力化	工业 3.0
				蒸汽推力	蒸汽机原理	蒸汽机		珍妮纺织机	汽力 + 机器		
				电磁场力	电机原理	发电机		电动游艇	电力 + 机器		
大脑	脑力	记忆能力	计算机器	大脑计算	计算原理	ENIAC（电子数字积分计算机）	电子信息处理机能	PLC	计算机 + 机器	机器电子信息化	工业 4.0
		听讲能力	嘴耳机器	耳听嘴讲	通信原理	ALOHA（无线电计算机通信网）		WLAN（无线局域网）	WLAN+ 机器		
		观察能力	眼睛机器	眼睛观看	视觉原理	CCD（电荷耦合器件）		CCD 相机	视觉 + 机器		
	智力	辨认能力	辨认机器	识别能力	识别原理	LBP（局部二值模式）机	识别、学习、创造机能	人脸验证	LBP+ 机器	机器作业智能化	工业 5.0
		学习能力	学习机器	学习能力	学习原理	CNN（卷积神经网络）机		AlphaGo	CNN+ 机器		
		创造能力	创造机器	创造能力	创造原理	？		？	？ + 机器		

4.0 机器将具备工业 5.0 机器的自主智能特性。

工业 5.0 的技术特点是机器作业智能化，在仿人脑信息处理能力方面主要侧重于人脑的创能，具体分为分析能力、评判能力和创造能力。仿人智力的机器智能将引发工业 5.0，工业 5.0 的仿人智力可大体分为三类：识别能力、学习能力、创造能力。进入仿人智力活动的工业 5.0 后，所有领域的发展将是同步的，立体空间所存在的设备和即将出现的设备都会同步进入机器自学习的仿人智力阶段。进入工业 5.0 后，工业自动化系统升级为柔性智动化系统，视觉、机器、对象组合升级为视觉智动化系统，工业生产可能会进入产品过剩时代。工业生产多品种、小批量、柔性生产、个性化定制服务将会成为常态。柔性化系统结构、环行化供料形式、自主化控制模式、并行化生产模式将会更加深入工业生产的系统环节，生产系统将可以通过自主智能、自主管理、自主编程生产不同品种的个性化定制产品。由此可见，工业 5.0 离不开机器学习，而机器视觉会在自动化系统升级为智动化系统的过程中起到关键作用。

截至 2017 年年底，中国人工智能人才数量排名第七，缺口是 500 万，人才培养需求十分迫切。由于人类对自身智力的机理与活动规律尚处于非常低级的认知阶段，而仿人智力的机器涉及的自学习规律、分析与识别规律、评判与创造规律，以及相应智力机能的科学原理还有待深入研究，仿人智力活动的智能机器科学与技术研究仍任重道远。

1.5.6　我国新一代人工智能发展规划

为深入实施《中国制造 2025》，抓住历史机遇，突破重点领域，促进人工智能产业发展，提升制造业智能化水平，推动人工智能和实体经济深度融合，加快制造强国和网络强国建设，2017 年 12 月工业和信息化部发布《促进新一代人工智能产业发展三年行动计划（2018—2020 年）》。文件确立了行动目标为：力争到 2020 年，一系列人工智能标志性产品取得重要突破，在若干重点领域形成国际竞争优势。

按照“系统布局、重点突破、协同创新、开放有序”的原则，工业和信息化部提出了四个方面的主要目标。

——人工智能重点产品规模化发展，智能网联汽车技术水平大幅提升，智能服务机器人实现规模化应用，智能无人机等产品具有较强全球竞争力，医疗影像辅助诊断系统等扩大临床应用，视频图像识别、智能语音、智能翻译等产品达到国际先进水平。

——人工智能整体核心基础能力显著增强，智能传感器技术产品实现突破，设计、代工、封测技术达到国际水平，神经网络芯片实现量产并在重点领域实现规模化应用，开源开发平台初步具备支撑产业快速发展的能力。

——智能制造深化发展，复杂环境识别、新型人机交互等人工智能技术在关键技术装备中加快集成应用，智能化生产、大规模个性化定制、预测性维护等新模式的应用水平明显提升。重点工业领域智能化水平显著提高。

——人工智能产业支撑体系基本建立，具备一定规模的高质量标注数据资源库、标准测试数据集建成并开放，人工智能标准体系、测试评估体系及安全保障体系框架初步建立，智能化网络基础设施体系逐步形成，产业发展环境更加完善。

2017 年以来，我国人工智能已经迎来了技术研发落地，并实现小规模量产，如 AI 芯片领域的寒武纪 AI 芯片、AI 服务器领域的中科曙光 Phaneron 服务器、操作系统层面的中科创达嵌入式 AI 解决方案及融合 AI 技术的启明星辰泰合态势感知技术。未来，底层基础设施有望在上层应用快速普及的拉动下实现快速规模化应用，并诞生出一批真正具有实力、占据一定市场份额的龙头公司。

1.6 人工智能的影响与未来发展

1.6.1 人工智能的影响

人工智能的发展已对人类及其未来产生深远影响，这些影响涉及人类的经济、社会、文化等方面，下面简要地进行讨论。

1. 人工智能对经济的影响

人工智能系统的开发和应用已为人类创造出可观的经济效益。随着计算机系统技术水平的提高和价格的继续下降，人工智能技术必将得到更大的推广，产生更大的经济效益。例如，成功的专家系统能为用户带来明显的经济效益，它使相关行业可以用比较经济的方法执行任务而不需要聘请有经验的专家，可以极大地减少劳务开支等。由于软件易于复制，因此专家系统能够广泛传播与应用于某些领域。又如，人工智能研究会产生非常繁重的计算，由此促进了并行处理和专用集成计算技术的发展。人工智能应用所需的自动程序设计技术对软件开发产生了积极的影响，所开发的算法发生器和灵巧的数据结构获得应用，推动了计算机技术的发展，进而使计算机为人类创造更大的经济效益。

2. 人工智能对社会的影响

人工智能在带来经济效益的同时，也引发或即将引发一些社会新问题。

（1）劳动就业问题

由于人工智能可以代替人类进行各种脑力劳动，因此将会使一部分人不得不改变其工种，甚至失业。人工智能在科技和工程中的应用会使一些人失去介入信息处理活动（如规划、判断、理解、决策等）的机会，甚至不得不改变自己的工作方式。

（2）社会结构的变化

人们一方面希望人工智能和智能机器能够代替人类从事各种劳动，另一方面又担心它们的发展会引起新的社会问题。实际上，近年来社会结构正在悄悄发生着变化。“人－机器”的社会结构终将被“人－智能机器”的社会结构所取代。智能机器人就是智能机器之一，现在和将来的很多本来是由人来承担的工作将由机器人来完成，人们将不得不学会与有智能的机器相处，并适应这种变化了的社会结构。

（3）思维方式与观念的变化

人工智能的发展与推广应用将影响人类的思维方式与观念。例如，传统知识一般印在书本报刊上，因而是固定不变的，而人工智能系统的知识库知识却是可以不断修改、扩充和更新的。又如，一旦专家系统的用户开始相信系统（智能机器）的判断和决定，就可能再不愿多动脑筋，从而失去对许多问题及其求解任务的责任感和敏锐感，就像那些过分依赖计算器的学生，其主动思考能力和计算能力也会明显下降一样。在设计和研制智能系统时，应考虑到上述问题，尽量鼓励用户在问题求解中保持主动性，让用户的智力参与到问题求解过程中来。

（4）心理的威胁

人工智能会对一部分人造成心理上的威胁，或称精神威胁。一般认为只有人类才具有感知、精神，而且以此与机器相别。如果有一天机器也能够思考和创作，那么一部分人可能会感到失望，甚至感觉受到威胁。这部分人会担心人工智能将超过人类的自然智能，使人类沦为智能机器和智能系统的奴隶。对于人的观念（指人的精神）和机器的观念（指人工智能）之间的关系问题，哲学家、神学家和其他人之间一直存在争论。按照人工智能的观点，人类有可能用机器来规划自己的未来，甚至可以把这个规划问题想象为一类状态空间搜索。当社会上一部分人欢迎这种新观念时，另一部分人则可能发现这些新观念是让人烦恼和无法接受的，尤其是当这些观念与其信仰背道而驰时。

（5）技术失控的危险

任何新技术的最大危险莫过于人类对它失去了控制，或者是落入那些企图利用新技术危害人类的人手中。有人担心机器人和人工智能的其他制品会威胁人类的安全。为此，著名的美国科幻作家阿西莫夫提出了“机器人三定律”：第一，机器人不得伤害人类或者对人类受到的伤害袖手旁观；第二，在与第一定律不相冲突的情况下，机器人必须服从人类的命令；第三，在不违背第一、第二定律的情况下，机器人有自我保护的义务。如果把“机器人三定律”推广到整个智能机器，成为“智能机器三定律”，那么人类社会就会更容易接受人工智能。人工智能技术是一种信息技术，人类必须保持高度警惕，防止人工智能技术被用于进行反人类、反社会的犯罪（有的人称之为“智能犯罪”）。同时，人类要有足够的智慧和信心研制出防范、检测和侦破各种智能犯罪活动的智能手段。

（6）法律问题

人工智能技术不仅代替了人的一些体力劳动，也代替了人的某些脑力劳动，有时甚至行使着本应由人行使的职能，这免不了引起法律纠纷。例如，医疗诊断专家系统万一出现失误，导致医疗事故，专家系统的开发者是否要负责任？专家系统的使用者应负什么责任？人工智能的应用将会越来越普及并逐步进入家庭，使用人工智能技术的智能化电器已经问世，可以预料，未来将会出现更多的与人工智能应用有关的法律问题。社会需要在实践的基础上从法律角度对这些问题给出解决方案，要通过法律手段对利用人工智能技术实施反人类、反社会行为的犯罪进行惩罚，确保人工智能技术为人类社会的健康发展做出贡献。

3. 人工智能对文化的影响

人工智能将改变人的思维方式和观念，并对人类文化产生更多的影响。一方面，人工智能将改善人类知识。在重新阐述人类历史知识的过程中，哲学家、科学家和人工智能学家有机会努力消除知识的模糊性和不一致性。这种努力可能有助于知识的改善，以便能够比较容易地推断出令人感兴趣的真理。另一方面，人工智能将改善人类语言。根据语言学的观点，语言是思维的表现和工具，思维规律可用语言学方法加以研究，但人的下意识和潜意识往往“只可意会，不可言传”。采用人工智能技术并综合应用语法、语义和形式知识表示方法，有可能在改善知识的自然语言表示的同时，把知识阐述为适用的人工智能形式。随着人工智能原理日益广泛传播，人们可能使用人工智能概念来描述其生活中的日常状态和各种问题的求解过程。

1.6.2 人工智能的未来发展

人工智能是计算机科学的一门前沿学科，诸多计算机编程语言和计算机软件都因人工智能方面的进展而得以存在和发展。进入21世纪以来，人工智能理论正酝酿着新的突破。例如，人工生命的提出不仅意味着人类试图从传统的工程技术途径去发展人工智能，而且将开辟生物工程技术途径去发展人工智能，同时人工智能的发展又将成为人工生命科学的重要支柱和推动力量。计算智能已成为一个新的人工智能研究和应用领域，为人工智能提供新的理论基础和新的研究方向。可以预言，人工智能的研究成果必将创造出更多、更高级的"智能制品"，并在越来越多的领域超越人类智能。人工智能将为推动国民经济发展和改善人类生活做出更大的贡献。下面介绍几位学者从不同侧面阐述的未来人工智能领域有待解决的问题。

1994年图灵奖得主费根鲍姆提出，未来计算机科学发展面临三个挑战：

第一，要开发这样的计算机，它们可以通过费根鲍姆测试，即给定主题领域中图灵测试的限制版本；

第二，要开发这样的计算机，它们可以读文档，并且自动构建大规模知识库来显著减少知识工程的复杂度；

第三，要开发这样的计算机，它们能理解Web（万维网）内容，自动构建相关的知识库。

虽然后两个挑战实质上都指涉一个大的知识工程，但两者仍然是有差别的，因为第三个挑战牵涉一个开放的环境。开放性通常是指：知识表述和语义理解无统一标准；知识源具有动态性（也就是出现和消失的随机性）；知识具有矛盾性、二义性、噪声、不完备性和非单调性。

1992年图灵奖得主兰普森指出，计算机应用的三次浪潮分别是：1960年开始的模拟，1985年开始的通信和存储，2000年开始的灵境。他重点阐述了两个问题：第一个问题是灵境技术，以汽车不撞人（不发生道路交通事故）为例；第二个问题是根据规范自动写程序。灵境技术的主要挑战是实时视觉、道路模型、车辆模型和侵入道路的外部对象模型，所有这些相关知识需要一个驾驶员学习多年。灵境技术要处理传感器的输入、车辆运行中的不确定性因素以及环境中随时可能发生的变化。灵境技术应满足可信性，即在面临死亡危险时，自动驾驶仪必须能正确地工作。自动化程序设计是一个新问题，人们为之奋斗了四十多年，但是进展有限。

2012年10月18日，图灵奖得主雷迪在中国计算机大会上做了报告，他定义人类级人工智能是与地球上的大多数人具有相同的智能。雷迪的"创造人类级人工智能的蓝图"如下：①认知能力与4岁的儿童相当，不期望其有文化或受过教育（使用语音、语言和视觉，以及推理、规划、问题求解和抽象思维）；②为“儿童机器”创造一个体系结构，其可以学习并可以被教授，通过输入学习能得到正确的输出；③人类级人工智能的递增方法参照皮亚杰的认知发展阶段理论。

中国科学院人工智能专家金芝指出：在未来的50年内，期望在研究如意识、注意力、学习能力、记忆力、语言、思考力、推理能力甚至情感等脑活动的工程中，中国可以为智能科学研究做出重要贡献。一些特别有前景的研究方向包括：①脑如何整合与协作神经细胞簇活动；②神经细胞簇如何接收、表示、传送和重构可视化符号和意识；③如何使用经验方法（如核磁共振）来观察神经细胞簇活动；④如何开发和评价建模和模拟神经细胞簇活动的数学和计算方法。

浙江大学吴朝晖和郑能干提出混合智能的设想。混合智能是以生物智能、机器智能和人类智能这三类智能形式的深度融合为目标，通过三者相互连接的通道，建立兼具生物的环境感知、信息整合、运动能力与机器及人脑的记忆、推理、学习能力的新型智能系统，是三者融合的全新智能模式。其研究切入点有三个。

一是基于生物脑的逆向工程，其具体表现是将生物脑的神经生理机制与认知过程作为仿生模型，实现结合联结主义、行为主义和符号主义优势的认知建模，采用合适的形式化工具建立鲁棒高效的智能计算模型和泛化智能系统。

二是借助脑机接口技术实现生物智能与人工智能的直接互联，构建前所未有的生物–机器混合系统。基本器件、体系结构和新型互连接口将成为实现此新型智能系统的技术关键。

三是生物智能、机器智能和人类智能的多层次融合，混合智能研究不仅以生物脑和人脑为模型进行仿生机器智能端的研究，还将直接利用生物智能和人类智能实现系统层次上的智能融合。

第二章　人工智能的应用——智能制造

2.1　智 能 制 造

人工智能在制造业的融合应用是促进实体经济发展的重点，是制造业数字化、网络化、智能化转型发展的关键。发达国家政府和产业界均高度重视这一趋势，近年来纷纷采取行动推进基础性研究及产业实践部署，传统的制造业生产范式正在人工智能的驱动下被进一步改变。从广度和深度来看，当前人工智能技术正在向制造领域快速渗透，对制造业整体发展的支撑效应初显。其主导企业中，既有小松集团、蒂森克虏伯这样的传统制造企业作为人工智能技术的应用实施主体，也有谷歌、亚马逊等具有人工智能技术优势的互联网企业，还有欧特克、ABB 等向人工智能领域转型的工业软硬件产品提供商，总体上呈现出多领域融合、多行业合作的发展态势。但当前产业界对人工智能的融合应用大多数还处于探索阶段，对部分环节的应用模式还存在较大争议，多数企业仍处于观望状态，距全行业普及应用还有较大的距离。人工智能技术是智能制造技术的核心技术之一，当前人工智能技术在智能制造技术中占据较大的比重，涉及较多的行业。人工智能技术较多地应用在生产流水线的人工智能系统和人工智能设备中，常见的人工智能设备有人工智能悬臂设备、人工智能装配设备。各类人工智能技术的应用促进了智能制造的快速发展，为未来的技术发展提供了良好的基础数据支持。

目前在世界范围内，工业的转型升级正成为全球经济发展新一轮的竞争焦点。从美国的“制造业回归”、德国的“工业 4.0”到中国的“两化深度融合”，都异曲同工地表达了同样的内容：用云计算、大数据、物联网、人工智能等技术引领工业生产方式的变革，拉动工业经济的创新发展，正在成为不可逆转的潮流趋势。

“工业 4.0”的战略蓝图把智能生产描绘成工厂可以为单件小批量的单个客户提供个性化生产服务，而不是只能按照固定的生产流程生产。所谓“智能”，是指具备智慧的能力。具备足够的知识（对自己的了解、对外界事物的了解都可以称为知识），然后找出知识点之间的关系及事物之间的潜在联系，将具备的知识进行关联和联想，形成一个知识网络，以具备思考的能力，就是“智慧”的概念。“工业 4.0”战略中提到，要将生产环境中的一切事物、人的静态信息及动态信息进行融合、感知、传递和交换，从而达到协同工作的场景，实现智能生产、智能工厂的目标。

在生产现场，要实现智能生产还需要业务规则的驱动，如事件管理机制、生产优化排程等。事件管理机制可以实时地拾取生产现场、用户使用现场的一些特别事件。这些事件如果不及时进行处理，有可能演变为损失重大的事故。对这些事件的预先定义和及时发现，可以驱动对应的处理流程，协调各个部门、人员做相应的协同处理，防患于未然。这才是真正的智能生产——让一切连接，让一切透明，所有的系统、设备都按照数据驱动的流程、规则协作运行，真正实现数据驱动流程、流程驱动业务。而业务规则可以根据市场需要、用户订单和个性化需要随时变更，以达到智能地驱动生产，实现产品的个性化服务。

智能制造企业包含了三个维度的智能化：产品的智能化、生产制造的智能化、企业管理的智能化。产品的智能化意味着产品具有非常高的“数据”和“信息”特征，它的更高附加值体现在软件或服务上。目前，美国因为信息技术的领先优势，在打造大数据驱动的智能制造企业的路径上走的是以信息技术企业拥抱传统制造的路线，凸显“产品的智能化”，如谷歌进军无人汽车领域等。德国因为传统制造业的优势，所以以生产制造的智能化为切入点来往前后两端延伸，推动其“工业 4.0”。在中国，因为互联网应用的高速发展，很多企业在企业互联网化运作的新商业模式上获得了突破。互联网化或称智能化的工业企业，其最大的变化是产品研发制造从原来的“工厂到客户”转变为“客户到工厂”，企业生产过程的协同从原来的内部各个部门、不同车间之间的协同，转向了供应链、客户关系、制造执行、企业资源、工业物联网等产业链、社会化大协作和大协同，资源配置从原来的基于自己掌控的生产资料进行生产要素配置转向基于需求进行动态资源的最优配置。企业管理的智能化是人工智能和管理学科、知识工程与系统工程、计算机技术与通信技术、软件工程与信息工程等新兴学科相互交叉、渗透、融合的结果。它通过综合运用现代信息技术与人工智能技术，以现有管理模块（如信息管理、生产管理）为基础，以智能计划、智能执行、智能控制为手段，以智能决策为依据，智能化地配置企业资源，建立并维持企业运营秩序，实现企业管理中“机要素”（各类硬件和软件的总称）之间的高效整合，并与企业中的“人要素”融合，实现“人机协调”的管理体系。

国外智能工厂主要由一些制造业软硬件巨头推动。国际知名的工业软件企业纷纷推出了用于智能工厂设计的软件，如西门子、达索、施耐德电气、海克斯康等制作的智能工厂成套系列软件。这些软件涵盖从工艺布局规划和设计、工艺过程仿真与验证到制造执行管理整个工厂的全部内容，并与产业工程连接起来，满足工厂全生命周期中的不同需求，已逐渐被制造企业接受和应用。

2.1.1 智能制造的发展现状

1. 美国智能制造

美国是智能制造技术思想的起源地之一，美国政府高度重视智能制造的发展，并把它作为21世纪统治世界制造的利器。在20世纪后期，美国在智能制造领域的研究上投入了大量精力，研究包含智能制造的许多内容，其中主要包括智能分析、智能决策、智能设计等。美国还颁布了一系列的调整政策，以保持自己在制造业的全球竞争优势，如2011年由美国智能制造领导联盟发布的《实现21世纪智能制造报告》及2012年美国国家科学技术委员会公布的《先进制造业国家战略计划》。这些政策的实施表明美国政府高度重视发展技术密集型的先进制造业。作为未来制造业核心的智能制造在美国必将有良好的发展趋势。

2. 欧洲国家智能制造

早在1982年，欧洲国家就制订了信息技术发展战略计划，其中就强调了智能制造技术的研发。欧洲有一些国际企业已经将部分人工智能技术应用到工业控制设备与系统中，如瑞士ABB、德国西门子、法国施耐德电气等。

英国曾经是全球最早实现工业革命的国家，被誉为“世界制造工厂”。自从出现金融业后，英国的制造业就开始走下坡路。直到2008年发生金融危机，英国经济受到严重创伤，这时英国才认识到了制造业的重要性，及时调整策略，重新使制造业回流，抢占全球制造业的领先地位。为此，英国颁布了“高价格制造”策略，刺激本国企业创新制造生产出高附加值的产品。2012—2014年，英国帮助14个制造企业进行建设，包含能源、智能制造和嵌入式系统、原料化学等多个领域。英国政府科技办公室颁布了《英国工业2050战略》，它是关于英国制造业发展的一项长期科学研究，通过分析目前制造业所面临的机遇和挑战，提出英国制造业发展与振兴的政策。

德国制造业在世界上占有领先地位。德国为了进一步巩固自己在制造业的现有优势，提出了“工业4.0”计划。“工业4.0”是以智能制造为核心的第四次工业革命，其计划主要分为三大主题：一是智能工厂，二是智能生产，三是智能物流。

3. 日本智能制造

日本软银集团创始人兼总裁孙正义在2014年度软银世界大会上称："到了2050年，日本的经济竞争力将成为全球第一，日本将不再是日沉之国，而将复活为日出之国！"孙正义提出了复活方程式：3 000万台产业机器人24小时工作，相当于增加了9 000万制造业劳动人口，而支付给每台机器人的平均月薪仅为1.7万日元，无疑为日本解决了制造业发展的短板问题。

4. 中国智能制造

随着生产成本的不断上升，中国传统制造业的优势不断削弱。过去制造业是依靠发达国家来拉动，现在这种局面正在发生改变。如何实现从制造向创造的转变，将成为我国制造业发展的长期问题。智能制造对我国制造业的发展是个机遇，应把握好这次机遇，提升我国制造业综合水平，脱离低效率和高消耗的困境。实际上，中国早期也对智能制造进行了初步研究。早在1993年，中国就对"智能制造系统关键技术"进行了探讨研究。最近几年，政府和企业更加注重智能制造的发展。一是国家持续颁布了一些关于智能制造的发展政策，以《中国制造2025》为总纲，广东、江苏、四川等省份也已经出台政策来支持智能制造。二是国家正在进行智能制造试点示范，按照相关文件，已经确定了覆盖多个行业的多个试点示范项目，涉及智能装备、智能服务、智能管理等类别。然而，我国智能制造还面临着许多问题：智能制造业没有统一的规范，智能制造企业转型升级成本大，智能制造业的发展缺乏独立创新，智能制造相关的现代服务业发展滞后等。

2014年6月24日，德国机械设备制造业联合会（VDMA）主席表明德国和日本将携手应对中国制造业的挑战。德国《世界报》网站也报道，"中国机械制造业严重威胁德国"。德国应对中国制造业的法宝是用柔性生产带来的成本优势碾压中国的人力成本优势。对于"工业4.0"，中国的优势是什么？第一，根据美国《纽约时报》的调查，中国工业拥有世界上最完整的供应链条，是唯一拥有联合国产业分类中全部工业门类（39个大类、191个中类、525个小类）的国家，形成了"门类齐全、独立完整"的工业体系，小到螺丝钉等基础零件，大到通信、航天、高铁等，都可以随时就地取材、就地生产。第二，中国政府强大的组织能力也是不可忽视的一个独特优势。从《装备制造业调整和振兴规划》到《工业转型升级规划（2011—2015年）》《智能制造装备产业"十二五"发展规划》《中国制造 2025》等，中国政府相关规划的出台越来越紧密。但是，中国智能制造的弱势也很明显，就是缺乏对科技的信仰、对创新的冲动。

2.1.2　智能制造的发展趋势

1. 国外智能制造的发展趋势

现阶段国外智能制造的发展主要以德国正在推行的“工业 4.0”计划及美国正在发展的工业互联网装备为代表。为什么德国是工业 4.0 的焦点呢？不仅因为德国是工业 4.0 的发源地，而且因为其既可反抗美国信息技术对本国制造业的入侵，又可压制中国制造业的低成本竞争。

德国希望阻止信息技术对制造业的支配。一旦制造业各个环节都被云计算接管，那么美国将是最大的赢家。德国电信副总裁莱昂贝格尔称，假如汽车制造商不能掌握核心数据，那么谷歌就会成为赢家，云端平台和云端社区将使工厂沦为信息的附庸。

因此，为了避免被美国阻截性超车，德国正在全力以赴。德国将“工业 4.0”纳入“高技术战略 2020”，使其正式成为一项国家战略，而且正计划制定推进“工业 4.0”的相关法律，把“工业 4.0”从一项产业政策上升为国家法律。德国“工业 4.0”在很短的时间内得到了来自党派、政府、企业、协会、院所的广泛认同，并取得一致共识。这个共识就是：德国要用 CPS（虚拟网络 - 实体物理系统）使生产设备获得智能，使工厂成为一个拥有自律分散型系统的智能工厂。那时，云计算不过是制造业中的一个使用对象，而不会成为掌控生产制造的中枢。

美国是工业 3.0 时代的集大成者，工业 3.0 是信息技术革命，美国在这方面遥遥领先。工业 3.0 时代，全球信息产业蓬勃发展，但欧洲企业节节败退，整个欧洲都丧失了全球信息产业发展的机遇。在信息产业最活跃的互联网领域，全球市值最大的 20 家互联网企业中没有欧洲企业，欧洲的互联网市场基本被美国企业垄断。德国副总理兼经济和能源部部长加布里尔曾说，德国企业的数据由美国硅谷的科技把持，这正是他所担心的。

当前，美国的互联网及 ICT（信息和通信技术）巨头与传统制造业领军厂商携手，通用电气、思科、IBM、AT&T（美国电话电报公司）、英特尔等 80 多家企业成立了工业互联网联盟，正重新定义制造业的未来，并在技术、标准、产业化等方面做出一系列的前瞻性布局，工业互联网成为美国先进制造伙伴计划的重要任务之一。对此，欧洲各国对自身新兴产业的创新能力及未来发展前景表示深深的忧虑。

2. 国内智能制造的发展趋势

（1）大力发展“软”科技

智能制造需要芯片、控制技术、精密测量、先进传感器等“软”科技支撑。未来，我国智能制造水平必然会大幅提升，但从目前来看，我国智能制造发展的短板主要体现在“软”科技实力严重不足，相关产品严重依赖进口等。因此，我国必须大力发展“软”科技。

（2）研究我国智能制造可持续发展的路径

虽然我国制定了国家智能制造发展政策，但是其还处于计划阶段。想要实现我国智能制造可持续发展，应做到以下几点：一是对我国智能制造发展现状进行整体分析，全面评估我国智能制造业的产业集群及产业扶持政策，同时兼顾技术水平、产业规模、企业竞争力发展的基础，明确我国智能制造发展的优势；二是全面分析我国智能制造发展存在的问题，其主要涉及人才建设和政策支撑体系、自主创新能力和关键技术、智能制造基础理论和技术体系等，再根据我国整体发展水平制定相关发展途径；三是研究推进我国智能制造可持续发展的对策，提升我国弱势科技水平，并营造良好的智能制造政策环境。

国内现阶段智能制造主要涉及以下几个发展方向。

1）工业体系转型。在“互联网 +”背景下，制造业正在急速变化，智能制造的变化表现为产品更新换代加快、设计周期缩短、生产效率提高。在这种趋势下，中国传统的工业体系会向智能化的工业体系转型。

2）制造业服务化。在信息时代，企业和用户是通过产品和服务建立关系的。服务融合在制造业的各个环节，有利于提升价值链。

3）智能制造装备生产。企业需要具有感知、分析、控制等多功能的智能装备，包括高档数控机床、智能控制系统、智能仪器设备、智能工业机器人等。

目前，国内急需促进传统制造业结构调整和优化升级，从而提升中国经济在全球竞争中的地位。在信息时代，中国应把握发展时机，在“互联网 +”和大数据的驱动下，实现“中国制造”向“中国智造”的转型。

3. 德国“工业 4.0”与“中国制造 2025”

德国为应对全球挑战提出了“工业 4.0”的发展计划，我国根据发展的实际情况提出《中国制造 2025》的行动纲领。毋庸置疑，智能制造必定是世界制造业今后的发展趋势。

（1）德国“工业 4.0”

德国“工业 4.0”是由德国产、学、研各界共同制订，以提高德国工业竞争力为主要目的的战略计划。德国“工业 4.0”这一概念问世于 2011

年4月举办的汉诺威工业博览会，成形于2013年4月德国“工业4.0”工作组发表的《保障德国制造业的未来：关于实施“工业4.0”战略的建议》报告，进而于2013年12月19日由德国电气电子和信息技术协会细化为“工业4.0”标准化路线图。目前，“工业4.0”已经上升为德国的国家战略，成为德国面向2020年的十大高科技战略目标之一。德国认为，支撑“工业4.0”的是物联网技术和制造业服务化。

德国的“工业4.0”可以简单概括为“1个核心”“2重战略”“3大集成”和“8项举措”。

1）1个核心。“工业4.0”的核心是“智能+网络化”，即通过CPS构建智能工厂，实现智能制造的目的。CPS建立在ICT高速发展的基础上，其具有以下特性：通过大量部署各类传感元件实现信息的大量采集；将IT（信息技术）控件小型化与自主化，然后将其嵌入各类制造设备中，从而实现设备的智能化；依托日新月异的通信技术达到数据的高速与无差错传输；无论是后台的控制设备还是在前端嵌入制造设备的IT控件，都可以通过人工开发的软件系统进行数据处理与指令发送，从而达到生产过程智能化和方便人工实时控制的目的。

2）2重战略。基于CPS，“工业4.0”通过采用双重战略来增强德国制造业的竞争力。

一是“领先的供应商战略”，即关注生产领域，要求德国的装备制造商必须遵循“工业4.0”的理念，将先进的技术、完善的解决方案与传统的生产技术相结合，生产出具备“智能”与乐于“交流”的生产设备，为德国的制造业增添活力，实现德国制造质的飞跃。该战略注重吸引中小企业的参与，希望它们不仅成为智能生产设备的使用者，也能成为智能生产设备的供应者。

二是“领先的市场战略”，即强调整个德国国内制造业市场的有效整合。构建遍布不同地区，涉及所有行业，涵盖各类大、中、小企业的高速互联网络是实现这一战略的关键。通过这一网络，德国的各类企业就能实现快速信息共享，最终达成有效的分工合作。在此基础上，生产工艺可以被重新定义与进一步细化，实现更为专业化的生产，提高德国制造业的生产效率。除了生产以外，商业企业也能与生产单位无缝衔接，进一步拉近德国制造企业与国内市场、世界市场之间的距离。

3）3大集成。德国“工业4.0”的具体实施需要3大集成的支撑：关注产品的生产过程，力求在智能工厂内通过联网建成生产的纵向集成；关注产品整个生命周期的不同阶段，包括设计与开发、安排生产计划、管控生产过程、产品售后维护等，实现各个不同阶段之间的信息共享，从而达成工程数字化集成；关注全社会价值网络的实现，从产品的研究、开发与应用，拓展至建立标准化策略、提高社会分工合作的有效性、探索新的商业模式、考虑社会的可持续发展等，从而达成德国制造业的横向集成。

ICT 的不断发展为 3 大集成的可实现性提供了保证，相关技术包括以下几种。

——机器对机器（M2M）技术。M2M 技术用于终端设备之间的数据交换。M2M 技术的发展使得制造设备之间能够主动（而不是被动）地进行通信，配合预先安装在制造设备内部的嵌入式软硬件系统实现生产过程的智能化。

——物联网（IoT）技术。物联网技术的应用范围超越了单纯的机器对机器的互联，而是将整个社会的人与物连接成一个巨大的网络。按照国际电信联盟（ITU）的解释，这是一个无处不在与时刻开启的普适网络社会。知名的信息技术研究和分析公司——高德纳咨询公司预计，至 2020 年，加入物联网的终端设备将达到 260 亿台，约是 2009 年的（9 亿台）30 倍。

——各类应用软件。应用软件包括实现企业系统化管理的企业资源计划（ERP）软件、产品生命周期管理（PLM）软件、供应链管理（SCM）软件、系统生命周期管理（SysLM）软件等。这些应用软件在“工业 4.0”中进一步发挥协同作用，成为企业进行智能化生产和管理的利器。

4）8 项举措。8 项举措的具体内容如下。

①实现技术标准化和开放标准的参考体系。这主要是出于联网和集成的需要，没有标准无法达成信息的互换，而开放标准的参考体系包括公开完整的技术说明等资料，这有助于促进网络的迅速普及与社会各方的参与。

②建立模型来管理复杂的系统。工业 4.0 的跨学科、多企协同、异地合作等特性对整个系统的管理提出了很高的要求。只有事先建立并不断完善管理模型，才能充分发挥工业 4.0 的功效。

③提供一套综合的工业宽带基础设施。这是实施联网的基础，可保证数据传输的高速、稳定与可靠。

④建立安全保障机制。这源于三个方面的原因：第一，安全生产必须予以保障；第二，在传输与储存过程中需要维护信息安全；第三，整个系统应具有健全的容错机制，以确保人为失误不会酿成灾难等。

⑤创新工作的组织和设计方式。工业 4.0 的高度自动化和分散协同性对社会生产的组织和设计方式提出了新要求，需要探索与建立新的生产协作方式，让员工能高效、愉悦、安全地进行生产活动。

⑥注重培训和持续的职业发展。在工业 4.0 中，员工需要面对的生产设备和协作伙伴的范围远远超过了目前生产方式的要求，而且工作环境的

变化速度也显著加快。面对上述两方面的挑战，员工的持续学习能力就变得尤为重要。只有全社会拥有大量的合格员工，工业 4.0 的威力才能真正得以体现。

⑦健全规章制度。规章制度涉及企业如何进行数据保护、数据交换过程中的安全性、个人隐私的保护、协调各国不同的贸易规则等。

⑧提升资源效率。工业 4.0 所涉及的资源不仅包括原材料与能源，也涉及人力资源和财务资源。德国联邦教育与科研部和德国工程师联合会倡议的“效率工厂”可作为今后各企业提升资源效率的重要参考。此外，建立各类可量化的关键绩效指标（KPI）体系也是评估企业资源利用效率的可靠工具。

（2）“中国制造 2025”

“中国制造 2025”的主要内容可总结成一条主线、四大转变和八大对策。一条主线指以体现信息技术与制造技术深度融合的数字化、网络化、智能化制造为主线。四大转变包括：由要素驱动向创新驱动转变；由低成本竞争优势向质量效益竞争优势转变；由资源消耗大、污染物排放多的粗放制造向绿色制造转变；由生产型制造向服务型制造转变。八大对策包括：推行数字化、网络化、智能化制造；提升产品设计能力；完善制造业技术创新体系；强化制造基础；提升产品质量；推行绿色制造；培养具有全球竞争力的企业群体和优势产业；发展现代制造服务业。

（3）德国“工业 4.0”与“中国制造 2025”的关系

德国“工业 4.0”为我国高新技术的发展提供了更多的学习机会，为“中国制造 2025”计划的顺利实现提供了更多的思路和经验。“中国制造 2025”和德国“工业 4.0”两者的目标是一致的，就是要实现制造业的转型升级。两者的不同点是：德国“工业 4.0”计划侧重通过信息网络和物理生产系统的融合来改变制造业的生产和服务模式，让企业通过提高产品附加值和增加市场竞争力实现价值，更加注重高端装备和智能生产，而“中国制造 2025”则主要强调信息化和工业化的深度融合。

2.2　智 能 工 厂

智能生产、智能工厂和智能制造是企业智能化的三个不同阶段，互有差异却又紧密相连。智能生产是企业实现智能化的开端，主要体现在生产系统的多种软硬件结合，其基于对企业的人、机、料、法、环等制造要素的全面精细化感知，采用大规模、多种物联网感知技术手段。智能工厂则利用各种现代化技术实现工厂的办公、管理及生产自动化，达到规范及加强企业管理、减少工作失误、堵塞各种漏洞、提高工作效率、保障安全生产、提供决策参考、加强外界联系、拓宽国际市场的目的。智能工厂必须具有六个显著特征：设备互联；广泛应用工业软件；充分结合精益生产理念；实现柔性自动化；注重环境友好，实现绿色制造；实现实时洞察。智能工厂不仅在生产过程方面应实现自动化、透明化、可视化、精益化，而且在产品检测、质量检验和分析、生产物流等环节也应与生产过程实现闭环集成，一个工厂的多个车间之间要实现信息共享、准时配送和协同作业。智能制造的首要任务是信息的处理与优化，工厂 / 车间内各种网络的互联互通是基础与前提。智能工厂 / 数字化车间中的生产管理系统和智能装备互联互通，形成企业综合网络。随着技术的发展，该结构呈现扁平化发展趋势，以适应协同高效的智能制造需求。

2.2.1 智能工厂与工业 4.0

第一次工业革命的机械制造设备彻底改变了货物的生产方式。第二次工业革命在劳动分工的基础上，采用电力驱动了产品的大规模生产。第三次工业革命引入了电子与信息技术，从而使制造过程不断实现自动化，机器不仅接管了相当比例的体力劳动，而且还接管了一些脑力劳动。

工业 4.0 的重点是创造智能产品、程序和过程。其中，智能工厂构成了工业 4.0 的一个关键特征。智能工厂能够管理复杂的事物，不容易受到干扰，能够更有效地制造产品。在智能工厂里，人、机器和资源如同在一个社交网络里一般自然地相互沟通协作。智能产品理解自身被制造的细节以及将被如何使用。它们积极协助生产过程，能回答如“我是什么时候被制造的”“哪组参数应被用来处理我”“我应该被传送到哪”等问题。智能产品与智能移动、智能物流和智能系统网络相对接，将使智能工厂成为未来智能基础设施中的一个关键组成部分。这将导致传统价值链的转变和新商业模式的出现。

工业 4.0 将使动态的、实时优化的和自我组织的价值链成为现实，并带来成本、可利用性、资源消耗等不同标准的最优化选择。而这些都需要恰当的规则框架、标准化接口和和谐的商业进程。工业 4.0 将在制造领域的所有因素和资源间形成全新的社会 – 技术互动水平。它将使生产资源（生产设备、机器人、传送装置、仓储系统和生产设施）形成一个循环网络。这些生产资源将具有自主性，可自我调节以应对不同形势，能基于以往经验进行自我配置，配备传感设备。同时，它们也包含相关的计划与管理系统。

作为工业 4.0 的一个核心组成，智能工厂将渗透到公司间的价值网络中，并最终促使数字世界和现实世界完美结合。智能工厂以端对端的工程制造为特征，这种端对端的工程制造不仅涵盖制造的流程，同时也涵盖制造的产品，从而实现数字和物质两个系统的无缝融合。智能工厂将使制造流程的日益复杂性变得可控，在确保生产过程具有吸引力的同时使制造产品在都市环境中具有可持续性，并且可以盈利。工业 4.0 中的智能产品具有独特的可识别性，可以在任何时候被分辨出来。甚至在智能产品被制造时，就可以知道其整个制造过程中的细节。在某些领域，这意味着智能产品能半自主地控制自身生产的各个阶段。此外，智能产品还可以确保自身在工作范围内发挥最佳作用，同时在整个生命周期内随时确认自身的损耗程度。而这些信息可以汇集起来供智能工厂参考，以判断工厂是否在物流、装配和保养方面达到最优，也可以应用于商业管理应用的整合。未来，工业 4.0 将有可能使有特殊产品特性需求的客户直接参与到产品的设计、构造、预订、计划、生产、运作、回收等各个阶段，甚至在即将生产前或生产过程中如果有临时的需求变化，智能工厂都可立即调整生产。这意味着生产独一无二的产品或者小批量的商品仍然可以获利。工业 4.0 的实施将使企业员工可以根据形势和目标来控制、调节和配置智能制造资源网络和生产步骤。员工将从执行例行任务中解放出来，从而专注于创新增值活动，发挥关键作用，特别是在质量保证方面。工业 4.0 的实施需要通过服务水平协议来进一步拓展相关的网络基础设施和特定的网络服务质量。这将可以满足那些具有高带宽需求的数据密集型应用，同时也可以满足那些提供运行时间保障的服务供应商（因为有些应用具有严格的时间要求）。

技术与工作组织应协调一致。智能工厂将提供创建一个新的工作文化环境的机会，来保证劳动者的利益。然而，这种可能性并不是自然而然就可以实现的，采用合适的工作组织和设计模型至关重要。这种工作组织和设计模型可以将高度的个人责任感和自主权与分散的领导和管理方法相结合，让员工拥有更大的自由来做出决定，更多地参与和调节自己的工作量，同时又能支持灵活的工作安排。系统可以对员工工作的微小细节设置实施严格的控制，或者可以配置为一个开放的信息来源，员工以其为基础做出自己的决定。换句话说，人们的工作质量并不是由技术或任何技术约束决定的，而是由模拟和执行智能工厂的科学家和管理人员决定的。因此，有必要采用一种“社会技术方法”进行工作组织，将持续的职业发展措施和技术及软件架构进行紧密配合，来提供一个单一的、连贯的解决方案。该解决方案专注于在贯穿整条价值链的员工和 / 或技术操作系统之间提供智能、合作和自我组织的相互协调机制。“更好，而不是更便宜”是工业化变革的机会和基准，采用这种社会技术方法进行工作组织是由于频繁重复的高度标准化和单调无味的工作方式不是实现工业 4.0 最有希望的方式，而主动与员工合作的方式可以实现新的效率收益。事实上，智能工厂将被配置为高度复杂的、动态的、灵活的系统，这意味着需要被授权的员工充当决策者和控制者。例如，一个以顾客为中心的工作需要广泛的培训、促进学习的工作组织模式、培养自主工作的全面持续职业发展，这些可以设计成一个有效的工具来促进员工发展和职业提升。在工业 4.0 框架下，技术发展目标和工作组织模式应该根据具体的经济和社会条件一起建立和配置。建立灵活的制造业组织模式是必要的，可以在员工的工作和私人生活之间建立清晰的边界，使其达到工作和生活的平衡。

2.2.2 智能工厂的特征

发展智能工厂是智能工业发展的新方向。智能工厂的特征体现在制造生产上：

一是系统具有自主能力，可采集与理解外界及自身的资讯，并以之分析、判断、规划自身行为；

二是应用整体可视技术，能结合信号处理、推理预测、仿真及多媒体技术，实境扩增展示现实生活中的设计与制造过程；

三是具有协调、重组及扩充特性，系统中各组成单位可依据工作任务自行组成最佳系统结构；

四是具有自我学习及维护能力，能通过系统的自我学习功能在制造过程中进行资料库补充、更新，自动执行故障诊断，并具备故障排除与维护或通知系统执行正确的处理程序的能力；

五是具有人机共存的系统，人机之间互相协调合作，相辅相成。

采用“状态感知—实时分析—科学决策—精准执行”的智能化 CPS 能充分利用工业大数据分析，提升顶层智能决策水平，提高企业大规模个性化定制能力，增强底层的自主决策、自主控制能力，全面提升产品的控制精度和质量指标。表 2—1 阐述了现有工厂与智能工厂的区别，以及工厂进行智能化改造后所能获得的成效。

表 2—1 现有工厂与智能工厂的比较分析

比较项	现有工厂	智能工厂	成效分析
生产计划	人工排程，交货期长	智能化排程，大规模个性化定制	实现精准交货
产品研发	试错法，研发周期长	大数据分析，数字化设计，提高效率	缩短研发周期

续表

比较项	现有工厂	智能工厂	成效分析
质量管控	单个工序，事后检验	全流程协同，在线管控，全工序追溯	提高质量稳定性
质量检测	离线抽检，批量判废	实现在线质量检测，动态质量优化	保障质量一致性
过程控制	人工干预，质量波动	自主决策，精准控制，确保质量稳定	提高质量水平
设备运维	人工点检，预防维修	在线监测，预知维修，服役质量评估	保障设备状态
能源管控	人工管理，能耗偏高	智能化调度与优化，过程和单元节能	提升能源利用率
物流管理	人工调度，效率低下	智能化调度，智能运输，无人天车	降低物流成本
辅助设备	人工操作，生产率低	广泛应用智能机器人与智能装备	提高生产效益
信息系统	分散独立，信息孤岛	全流程、全要素、全生命周期集成	实现精准决策

2.2.3　智能工厂的基本框架

智能工厂的基本框架体系包括智能决策与管理系统、企业数字化制造平台、智能制造车间等关键组成部分，如图 2—1 所示。

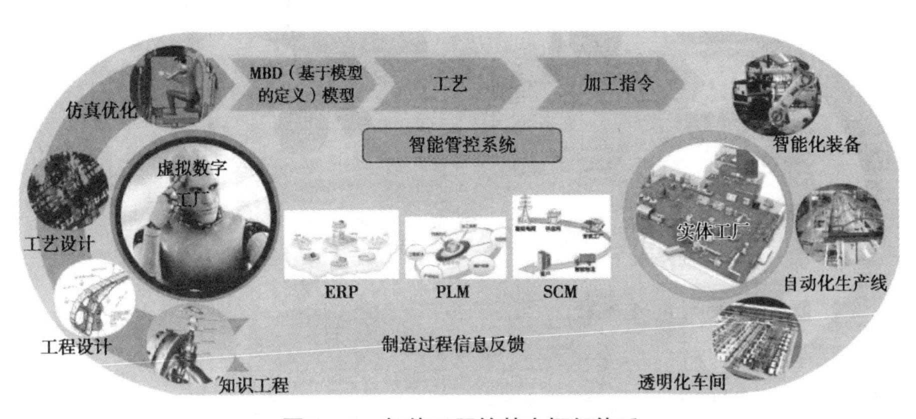

图 2—1　智能工厂的基本框架体系

智能工厂的业务流程如图 2—2 所示。工厂获得订单，整合企业内外部资源，迅速完成订单的定制化生产，最后将可交付物发运给客户。整个流程实施过程都基于先进制造理念，运用物联网、互联网和 AGV（自动导引运输车）等现代前沿技术来实现，人为干预因素很少。

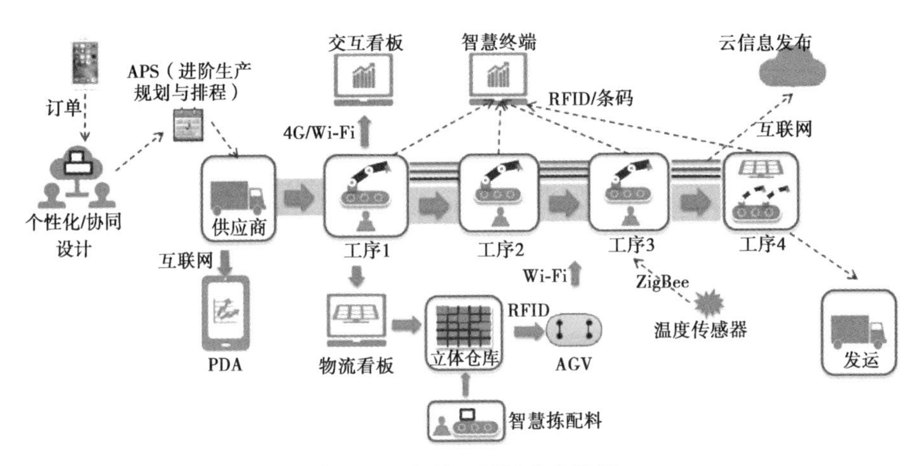

图 2—2 智能工厂的业务流程

智能工厂的智能车间布局如图 2—3 所示。车间的数据采集主要基于无线网络、RFID（射频识别）、PDA（掌上电脑）、传感器和自动化服务的架构。

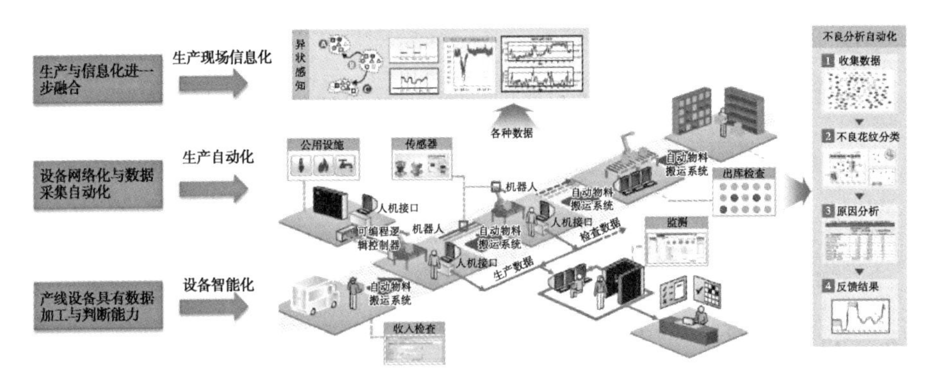

图 2—3 智能车间布局

1. 智能决策与管理系统

智能决策与管理系统的示意如图 2—4 所示，它是智能工厂的管控核心，负责市场分析、经营计划、物料采购、产品制造、订单交付等环节的管理与决策。通过该系统，企业决策者能够掌握企业自身的生产能力、生产资源及所生产的产品，能够调整产品的生产流程与工艺方法，并能够根据市场、客户需求等动态信息做出快速的经营决策。

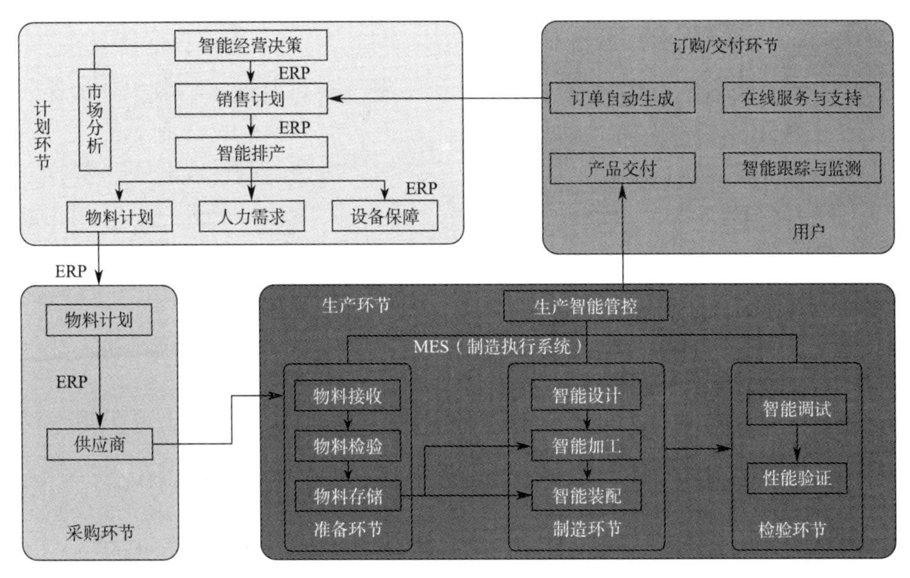

图 2—4　智能决策与管理系统

一般而言，智能决策与管理系统包含企业资源计划、产品生命周期管理、供应链管理等一系列生产管理工具。在智能工厂中，这些系统工具的最突出特点在于：一方面，能够向工厂管理者提供更加全面的生产数据及更加有效的决策工具，相较于传统工厂，在解决企业产能、提升产品质量、降低生产成本等方面能够发挥更加显著的作用；另一方面，由于这些系统工具自身已经达到了不同程度的智能化水平，在辅助工厂管理者进行决策的过程中，能够切实提升企业生产的灵活性，进而满足不同用户的差异化需求。

2. 企业数字化制造平台

企业数字化制造平台需要解决的问题是如何在信息空间中对企业的经营决策、生产计划、制造过程等全部流程进行建模与仿真，并对企业的决策与制造活动的执行进行监控与优化。这其中的关键因素包括以下两点。

（1）制造资源的建模与仿真

在建模过程中，需要着重考虑智能制造资源的三个要素，即实体、属性和活动。实体可通俗地理解为智能工厂中的具体对象。属性是指在仿真过程中实体所具备的各项有效特性。智能工厂中各实体之间相互作用而引起实体属性发生变化，这种变化通常可用活动的概念来描述。智能制造资源通常会由于外界变化而受到影响。这种对系统的活动结果产生影响的外界因素可理解为制造资源所处环境。在对智能制造资源进行建模与仿真时，需要考虑其所处环境，并明确制造资源及其所处环境之间的边界。

（2）建立虚拟平台与制造资源之间的关联

通过对制造现场实时数据的采集与传输，制造现场可向虚拟平台实时反馈生产状况，其中主要包括生产线、设备的运行状态，在制品的生产状态，过程中的质量状态，物料的供应状态等。在智能制造模式下，数据形式、种类、维度、精细程度等将是多元化的，因此数据的采集、存储与反馈也需要与之相适应。

在智能制造模式下，产品设计、加工与装配等环节与在传统的制造模式下相比均存在明显不同。企业数字化制造平台必须适应这些变化，从而满足智能制造的应用需求。

在面向智能制造的产品设计方面，企业数字化制造平台应提供以下两方面的功能：一方面，能够将用户对产品的需求及研发人员对产品的构想建成虚拟的产品模型，完成产品的功能、性能优化，通过仿真分析在产品正式生产之前保证产品的功能、性能满足要求，减少研制后期的技术风险；另一方面，能够支持建立符合智能加工与装配标准的产品全三维数字化定义，使产品信息不仅能被制造工程师所理解，还能被各种智能化系统所接收，并被无任何歧义地理解，从而能够完成各类工艺、工装的智能设计和调整，并驱动智能制造生产系统精确、高效、高质量地完成产品的加工与装配。

在智能加工与装配方面，传统制造中人、设备、加工资源等之间的信息交换并没有统一的标准，而数据交换的种类与方式通常是针对特定情况而专门定制的，这导致系统的灵活性受到极大的影响。例如，在数控程序编制过程中，工艺人员通常将加工程序指定到特定的机床中，由于不同机床所使用的数控系统不同，数控程序无法直接移植到其他机床中使用，若当前机床上被指定的零件过多，则容易出现被加工零件需要等待而其他机床处于空闲状态的情况。随着制造系统智能化程度的不断提升，智能加工与装配中的数据将基于统一的模型，不再针对特定系统或特定设备，这些数据可被制造系统中的所有主体识别，并能够通过各主体的数据处理能力从中解析出具体的制造信息。例如，智能数控加工设备可能不再接收数控程序代码，而是直接接收具有加工信息的三维模型，根据模型中定义的加工需求自动生成最优化的加工程序。这种方式的优势在于：一方面，工艺设计人员不再需要指定特定机床，加工工艺数据具有了通用性；另一方面，在机床内部生成的加工程序是最适合当前设备的加工代码，进而可以实现真正的自适应加工。

3. 智能制造车间

智能制造车间是产品制造的物理空间，其智能制造单元及智能制造装备提供实际的加工能力。各智能制造单元间的协作与管控由智能管控及驱动系统实现。智能制造车间的基本构成如图 2—5 所示。

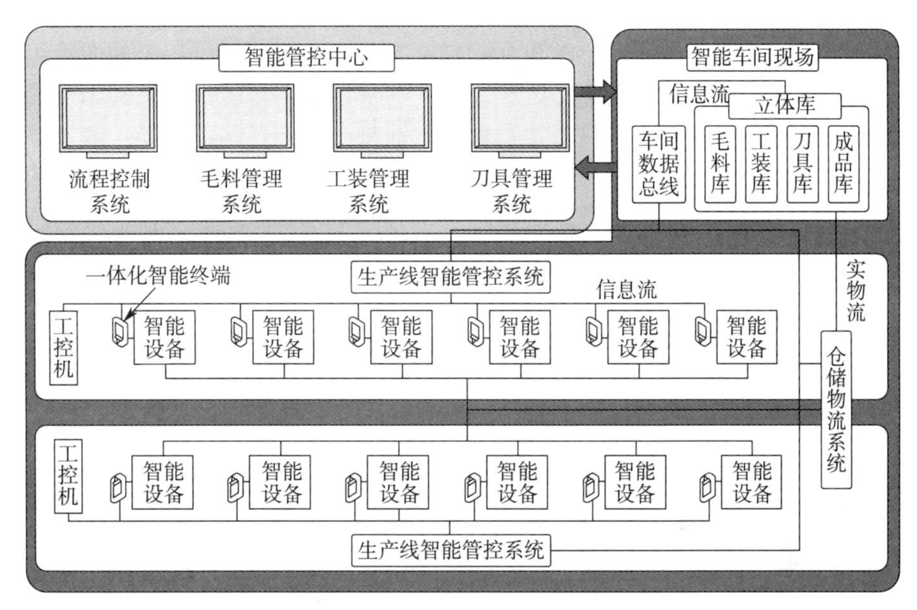

图 2—5　智能制造车间的基本构成

（1）车间中央管控系统

车间中央管控系统是智能加工与装配的核心环节，主要负责制造过程的智能调度、制造指令的智能生成与按需配送等任务。在制造过程的智能调度方面，车间中央管控系统需根据车间生产任务，综合分析车间内的设备、工装、毛料等制造资源，按照工艺类型、生产计划等将生产任务实时分派到不同的生产线或制造单元，使制造过程中的设备利用率达到最高。在制造指令的智能生成与按需配送方面，车间中央管控系统根据生产任务自动生成并优化相应的加工指令、检测指令、物料传送指令等，并根据具体需求将其推送至加工设备、检测装备、物流系统等。

（2）智能生产线

智能生产线可实时存储、提取、分析与处理工艺、工装等各类制造数据，以及设备运行参数、运行状态等过程数据，并能够通过对数据的分析实时调整设备运行参数、监测设备健康状态等，据此进行故障诊断、维护报警等。对于生产线内难以自动处理的情况，智能生产线还可将其传递至车间中央管控系统。此外，智能生产线内不同的制造单元具有协同关系。智能生产线可根据不同的生产需求对工装、毛料、刀具、加工方案等进行实时优化与重组，优化配置生产线内各生产资源。

（3）智能制造装备

在逻辑构成上，智能制造装备由智能决策单元、总线接口、制造执行单元、数据存储单元、数据接口、人机交互接口及其他辅助单元构成。其中，智能决策单元是智能制造设备的核心，负责设备运行过程中的流程控制、运行参数计算、设备检测维护等；总线接口负责接收车间总线中传输来的作业指令与数据，同时负责设备运行数据向车间总线的传送；制造执行单元由制造信息感知系统、制造指令执行系统、制造质量测量系统等构成；数据存储单元用于存储制造过程数据及制造过程决策知识；数据接口分布于智能设备的各个组成模块之间，用于封装、传送制造指令与数据；人机交互接口是负责人与智能设备之间传递、交换信息的媒介和对话接口；辅助单元主要是指刀具库、一体化管控终端等。

（4）仓储物流系统

智能制造车间中的仓储物流系统主要涉及 AGV 系统、码垛机、立体仓库等。AGV 系统主要包括地面控制系统及车载控制系统。其中，地面控制系统与车间中央管控系统实现集成，主要负责任务分配、车辆管理、交通管理、通信管理等；车载控制系统负责 AGV 单机的导航、导引、路径选择、车辆驱动、装卸操作等。

码垛机的控制系统是码垛机研制中的关键。码垛机控制系统主要是通过模块化、层次化的控制软件来实现码垛机运动位置、姿态和轨迹、操作顺序及动作时间的控制，以及码垛机的故障诊断、安全维护等。

立体仓库由仓库建筑体、货架、托盘系统、托盘输送机系统、仓储管理与调度系统等组成。其中，仓储管理与调度系统是立体仓库的关键，主要负责仓储优化调度、物料出入库、库存管理等。

2.2.4 智能工厂制造执行系统

1. 制造执行系统的定义

制造执行系统（MES）即制造企业生产过程执行系统，是一套面向制造企业车间执行层的生产信息化管理系统。MES 可以为企业提供制造数据管理、排产管理、生产调度管理、库存管理、质量管理、人力资源管理、工作中心 / 设备管理、工具工装管理、采购管理、成本管理、项目看板管理、生产过程控制、底层数据集成分析、上层数据集成分解等管理模块，为企业打造一个扎实、可靠、全面、可行的制造协同管理平台。美国 AMR（先进制造研究所）将 MES 定义为“位于上层的计划管理系统与底层的工业控制之间的面向车间层的管理信息系统”，MES 为操作人员和管理人员提供计划的执行、跟踪以及所有资源（人、设备、物料、客户需求等）的当前状态。制造执行系统协会（MESA）也对 MES 下了定义：“MES 能通过信息传递对从订单下达到产品完成的整个生产过程进行优化管理。当工厂发生实时事件时，MES 能对此及时做出反应、进行报告，并用当前的准确数据对它们进行指导和处理。这种对状态变化的迅速响应使 MES 能够减少企业内部没有附加值的活动，有效地指导工厂的生产运作过程，从而既能提高工厂及时交货的能力、改善物料的流通性能，又能提高生产回报率。MES 还通过双向的直接通信在企业内部和整个产品供应链中提供有关产品行为的关键任务信息。”MESA 提出的企业信息化三层架构体系如图 2—6 所示。

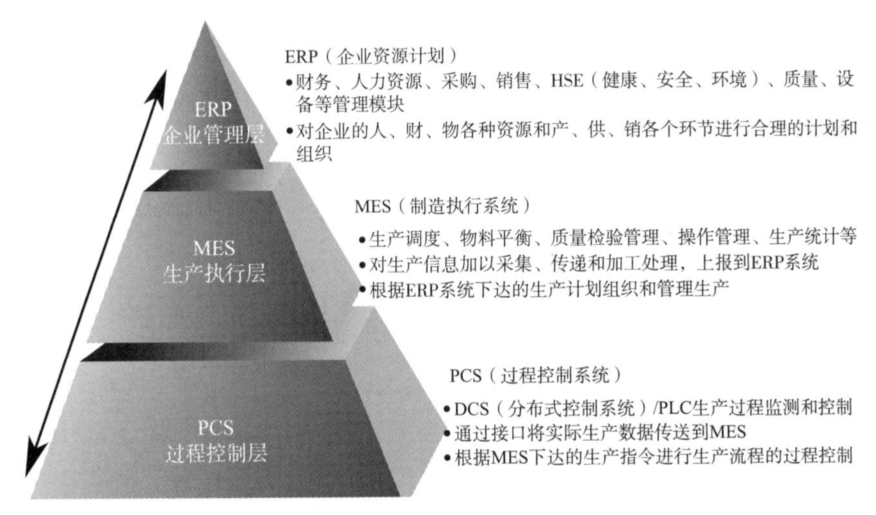

图 2—6　MESA 提出的企业信息化三层架构体系

2. 制造执行系统的发展历史

1990 年 11 月，美国 AMR 就提出了 MES 的概念。1997 年，MESA 提出 MES 功能组件和集成模型包括 11 个功能，同时规定只要具备 11 个功能之中的某一个或几个，就属 MES 系列的单一功能产品。2004 年，MESA 提出了协同 MES（c-MES）体系结构。20 世纪 90 年代初期，中国开始对 MES 及 ERP 进行跟踪研究、宣传或试点，而且提出了“管控一体化”“人、财、物、产、供、销”等颇具中国特色的 CIMS（计算机集成制造系统）、MES、ERP、SCM 等概念，只是总结、归纳、宣传、坚持或者提炼、提升不够，发展势头不快。由于 MES 系统需要下沉至企业具体生产层，各个企业的个性化程度非常高，需要大量定制开发，因此产品化程度不高，更多依赖于实施厂商，而且国内市场成熟度较低，导致市场高度分散。未来，随着国内龙头企业（汉得、用友、金蝶等）的 MES 解决方案在大型制造业厂商的标杆项目上相继落地，以及国产替代因素的推动，我国 MES 厂商的集中度有望快速提升。

3. 制造执行系统的功能

MES 一般具有制订详细工序作业计划、生产调度、车间文档管理、数据采集、人力资源管理、质量管理、工艺过程管理、设备维修管理、产品跟踪、业绩分析等基本功能。其中，常见功能包括以下几种。

（1）现场管理细度，由按天变为按分钟 / 秒。

（2）现场数据采集，由人工录入变为扫描、快速准确采集。

（3）电子看板管理，由人工统计发布变为自动采集、自动发布。

（4）仓库物料存放，由模糊、杂散变为透明、规整。

（5）生产任务分配，由人工分配、产能失衡变为自动分配、产能平衡。

（6）仓库管理，由人工管理、数据滞后变为系统指导、数据及时准确。

（7）责任追溯，由困难、模糊变为清晰、正确。

（8）绩效统计评估，由靠残缺数据估计变为凭准确数据分析。

（9）统计分析，按不同时间、机种、生产线等进行多角度分析对比。

4. 离散型 MES

离散工业主要通过对原料物理形状的改变、组装来制作产品，使其增值，主要包括机械加工、机床等加工组装性行业，典型产品有汽车、计算机、工程机械等。产品的质量和生产率很大程度上依赖于工人的技术水平，自动化主要集中在单元级（如数控机床）。这类企业一般是人员密集型企业，自动化水平相对较低。对于机械加工企业而言，单台设备的故障一般不会对整个产品的工艺过程产生严重的影响，只需要重点管理关键、瓶颈设备。其生产模式为按订单生产、按库存生产。批量特点为多品种小批量或单件生产。生产过程特点是：作业方式为 Cell（单元）和流水线；以产品 BOM（物料清单）为核心，可以用“树”的概念进行描述，最终产品一定是由固定个数的零件或部件组成，是各种物料叠加的过程或机械加工的过程；需要检验每个单件、每道工序的加工质量；产品的工艺过程经常变更。

离散型 MES 使计划与生产密切结合，在最短的时间内能掌握生产现场的变化，做出准确的判断和采取快速的应对措施，保证生产计划得到合理而快速的修正。

离散型 MES 在整个企业信息集成系统中起承上启下的作用，是生产活动与管理活动信息沟通的桥梁；在从工单下发到生产成成品的整个过程中，扮演着促进生产活动最佳化的信息传递者角色；具备实时管理能力，能建立一个全面的、集成的、稳定的制造物流质量控制体系；能对产线、工位、人员、品质等进行多方位监控、分析、改进，满足精细化、透明化、自动化、实时化、数据化、一体化管理，实现企业柔性化制造管理。

离散型 MES 应能实现生产计划、生产管理、质量追溯、生产追溯、总装设备驱动、物料拉动、生产可视化等各环节的一体化管理，其典型总体架构如图 2—7 所示。

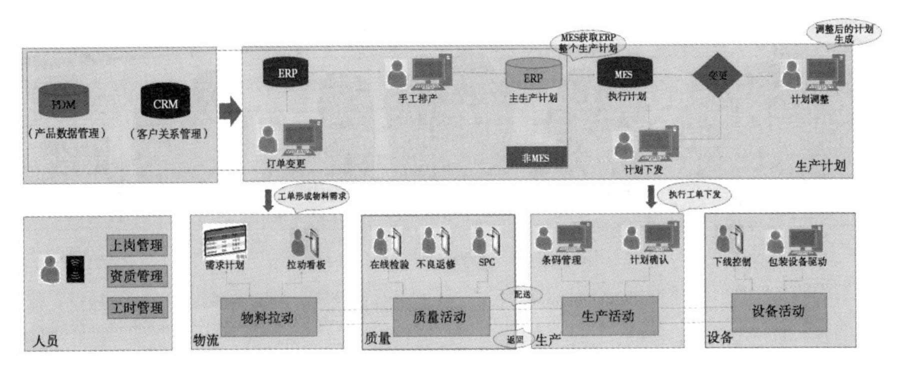

图 2—7　离散型 MES 的典型总体架构

5. 某刷业公司的离散型 MES

（1）企业背景介绍

某刷业公司主要生产多品种的金属刷（见图 2—8），年销售额超过一亿元人民币，其车间配置有多种型号的进口生产设备，因此该企业单机、加工单元自动化程度已经较高。为了建立智能工厂，该公司对生产车间进行智能化改造，以期规范生产流程，提高企业生产效率。

图 2—8　各种金属刷

智能化改造以工业数据引擎为核心，其总体架构如图 2—9 所示。该系统集成工业数据引擎、企业经营管理系统、智能车间，实现智能车间各系统间指令、数据的实时准确交互，以及工业大数据可视化呈现、分析和挖掘服务。

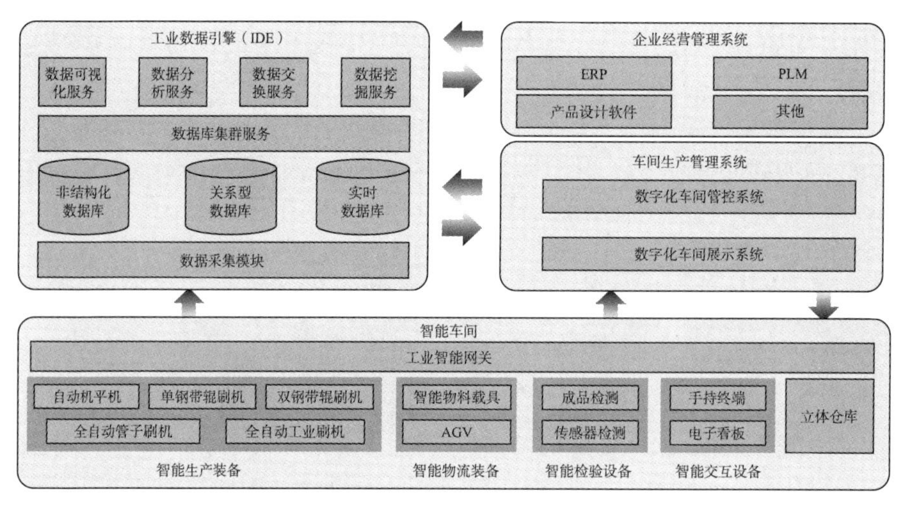

图 2—9 智能工厂总体架构

（2）网络架构

该工厂以生产工序、加工单元、检测工序等为最小单位，使用工业以太网系统，包括工业 Wi-Fi（无线保真）、有线（光纤、双绞线）以太网，无缝覆盖车间智能装备、在制产品、物料、人员、控制系统、信息系统等，并提供 Web 访问及异常事件推送等 4G 移动应用业务，其网络架构如图 2—10 所示。

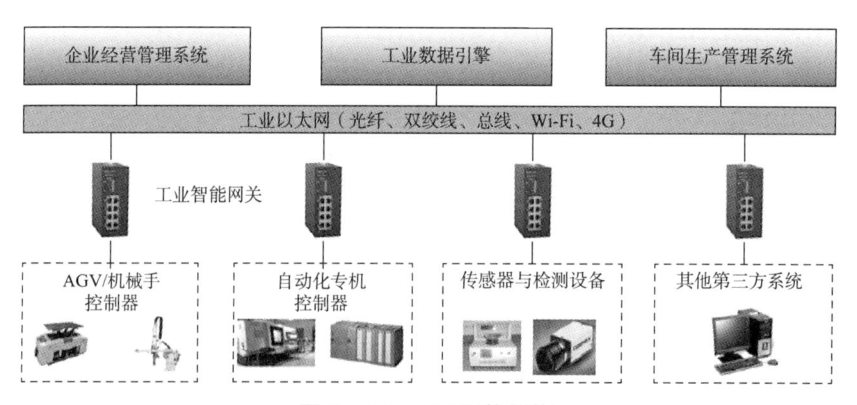

图 2—10 工厂网络架构

（3）MES 的实施

MES 主要针对生产车间进行智能化改造。MES 对生产计划、生产管理、质量追溯、设备管理、模具管理、生产可视化等环节进行一体化管理，通过应用工业互联网新技术实现生产过程管控优化、生产设备管理优化、协同制造等目标，实现精准高效、个性化、定制化的智能制造模式。

MES 通过对金属刷产品的生产过程管理，采用固定和移动数据采集相结合的办法，使各部门对产品从原料领用到成品入库进行全过程管理，通过软件和设备、人的配合，实现对产品各工序的工作时间、间隔时间、操作人员、原料消耗、报废、检验、成品进行全过程可追溯记录和分析，从而实现智能制造。同时，MES 可提高企业制造管理效率，提高工厂的生产效率及产能，并有效降低生产成本及风险，提升工厂的信息化作业水平，管控生产，准确达成客户交货期要求。该工厂的生产管理流程如图 2—11 所示。企业在收到订单后，制订生产计划，生成产品生产工作令号。生产计划者接收到工作令号后，按照工作令号查询配套的工艺流程，进行生产计划分解。生产主管按照工艺流程的需要制作工单（一个工作量可以分解成多个工单），同时生成相应的工作条码。生产技术工人收到工作条码后按照工艺流程和产品工序，通过 PDA 扫描调出条码指令，并按照工艺要求进行生产。在制品加工过程中，后道工序的加工技术工人自动充当前道工序的检验者。当所有工序完成后，产品检验人员进行产品合格性检验，同时做出合格品和不合格品的判断。合格品交由库管人员进行管理，不合格品按照既定流程做相应的处理。

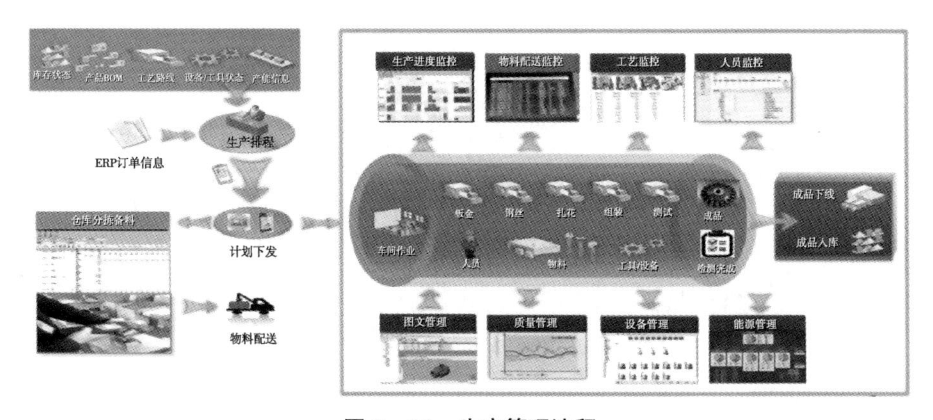

图 2—11　生产管理流程

（4）MES 的实现功能

1）计划管理

①生产计划接收。MES 接收来自 ERP 的生产计划，并支持手动对 ERP 的生产计划进行整合，生成 MES 生产订单，支持针对生产订单进行顺序、数量、班次、产线、日期的调整。

②作业计划编制。MES 提供人工编制作业计划界面，可分配作业计划到产线及班次。

③作业计划发布。用户在 MES 完成作业计划的发布后，MES 将作业计划下发到生产线上。

④作业计划调整。用户在 MES 上可对作业计划进行手动调整，并进行 4M1E（人、机、料、法、环）影响因素的精细化管理，重新安排预计开始和结束时间、产线、目标产量等。

⑤作业计划状态管理。MES 实时获取、更新作业计划的状态，在可视化客户端上对不同状态的作业计划区别显示。

⑥作业计划查询。MES 提供简洁的图表界面，用户通过选择时间段、设备、订单号、批号等查询条件可以方便地查询作业计划。

⑦作业计划统计。MES 对作业计划进行多维度的可视化统计分析，挖掘计划管理的瓶颈节点，满足用户的计划管理需要。

2）生产管理

①批次条码管理。用户可以定义产品条码打印模板的样式，同时根据产品条码生成规则对生产计划自动生成批量条码数据进行打印管理。

②班次管理。MES 可根据生产计划对生产现场进行班次管理。

③订单上线作业。MES 可管控订单生产流程，根据订单工艺流程设定进行防呆防错管控。

④生产工艺管理。MES 可通过建立工艺流程与工站（设备）的关系，实现同一产品在多工站作业，并进行防呆防错管控。

⑤关键工序过站管理。此功能包括物料使用防错，记录物料使用追溯数据，记录节拍、产量。关键工序必须按照 MES 工艺建模流程流转，对漏站、过站、错站等进行防错。

⑥上料核对。扫描关键物料条码，对关键物料进行防错管控。

⑦订单跟踪。根据现场的实际加工情况，对当前订单进行跟踪、可视化管理。

⑧电子化操作指导。每个客户端显示岗位操作指导，帮助岗位操作人员了解操作步骤，避免由于操作人员操作不当引起产品缺陷。

⑨生产报工。MES 可通过多种方式进行制造车间的批次报工管理。

3）质量管理

①现场异常管理。MES 可对现场生产过程中的人、机、料、法、环异常进行报告管理及不良数据追溯，并提供移动终端操作模式。

②不良品管理。MES 可对生产或检验产生的不良品进行管理，可用于质量追溯。

③ SPC（统计过程控制）分析。MES 可设置质量数据采集点，并定义采集内容及方式，以便自动产生 SPC 报表，并按照机种、线别等分类输出。

④质量追溯。MES 可实现按照批次、设备、时间等进行产品质量追溯。

4）设备管理

①设备建模管理。MES 可对设备及模具进行建模管理，确保设备编码的唯一性。

②设备变更管理。MES 提供包括设备移动、设备状态变更、使用次数变更等在内的设备物理属性变更管理，并提供追溯。

③设备维修管理。MES 可通过设备异常故障报修、维修、验收等一系列流程完成设备维修管理。

④设备保养。MES 提供根据维护的使用次数自动或人工开保养单，记录维护保养执行状态的功能。

⑤设备点检。MES 提供根据生产计划生成点检计划，并生成可追溯报表的功能。

⑥设备巡检。MES 提供根据实际情况生成巡检计划，并生成可追溯报表的功能。

⑦设备质检。MES 提供根据实际情况生成 QC（质量控制）计划，并根据 QC 结果反馈设备情况，生成可追溯报表的功能。

⑧备件管理。MES 支持建立备件库，可与现有备件管理软件互联，记录备件在设备上的使用情况，并生成可追溯报表（也可不在 MES 中建立备件库，以数据交换的形式从现有备件管理软件中提取数据）。

⑨交接班管理。MES 支持设备交接班管理，交接班规则可在系统现有业务逻辑的基础上进行自定义。

5）模具管理

①存入、取出管理。MES 可对模具的存入、取出过程进行管控。

②生产管理。MES 可对模具进行上、下机台的管控，实现防呆防错。

③保养。MES 可对模具进行事前、事后保养，记录保养数据，形成可追溯报表。

④维修与停用。MES 可根据现场实际情况完成模具的维修与停用，记

录维修数据，形成可追溯报表。

6）在制品管理。在制品管理能够提供生产管理人员、技术人员、计划人员实时控制在制品生产的通路。在制品管理提供对生产批次的流程调整、暂停、预设暂停、异常暂停、拆分、合并、工序物料调整、工序数据收集内容调整等功能。基于上述功能，管理人员能够及时地对变更、异常、例外事件进行处理（上述任何操作确定后都会立刻传递到现场，影响批次的作业）。

7）查询统计。在上述功能的基础上，MES 能够提供以制造数据为主的各种查询统计，主要包括批次查询、在制品分布查询、生产进度比较查询、物料批次查询、单元加工批次查询、生产订单 / 任务单物料查询、生产单元加工量统计、操作人员加工量统计、良品率统计、工序一次通过率统计、设备利用率统计、车间月 / 周 / 日产量统计。

8）工程变更管理。工程变更管理指产品的设计文件、基础工艺流程、BOM 等数据需要发生变更时的审核流程管理。生产管理系统提供上述主数据的版本管理，根据企业实际管理系统需要可以对上述数据的变更加以审核，即对产品基础数据的任何变更在未通过审核之前都不会被直接应用。审核之后发布的版本不可再修改，一旦修改需要建立新版本。

9）设计文档管理。用户需要首先在产品主数据定义时保存电子化的产品设计文档到系统的数据库，然后在产品流程定义中指定加工需要使用的设计文档。当作业到该工序时，用户可以直接在执行界面查看该文档作为作业参考。有管理权限的人员可以在生产任务单中查看任务单产品的所有相关设计文档，在工艺流程查询中可以按工序查看设计文档。

10）生产进度管理。当实际生产进度与计划进度的差异大于预先设定的比较基准时，系统会通过报警 / 提示功能主动告知相关人员。提示方式需要由用户确定。

11）报表服务。生产管理系统的报表服务能够提供各种管理、数据分析报表。

12）系统管理

①权限管理。权限管理功能能够对企业制造管理过程中的人员职权进行明确界定。生产管理系统通过权限管理功能能限制不同角色的人员对系统的操作范围。建议合理划分建立各种业务角色后，通过角色来设定用户的权限。

②用户设备。MES 通过设定用户可操作生产单元的方式，可以确定操作人员的操作资质。由于在基础信息建立过程中明确了生产单元与工艺流程的对应关系，因此系统可以限制作业人员对自己未拥有操作资质的工序

进行作业。

6. 流程型 MES

作为一种新颖的提升企业执行力的方法，流程型 MES 已经在国外许多企业被成功运用。流程型 MES 主要解决了企业供应链中的信息断层问题，能把企业产品的质量、产量、成本等相关综合生产指标目标值转化为制造过程中的作业计划、作业标准和工艺标准，从而产生合适的控制指令和生产指令，驱动设备控制系统使生产线在正确的时间完成正确的动作，生产出合格的产品，从而也使实际的生产指标处于综合生产指标的目标值范围内。

流程企业集成系统为 ERP/MES/PCS 三层结构。MES 作为制造执行系统，与上层 ERP 等业务系统和底层 PCS 等控制系统一起构成企业的神经系统。它把业务计划的指令传达到生产现场，将生产现场的信息及时收集、上传和处理。流程型 MES 不仅是面向生产现场的系统，而且是上、下两个层次之间的信息传递系统，是连接现场层和经营层、改善生产经营效益的前沿系统。

钢铁冶金行业是典型的流程型行业。该行业的主要生产特点是连续生产且生产工艺流程复杂，因此生产组织管理也非常复杂。图 2—12 是炼钢工艺示意图。从图中可以看出，从进入料场到生产出不同规格的钢材，原料要经过焦化、球团、烧结、炼铁、炼钢、连铸、热轧、冷轧等生产工艺。钢厂所交付的产品包括板材、管材、型材、线材等品种。

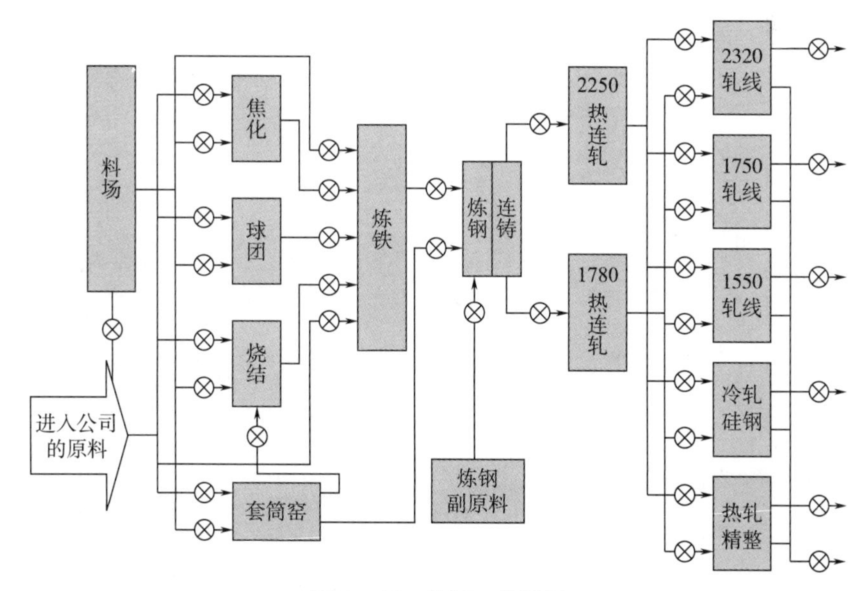

图 2—12 炼钢工艺示意

冶金行业面临着由统一标准规格的大宗产品制造模式向大批量个性化产品定制模式的转变，以及由单一产品刚性制造系统向多产品柔性制造系统的转变。

钢铁行业的流程型 MES 总体架构如图 2—13 所示，包括生产计划层、作业计划层、生产执行层。其中，ERP 提供给 MES 相关的产品数据及销售订单，MES 收到相关数据和订单后对车间产能进行评估，反馈给 ERP 相关的交货期及与交付物相对应的物料信息。在生产计划排程确定以后，MES 按照相关工艺流程进行作业计划拟订，然后组织生产物料，进行生产调度，在生产过程中实时监控生产过程，对产品质量进行实时跟踪，从而保质保量按期完成订单任务。生产出来的产品经仓储与运输最终交予客户，从而完成整个生产过程。MES 对整个生产过程进行实时数据采集，保证产品在受控的状态下被生产出来，保证产品质量的可追溯性。

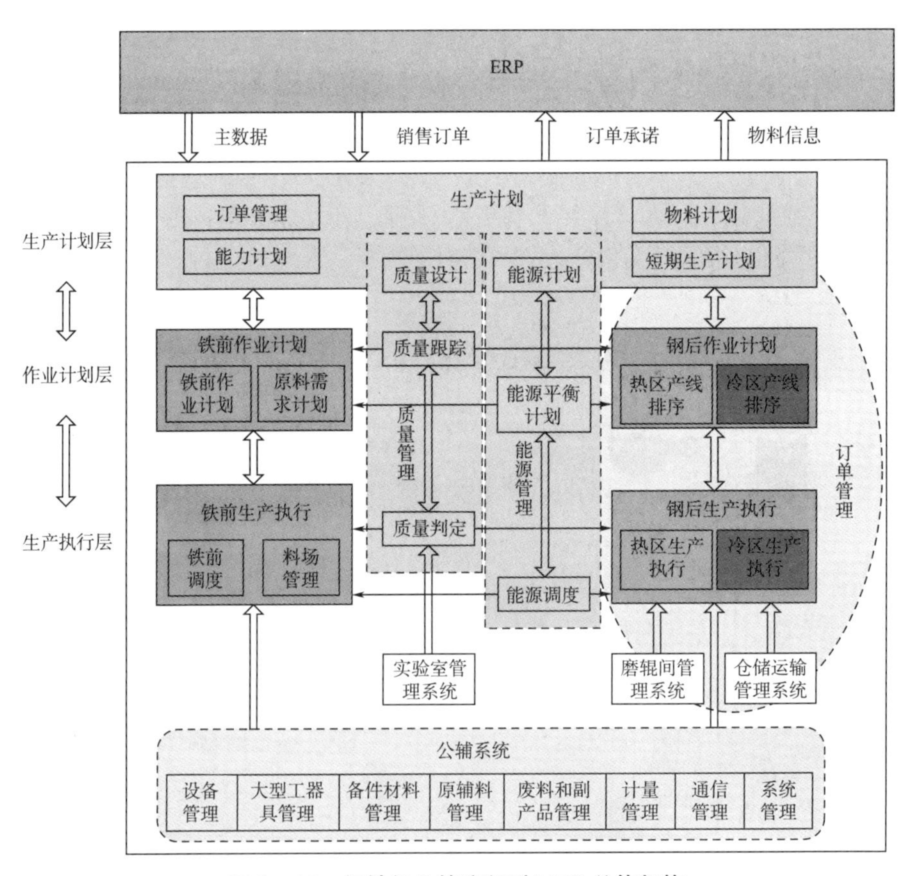

图 2—13 钢铁行业的流程型 MES 总体架构

7. 某钢厂的流程型 MES

某钢厂 MES 采用小型机为数据库服务器，以公司办公网和新区子网组成的二层网络体系结构作为网络平台，形成了 C/S（客户端 / 服务器）的系统构架。“公司 ERP 系统 + 钢厂 MES 系统 + 各生产线 PCS”成为整体信息化的重要组成部分，这是钢铁企业信息化系统的一种主流解决方案。

某钢厂的 MES 结构如图 2—14 所示，其主要有作业计划管理、质量管理、库存管理、发货管理、实绩管理、物料管理、质保书管理、历史数据管理、用户管理等功能。

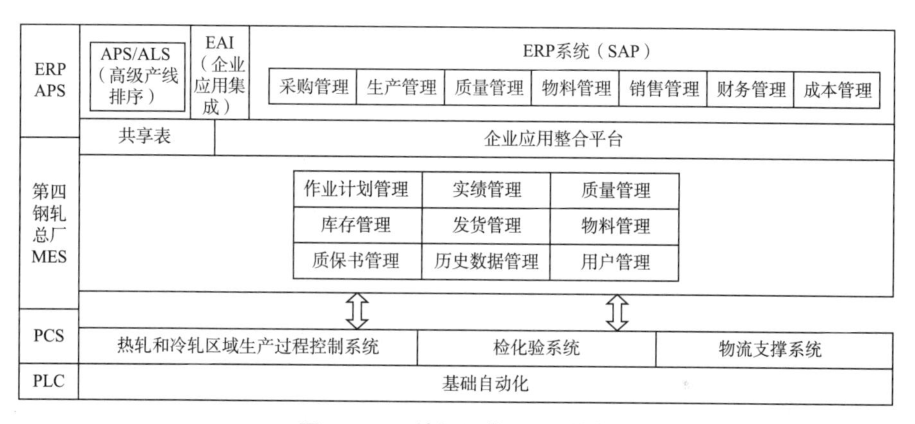

图 2—14　某钢厂的 MES 结构

（1）作业计划管理

高级计划排程系统释放作业计划的同时，MES 生成作业计划所对应的 PDI（面板数据接口）数据。

（2）质量管理

质量管理功能是指在产品下线后，将待检验产品送至化验系统，并接收化验系统的检验结果，同时在系统中进行批次的表面质量、几何尺寸判定和综合判定，系统将判定结果和检验结果上传至 ERP 系统，为客户开具质量保证书。

（3）库存管理

库存管理主要包括原料库存管理、中间品库存管理、成品库存管理和清盘库存管理，库位以卷（包）为单位进行存放管理，同时根据吊车作业命令进行管理，完成库内卷 / 板数据的跟踪和发货实际数据的收集。库存管理支持物料的库位信息查询和库位内的物料堆放信息查询。

（4）发货管理

发货管理主要指接收 SAP 下达的准发计划或退货指令，组织成品库进行成品的发货作业，并向 SAP 上传发货实绩，根据退货指令完成退货处理。发货管理具有准发计划信息管理、发货确认和退货信息管理功能。

（5）实绩管理

MES 能收集、整理、加工来自冷、热轧区域生产过程控制系统的各种生产实绩信息，包括上料实绩信息、回退实绩信息、产出实绩信息、包装信息、能源消耗信息、物料消耗信息、换辊实绩信息等。

（6）物料管理

物料管理主要用于管理冷、热轧区域的物料。其功能包括采购原料管理、转储原料管理、物料跟踪等。MES 接收 ERP 系统下发的采购订单信息和转储订单信息，当实物到库后，现场操作人员进行采购订单的入库确认。物料跟踪根据采集的生产数据实现对生产区域的生产物流的实时跟踪和监视，同时可以按产品的卷、板号追溯上游所有工艺路径的有关生产信息。

（7）质保书管理

质保书管理主要完成质保书模板配置、质量台账属性配置、质量台账模板配置、质量台账登记、入库通知单打印、质保书打印配置、质保书生成、质保书显示、质保书打印、质保书取消、质量台账查询等。质保书生成后，MES 将其文本保存至质保书文档服务器，以支持客户以 Web 方式查询质保书信息。

（8）历史数据管理

为了提高在线系统的运行效率，MES 可对已经生产结束并销售的成品批次信息，以及与之对应的前道工序的中间品批次信息、作业计划信息、质量信息、生产实绩信息、检验信息等进行分类归档。这对今后分析产品的质量、成本，以及质量异议处理、索赔等都具有重要意义。

（9）报表和综合查询

MES 可对生产过程中使用的原料、消耗的能源及生产的产品生成统计生产报表，用于计算生产产能及单位产品所消耗的能源，同时也对生产过程中消耗的人力、生产管理成本生成统计生产报表。MES 对生产过程中产生的数据进行保存，供生产质量追溯。

（10）用户管理

用户管理功能通过用户、特权、角色、车间等元素对使用环境和操作功能权限做出全面详细的描述和规定，并按照以上元素分配权限。

2.3　智 能 装 备

2.3.1　智能装备的发展

1. 国内外智能装备的发展

智能装备指具有感知、分析、推理、决策、控制功能的制造装备，是先进制造技术、信息技术和智能技术的集成和深度融合。其主要技术能力包括对装备运行状态和环境的实时感知、处理、分析能力，根据装备运行状态变化进行自主规划、控制和决策的能力，对故障的自诊断、自修复能力，对自身性能劣化的主动分析和维护能力，参与网络集成和网络协同的能力。

近些年，智能装备的发展主要体现在智能传感器、数控机床、隧道掘进机、智能仪器仪表、智能电力和电网装备、智能印刷等方面。中国重点推进高档数控机床与基础制造装备，自动化成套生产线，智能控制系统，精密和智能仪器仪表与试验设备，关键基础零部件、元器件及通用部件，智能专用装备的发展。

（1）国内智能装备发展

我国高度重视智能装备产业的发展。近几年，我国在智能装备产业的重点领域研究上初步形成了体系，构成了产、学、研、用相结合的创新机制。智能装备是《国务院关于加快培育和发展战略性新兴产业的决定》和《中华人民共和国国民经济和社会发展第十二个五年规划纲要》中明确的高端装备制造业领域中的重点方向，关系到国家的经济发展潜力和未来发展空间。考虑到智能装备的战略地位，以及在推动制造业产业结构调整和升级中的重要作用，国家将持续加大对智能装备研发的财政支持力度。2012 年 5 月，我国工业和信息化部印发了《高端装备制造业“十二五”发展规划》，作为子规划的《智能制造装备产业“十二五”发展规划》也同时发布。《智能制造装备产业“十二五”发展规划》明确了我国智能装备产业 2015 年和 2020 年的发展目标：到 2015 年，我国智能装备产业销售收入将超过 10 000 亿元，年均增长率超过 25%，工业增加值率达到 35%，智能装备满足国民经济重点领域需求；到 2020 年，我国将建立完善的智能装备产业体系，产业销售收入超过 30 000 亿元，实现装备的智能化及制造过程的自动化。我国国民经济重点产业的发展、重大工程的建设、传统产业的升级改造、战略性新兴产业的培育壮大和能源资源环境的约束，对智能装备产业提出了更高的要求，并提供了巨大的市场空间。未来 5 ~ 10

年，我国智能装备产业将迎来发展的重要战略机遇期。

（2）国外智能装备发展

工业发达国家始终致力于以技术创新引领产业升级，更加注重资源节约、环境友好、可持续发展，智能化、绿色化已成为制造业发展的必然趋势，智能装备的发展将成为世界各国竞争的焦点。后金融危机时代，美国、英国等发达国家开始“再工业化”，重新重视发展高技术制造业；德国、日本竭力保持在智能装备领域的垄断地位。目前，欧美发达国家已出台了若干推进智能装备发展的政策和计划。例如，为了应对金融危机对机床工业发展的冲击，促进机床工业复苏，欧洲机床工业合作委员会提出了新的欧盟机床产业发展政策；美国于 2011 年和 2012 年分别提出了“先进制造业伙伴计划”和“先进制造业国家战略计划”，这两大计划中均有涉及智能装备产业的内容。

2. 智能传感器的发展

智能传感器是具有信息处理功能的传感器。智能传感器带有微处理器，具有采集、处理、交换信息的能力，是传感器集成化与微处理器相结合的产物。智能传感器能将检测到的各种物理量储存起来，并按照指令处理这些数据，从而创造出新的数据。智能传感器之间能进行信息交流，并能自行决定应该传送的数据，舍弃异常数据，完成分析和统计计算等。智能传感器的结构组成如图 2—15 所示。

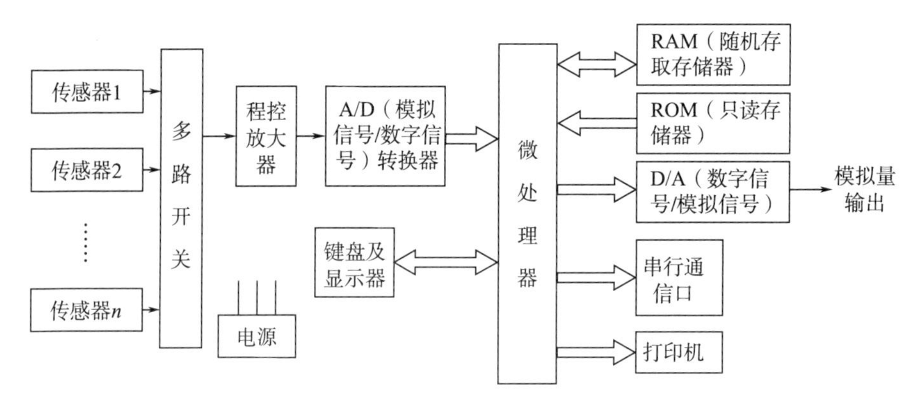

图 2—15 智能传感器的结构组成

智能传感器的概念最早由美国宇航局在研发宇宙飞船的过程中提出，并于 1979 年形成产品。宇宙飞船上需要大量的传感器不断向地面或飞船上的处理器发送温度、位置、速度、姿态等数据信息，因此科研人员希望传感器本身具有信息处理功能，于是将传感器与微处理器结合，发明了智能传感器。

早期的智能传感器是将传感器的输出信号经处理和转化后由接口送到微处理器进行运算处理。20 世纪 80 年代，智能传感器主要以微处理器为核心，把传感器信号调节电路、微电子计算机存储器及接口电路集成到一块芯片上，使传感器具有一定的人工智能。20 世纪 90 年代，智能化测量技术有了进一步的提高，使传感器实现了微型化、结构一体化、阵列式、数字式，使用方便、操作简单，并具有自诊断功能、记忆与信息处理功能、数据存储功能、多参量测量功能、联网通信功能、逻辑思维及判断功能。

传感器是电子产业的核心零部件之一，被誉为工业和电子的“五官”。经过几十年的发展，现在的智能传感器通常可以实现以下功能。

（1）复合敏感功能

智能传感器具有复合敏感功能，能够同时测量多种物理量和化学量，给出能够较全面反映物质运动规律的信息。

（2）自适应功能

智能传感器可在条件变化的情况下，在一定范围内使自己的特性自动适应这种变化。采用自适应技术可延长器件或装置的寿命，同时也扩大其工作领域。自适应技术提高了传感器的重复性和准确度。

（3）自检、自校、自诊断功能

智能传感器在电源接通时会进行自检，通过自诊断以确定组件有无故障。另外，智能传感器可以根据使用时间在线进行校正，微处理器利用存在于 EEPROM（带电可擦可编程只读存储器，一种失电后数据不丢失的存储芯片）内的计量特性数据进行对比校对。

（4）信息存储功能

智能传感器可以存储大量的信息，用户可随时查询。这些信息包括装置的历史信息，也包括传感器的全部数据和图表，还包括组态选择说明等。

（5）数据处理功能

智能传感器通过查表方式可使非线性信号线性化。智能传感器通过数字滤波器对数字信号滤波，从而减少噪声或其他相关效应的干扰。微控制器能提高信号检测的精确度。智能传感器的微控制器使用户很容易实现多个信号的加、减、乘、除运算。

（6）组态功能

组态功能通俗地说就是具有灵活的配置能力。利用智能传感器的组态功能可使同一类型的传感器工作在最佳状态，并且能在不同场合从事不同的工作。

3. 数控机床的发展

（1）第一代数控机床

第一代数控机床产生于 1952 年（电子管时代）。美国麻省理工学院研制出一套试验性数字控制系统，并把它装在一台立式铣床上，成功地实现了同时控制三轴的运动。这台数控机床被称为世界上第一台数控机床。但是这台机床是一台试验性的机床，到了 1954 年 11 月，第一台工业用的数控机床由美国本迪克斯公司生产出来。

（2）第二代数控机床

第二代数控机床产生于 1959 年（晶体管时代）。电子行业研制出晶体管元器件，因而数控系统广泛采用晶体管和印制电路板，由此产生了第二代数控机床。同年 3 月，美国克耐・杜列克公司发明了带有自动换刀装置的数控机床，称为“加工中心”。现在，加工中心已成为数控机床中一种非常重要的品种，在工业发达的国家，其约占数控机床总量的 1/4。

（3）第三代数控机床

第三代数控机床产生于 1960 年（集成电路时代）。此时期研制出了小规模集成电路，其体积小、功耗低，使数控系统的可靠性得以进一步提高，数控机床随之发展到第三代。

（4）第四代数控机床

第四代数控机床产生于 1970 年前后。前三代数控机床都是采用专用控制的硬件逻辑数控系统。随着计算机技术的发展，小型计算机的价格急剧下降，小型计算机开始取代专用控制的硬件逻辑数控系统，数控的许多功能由软件程序实现。由计算机作为控制单元的数控（CNC）系统使数控机床发展到了第四代。1970 年，美国芝加哥国际展览会上首次展出了这种系统。

（5）第五代数控机床

第五代数控机床产生于 1974 年。美国、日本等国家首先研制出采用以微处理器为核心的数控系统的数控机床。多年来，采用微处理器数控系统的数控机床得到飞速发展和广泛应用，这就是第五代数控机床。

20 世纪 90 年代后期，出现了“PC+CNC”智能数控系统，即以 PC（个人计算机）为控制系统的硬件部分，在 PC 上安装数控软件系统。这种系统维护方便，易于实现智能化、网络化制造。

4. 隧道掘进机的发展

隧道掘进机是用机械破碎岩石、出碴和支护并实行连续作业的一种综合设备。它是利用回转刀具开挖，同时破碎洞内围岩并掘进，形成整个隧道断面的一种新型的、先进的隧道施工机械。隧道掘进机分为两类。我国习惯上将用于软土地层的称为盾构机，将用于岩石地层的称为 TBM（隧道掘进机）。

1846 年，意大利人 Maus 设计的岩石切割机被认为是第一台真正意义上的 TBM。但直至 20 世纪 50 年代，日本及欧美的工业发达国家和地区才开始相继研究设计并制造 TBM，至此 TBM 才真正进入了实用阶段。1952 年，罗宾斯公司研发的第一台现代硬岩 TBM（见图 2—16）首次成功应用于美国南达科他州奥阿西大坝的隧洞工程。

图 2—16　罗宾斯公司研发的第一台现代硬岩 TBM

1956 年，硬岩 TBM 第一次在设计上发生了重大的变革——首次成功将盘形滚刀应用在硬岩掘进中。同年，罗宾斯公司制造的直径为 3.28 米的硬岩 TBM 成功地通过了工业性试验。盘形滚刀的应用是全断面硬岩掘进机的重要标志，是 TBM 发展中的一个重要转折点。

1988 年，罗宾斯公司为挪威斯瓦蒂森水力发电项目制造了 3 台高性能掘进机，其特点是比其他同类型的硬岩 TBM（直径为 3～5 米）具备更高荷载的主轴承、更大的刀盘扭矩与推力。

1996 年，德国海瑞克公司的复合式掘进机开始用于大直径掘进，具有优良的性能。

2000 年，意大利赛立公司在与罗宾斯公司合作发明双护盾掘进机的基础上，又提出了通用型双护盾掘进机的设计理念。此双护盾掘进机的特点是采用台阶缩小型筒体结构，更适用于挤压性大变形地层条件。

2006 年，加拿大尼亚加拉水力发电项目的隧道使用了罗宾斯公司设计的直径为 14.4 米的主梁式硬岩 TBM。这是当时世界上直径最大的硬岩

TBM，首次应用了背装式 20 英寸（约 50.8 厘米）滚刀。

2012 年，世界最大隧道掘进机纪录由日本打破，隧道掘进机直径已达 17 米。

2015 年，德国海瑞克公司分别在俄罗斯奥尔洛夫隧道和中国香港屯门－赤腊角海底隧道部署了直径达 19.35 米和 17.6 米的盾构机，当时这两台盾构机是世界上最大的两台。

截至 2017 年，全球 TBM 生产商有 30 余家，已生产 TBM 1 500 多台，其中颇具实力的有美国罗宾斯公司、德国维尔特公司和海瑞克公司、法国 NFM 公司、意大利赛立公司、加拿大拉瓦特公司等。

中国在 1964 年将 TBM 的研制列入国家重点科研项目，1966 年制造出了中国第一台直径为 3.5 米的全断面硬岩 TBM，并在云南下关的西洱河水电站引水隧道进行工业性试验，开挖地层岩性为花岗片麻岩及石灰岩，抗压强度为 100～240 兆帕。当时这台 TBM 的最高月进尺为 48.5 米。

我国自 20 世纪 90 年代开始，才将 TBM 推广应用到引水隧道、铁路隧道等隧道工程中。进入 21 世纪，伴随着地铁建设热潮和各类隧道工程的大力发展，掘进机产业面临前所未有的发展新机遇。2002 年，国家高技术研究发展计划（“863”计划）首次立项开展盾构机关键技术研究，正式拉开国家层面自主研发盾构机的序幕。“十五”到“十一五”期间，得益于“863”计划中的 5 个掘进机课题研究工作，中国研发了国内第一台直径最大的复合式土压平衡盾构机刀盘，开创国内盾构机施工中一种刀盘适用于多类型地质的先河。图 2—17 所示为国产 TBM。

图 2—17 国产 TBM

2007 年，中国铁建股份有限公司成立了中国铁建重工集团有限公司，进入掘进机自主制造领域。2009 年，中国中铁股份有限公司成立了中铁工程装备集团隧道设备制造有限公司，正式进入掘进机研发与制造领域。

目前，国内已有几十家企业进入掘进机行业，打破了国外掘进机独占市场的局面。有些企业已可单独承接项目，具有自主开发、设计、制造、成套及施工的能力和水平，掘进机行业正逐步实现自主化、本土化、产业化、市场化。

5. 智能仪器仪表的发展

1983 年，美国霍尼韦尔公司向制造工业率先推出了智能压力变送器，这标志着模拟仪器仪表向数字化智能仪器仪表的转变。当时的智能压力变送器已具有高精度、远距离校验和灵活组态的特点，对于用户而言，这种仪器仪表尽管初期购置费用较高，但运行和维护费用较低。紧随其后的十年里，国外其他公司的智能压力变送器也陆续在一些生产线上被采用，它们包括罗斯蒙特、福克斯波罗、横河、西门子等。但由于缺少高速的智能通信标准，以及用户对于高精度监控要求并不强烈和培训等服务机制相对薄弱，当时的智能仪器仪表应用并不乐观，只占到了约 20% 的市场。

随着微电子、计算机、网络和通信技术的飞速发展及综合自动化程度的不断提高，应用于工业自动化领域的智能仪器仪表技术也得到了迅猛的发展。目前，国外智能仪器仪表占据了国际应用市场的绝大部分比重，如何结合目前智能仪器仪表的工业应用经验，快速跟踪国际智能前沿技术并将其应用于我国智能仪器仪表的开发研究，已成为振兴我国智能仪器仪表产业的一大突出问题。

目前，我国科学仪器仪表产业已具备一定的规模。2018 年上半年，全国仪器仪表行业规模以上企业数达 3 705 家，完成工业总产值 3 140.66 亿元，同比增长 17.03%；工业销售产值 3 049.48 亿元，同比增长 16.79%；出口交货值达 518.62 亿元，同比增长 11.35%；实现利润 177 亿元，同比增长 8.05%。行业经济运行态势缓中趋稳，稳中有进（本文采用中国仪器仪表行业协会“仪器仪表行业主要经济指标”的数据）。

6. 智能电力和电网装备的发展

2004 年，国家电网公司提出发展特高压输电工程。彼时，世界上还没有任何一个国家有正在商业化运行的特高压工程，也没有成熟的特高压设备和技术，这意味着我国必须要走自主创新的国产化路线。当时，特高压工程设备和技术要走国产化道路主要面临三个方面的挑战：技术难度大、可靠性要求高、前期研发基础薄弱。2006 年 8 月，国家核准建设“晋东南—南阳—荆门”1 000 千伏特高压交流试验示范工程，主要目标就是实现特高压输电关键技术和设备的自主化、国产化。工程于 2009 年 1 月成功投运，设备的国产化率达到了 90% 以上。工程投运至今，经受住了全电压、大电流、长时间送电考核，以及雷雨、大风、高温、严寒等恶劣天气条件的考验，已经连续安全运行至今。

2010 年 7 月，“向家坝—上海” ±800 千伏特高压直流工程投产，其设备国产化率接近 70%。2013 年 1 月 18 日，由国家电网公司等单位开展的“特高压交流输电关键技术、成套设备及工程应用”项目获国家科学技术进步奖特等奖，这是我国电力领域收获的国家科技最高荣誉。依托特高压工程，国内电力装备制造企业在世界上率先掌握了特高压成套设备制造的核心技术，具备了批量生产能力、自主创新能力，全面实现了产业升级，形成了核心竞争力。在我国特高压工程成功实践的带动下，国内企业已经占据了我国输变电市场的主导地位，并进军国际市场，电力装备制造行业实现了高端产品出口零的突破。

7. 智能印刷的发展

智能印刷是将现代信息通信技术、计算机技术、网络技术、人工智能技术与传统印刷技术相结合，并通过智能生产设备、智能信息交换系统、智能物流管理平台的相互配合而构建出的集约化程度更高的新型印刷生产模式。

智能印刷是智能制造的组成部分，融合了多项高科技成果，是三次印刷革命的结晶。第一次铅印革命带来了铅印的繁荣发展；第二次印刷革命带来了胶印的繁荣兴盛；第三次数字革命改写了印刷历史，开启了数字化时代，为智能建设开辟了道路。

数字印刷、网络印刷、云技术、“互联网 +”等接连改变着印刷的面貌，推动着印刷的发展。印刷生产设备的智能化升级如图 2—18 所示。大数据为印刷业发展提供了信息支持，使印刷业发展有了更多的选择。智能化顺应了发展潮流，成为一项战略。智能化是印刷的最高境界和追求目标。

目前，真正的智能印刷在全球范围内尚处于初始阶段，重点还局限在突破和解决印刷企业内部的数字化与智能化问题，还远不能够与外部资源实现全面有效的关联与协同，工业化及其产业化应用还有很长的路要走。

人工智能以知识库、知识工程为核心，通过感知、实时交互达到自学习、自决策。作为未来科技发展的趋势，人工智能和装备走到一起已是必然的结果。智能装备的特点就是与用户频繁接触，在获取大数据方面有得天独厚的优势，而通过数据的深度分析和学习，可以简化智能操作，做到在人机交互上更加智能化，在服务上更加懂用户。2017 年，智能装备就已经取得了深层次的进步。促成产业前行的原因在于两方面。其一是国家的政策支持，国务院印发的《新一代人工智能发展规划》对人工智能发展提出了明确要求，将在 2020 年初步建设人工智能技术标准、服务体系及产业生态链。其二则是人机交互技术的不断突破，包括智能语音技术、人脸识别等。2017 年 11 月 4 日，在中国智能制造机电装备高峰论坛上，中国工程院院士谭建荣提出了五个方面的结合：与创新设计结合、与大数据结合、与知识工程结合、与虚拟现实结合、与精准生产结合。

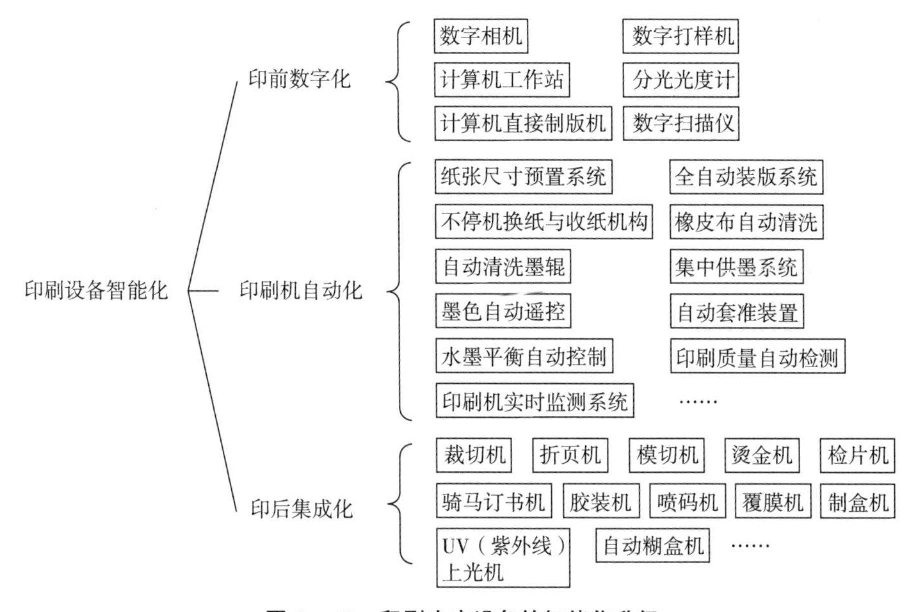

图 2—18　印刷生产设备的智能化升级

2.3.2　智能装备的应用

智能装备是智能制造的主要体现载体，智能装备涉及的工业机器人、3D 打印设备、数控机床、智能控制系统、传感器等主要行业的产业规模实现了快速增长。根据工业和信息化部的统计，2010 年以来我国制造业产值规模占全球的比重为 19%～21%。

1. 智能传感器的应用

智能传感器已广泛应用于航天、航空、国防、科技、工农业生产等各个领域中。

（1）土木工程

桥梁、水坝、核电站等使用年限长达几十年，腐蚀作用、材料老化等因素不可避免地会造成工程损伤和灾害抵抗力下降等问题，因此智能传感器在土木工程领域的应用就显得尤为重要。

我国是土木工程和基础设施大国，应用于土木工程的智能传感器研发在国内已经展开，北京大学、东南大学等多所高校已开展深入的技术研发，同时以上海微系统与信息技术研究所、苏州维纳中心等为代表的科研机构已建立起智能传感器中试服务平台，助推国内智能传感器的创新发展。

（2）生物医学

在生物医学领域中，智能传感器作为核心部件被应用到了众多的检测仪器中。因关乎人体健康，往往医用传感器的技术要求更高，在精确度、可靠性、抗干扰性及体积、重量等外部特性上都有其特殊的要求。因此，医用传感器在一定程度上反映了传感器的发展水平。

例如，糖尿病患者需要随时掌握血糖水平，以便调整饮食和注射胰岛素，防止其他并发症。通常测血糖时必须刺破手指采血，再将血样放到葡萄糖试纸上，最后把试纸放到电子血糖计上进行测量。这是一种既麻烦又痛苦的方法。美国 Cygnus 公司生产了一种“葡萄糖手表”，其外观像普通手表一样，戴上就能实现无痛、无血、连续的血糖测试。“葡萄糖手表”上有一块涂着试剂的垫子，当垫子与皮肤接触时，葡萄糖分子就被吸附到垫子上，并与试剂发生电化学反应，产生电流。传感器测量该电流，经处理器计算出与该电流对应的血糖浓度，并以数字显示。

（3）智能交通

智能交通以体系化、规范化、智能化管理为目标，通过在城市内建立完整的智能交通系统，利用智能信息搜集与处理、数据通信等技术实现人、车、路信息的多元统一，进一步智能调控交通运行系统。利用道路传感网络获取当前交通系统中基础设施、车辆及人群移动的状态等数据，使交通系统实现智能检测与控制成为可能。

（4）智慧农业

智慧农业是现代农业发展的高级阶段，涉及的技术非常多，包括传感与测量技术、自动控制技术、计算机与通信技术等。其依托安置在农产品种植区的各个传感器节点和通信网络，检测农业生产种植数据，实现可视化管理、智能预警等。传感器在智慧农业领域的应用如图 2—19 所示。

（5）工业自动化

工业自动化是在工业生产中广泛采用自动控制、自动调整装置，代替人工操纵机器和机器体系进行加工生产的方式。在工业自动化生产条件下，人只是通过间接地照管和监督机器来进行生产。

在现代工业生产尤其是自动化生产过程中，各种传感器（见图 2—20）负责监视和控制生产过程中的各个参数，使设备工作在正常状态或最佳状态，并使产品达到最好的质量。

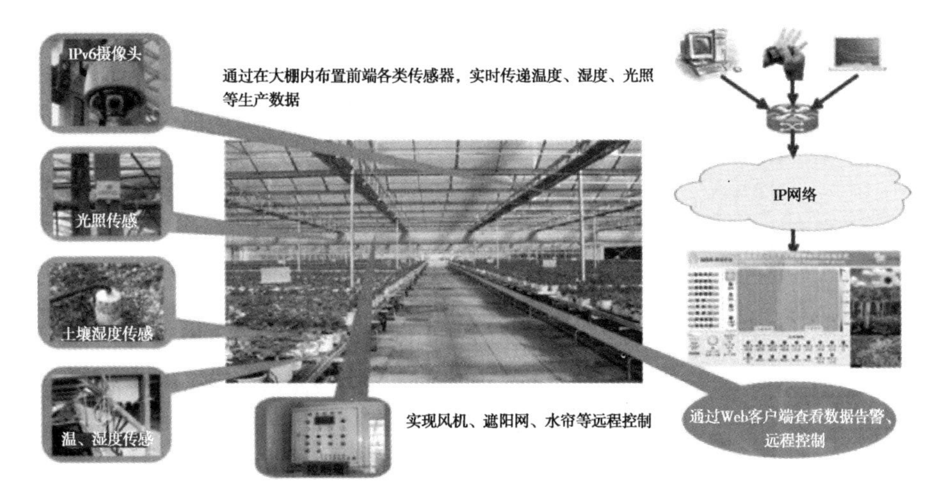

图 2—19　传感器在智慧农业领域的应用

图 2—20　工业自动化中应用的传感器

（6）智能家电

智能家电是将微处理器、传感器技术、网络通信技术引入家电设备后形成的家电产品，如图 2—21 所示。智能家电能够自动感知住宅空间状态和家电自身状态、家电服务状态，自动控制及接收住宅用户在住宅内或远程的控制指令，同时作为智能家居的组成部分，能够与住宅内其他家电和家居设施互联组成系统，实现智能家居功能。

尽管我国的智能传感器产业才刚刚起步，与全球顶尖水平的传感器制造国家仍有差距。但随着国家和企业的重视，整个市场呈现一种蓬勃向上的发展趋势，相信在不久的将来，我国的智能传感器技术将会出现质的飞跃，水平达到甚至超过欧美发达国家。

2. 数控机床的应用

数控机床是一种高度自动化的机床。随着社会生产和科学技术的迅速发展，机械产品的性能和质量不断提高，改型频繁。机械加工中，多品

图 2—21 智能家电

种、小批量加工约占 80%。这不仅要求机床具有高的精度和生产效率，而且还要求其具备“柔性”（即灵活通用性），能迅速适应加工零件的变更。数控机床较好地解决了形状复杂、精密、小批、多变的零件加工问题，具有适应性强、加工精度高、加工质量稳定、生产效率高等优点，是一种灵活而高效的自动化机床。随着电子、自动化、计算机、精密测试等技术的发展，数控机床在机械制造业中的地位将更加重要。

数控机床的应用范围如下。

（1）适于加工的零件

1）多品种、小批量生产的零件。

2）结构比较复杂的零件。

3）需要频繁改型的零件。

4）价值昂贵、不允许报废的关键零件。

5）需要最小生产周期的急需零件。

6）周期性投产的零件。

7）新产品试制中的零件。

（2）典型数控机床的加工应用

1）数控车床。数控车床适于加工的零件如下。

①几何精度要求高、尺寸精度要求高的回转体零件。

②表面质量要求高的回转体零件。

③表面形状复杂的回转体零件。

④带特殊螺纹的回转体零件。

2）数控铣床。数控铣床适于加工的零件如下。

①平面轮廓类零件。

②变斜角类零件。

③空间曲面轮廓零件。

3）加工中心。加工中心适于加工的零件如下。

①箱体零件。

②盘、套、板类零件。

③整体叶轮类零件。

④模具类零件。

⑤异形零件。

3. 隧道掘进机的应用

21 世纪是开辟地下空间的世纪。随着国民经济的快速发展，城市化进程不断加快，在国内外的城市地铁隧道、越江隧道、铁路隧道、公路隧道、市政管道等隧道工程中都可以看到隧道掘进机的身影。

下面介绍两个 TBM 工程应用的实例。

（1）吉林中部城市引松供水工程

作为国务院确定的 172 项重大水利工程之一，吉林省中部城市引松供水工程将松花江水由丰满水库调入吉林省中部城市，输水线路总长 263.45 千米，其中引水隧洞长度 133.98 千米，总投资 101.77 亿元，是吉林省有史以来投资规模最大、输水线路最长、受水区域最广、施工难度最大的大型跨区域引调水工程。图 2—22 所示为“吉林号”敞开式 TBM 设备。

图 2—22 “吉林号”敞开式 TBM 设备

该工程总干线施工三标段由北京振冲工程股份有限公司承建，该公司从2000年开始进入TBM施工领域，是国内较早自主实施TBM施工的企业之一。该标段总长度24.3千米，采用一台直径为7.9米的敞开式TBM掘进。

自2017年10月18日"吉林号"TBM完成转场开始第二阶段掘进，北京振冲屡创佳绩——2017年11月三标段"吉林号"敞开式TBM月进尺达1 209米；2017年12月再传捷报，月进尺达1 423.5米，创国内同级别敞开式TBM最高月进尺纪录，仅次于美国TARP Chicago项目所创下的直径7～8米级别TBM月进尺世界纪录（1 482米）。这标志着我国TBM施工技术已稳健步入世界一流水平行列。

（2）山西省万家寨引黄工程

山西省万家寨引黄工程的目标是从根本上解决山西省水资源紧缺的问题。引黄工程从万家寨水利枢纽库区取水，年引水总量为1.2×10^9立方米，引水流量为48立方米/秒。引黄工程分两期完成。一期工程建设总干线、南干线、连接段和安装部分机组，集中解决太原地区的用水问题。

此项工程先后采用6台双护盾TBM进行无压引水隧洞的施工。TBM施工总长度为125.25千米。此项工程把双护盾TBM掘进技术与六边蜂窝形管片衬砌加豆砾石回填灌浆技术相结合，经过多方面合作，从总干线6、7、8号隧洞施工质量不能令人满意，到连接段7号隧洞管片安装中接缝错台90%以上控制在5毫米范围内，最终满足了施工质量要求。其最高日进尺为113米，最高月进尺为1 637米。

4. 智能仪器仪表的应用

智能仪器仪表已经成为仪器仪表行业今后发展的主导产品，其高技术、高投入、高产出、低能耗、低污染的特点，为仪器仪表行业提供了广阔的市场空间和发展需求，也带动了低碳经济和新兴产业的发展。例如，若在电力系统中广泛运用智能仪器仪表，就能保证数据信息分析的快速高效和准确得当，能切实提高电力系统的运营水平和工作效率，开创电力系统新的发展局面。

随着网络时代的来临，智能仪器仪表和计算机已初步实现了共融，尤其是云技术的广泛应用，使人类开启了"云智慧时代"，云智慧仪器即将来到我们身边。从虚拟仪器（VI）到云智慧仪器（CSI），各种仪器将连起来，形成一个全国各地都可以使用、都可以共享的互联网仪器时代。这不仅保证了自动测量、运算、存储、控制的正常运作，而且还能实现远程操作、实时监控、测量数据分析、故障诊断等，保证了仪器仪表设备的正常运行。这些都切实提高了仪器仪表的工作效率，加快了资源共享的速度，为现代仪器仪表的快速发展指明了道路。

我国已经是仪器仪表生产大国，技术上总体已达到20世纪90年代中后期的国际水平，少数产品接近或达到当前国际水平，许多产品具有自主知识产权，工业自动化仪表及控制系统品种系列齐全。对于测温仪表、测压仪表、显示仪表、传统流量仪表、简易调节仪表等产品，国内企业已经能够掌握核心技术，可以自行提升和开发新产品，产品可满足国内需要并有出口。而色谱仪器、光谱仪器、电化学仪器、研究型光学显微镜、扫描电子显微镜、电子天平、离心机、电子万能试验机、超声波探伤机、X 射线探伤机、电子经纬仪、电测仪器等产品的技术水平已经接近或达到当前国际先进水平。图 2—23 所示为我国 2009—2014 年智能仪器仪表的发展状况。

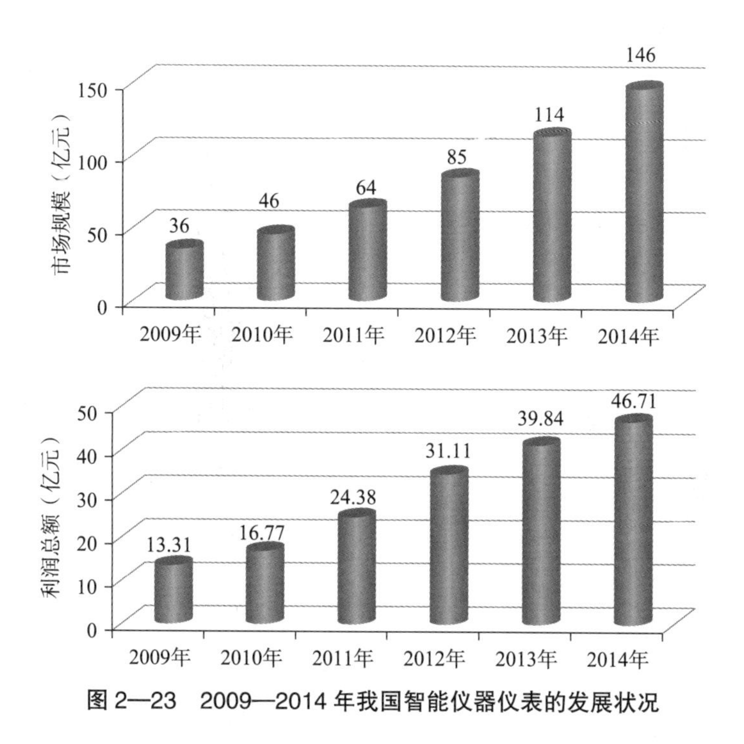

图 2—23　2009—2014 年我国智能仪器仪表的发展状况

5. 智能电力和电网装备的应用

电力装备是实现能源安全稳定供给和国民经济持续健康发展的基础，包括发电设备、输变电设备、配电设备等。

自 2006 年开始，我国发电设备年产量连续 9 年超过 1 亿千瓦，占全球发电设备产量的 50% 以上。截至 2014 年年底，我国发电设备装机容量为 13.6 亿千瓦，已超过美国位居世界第一。

自 2008 年开始，我国变压器年产量连续 7 年超过 10 亿千伏安，220 千伏及以上输电线路长度为 57.89 万千米，位居世界第一。

我国现已成为名副其实的电力装备制造大国。2014 年，我国电力装备制造业实现的工业总产值超过 5 万亿元，主营业务收入为 5.33 万亿元，实现利润 3 112 亿元，进出口总额达 1 649 亿美元。

坚持“产、学、研、用”相结合，通过引进技术消化吸收再创新，经过 30 多年的不懈努力，我国成功研制出一批适合国情、国际领先的电力装备，并已先后应用于河南沁北 600 兆瓦超临界火电工程、浙江玉环 10 000 兆瓦超超临界火电工程、宁夏灵武 1 000 兆瓦超超临界空冷火电工程、四川白马超超临界循环流化床工程、三峡水电工程、溪洛渡水电工程、向家坝水电工程、岭澳二期核电工程、三门核电工程、官厅—兰州东 ±750 千伏交流输变电工程、晋东南—南阳—荆门 1 000 千伏特高压交流输电工程、云南—广东 ±800 千伏特高压直流输电工程、向家坝—上海 ±800 千伏特高压直流输电工程等一批国家重大工程建设，有力地确保了国家“西电东送”能源战略的顺利实施。

2.3.3 智能装备的发展问题与趋势

1. 智能装备的发展问题

当前，制造业的生产方式和制造模式正向智能化转变，全球智能装备产业规模快速增长，呈现很好的发展态势。但是，智能装备的发展依然存在很多问题，全球制造业产能不断扩张、劳动力成本上升、竞争激烈、利润率下降、消费者需求更加苛刻等难题慢慢显现，特别是中国，与发达国家之间还有很大的差距，存在如核心智能部件与整机发展不同步、产业整体技术创新能力与国外差距较大、重要基础技术和关键零部件对外依存度高、部分领域存在产能过剩隐患、缺乏统计口径和产业标准、重点领域人才队伍尚未建成等问题。

另外，在某些领域，快速发展的智能装备所带来的安全问题一直是国际上争论的焦点。无人机的安全问题、智能装备的伦理问题、机器人等智能装备带来的失业问题、机器失控带来的安全问题、智能武器装备带来的安全问题等，都对智能装备的发展提出了更高的要求。

面对这些问题，先进制造技术和智能装备的发展应该体现精密化、自动化、信息化、柔性化、图形化、智能化、可视化、多媒体化、集成化、网络化、绿色化等。其中，智能化和绿色化已成为全球制造业发展的必然趋势。

2. 智能装备的发展趋势

（1）智能传感器的发展趋势

1）向高精度发展。随着自动化生产程度的提高，对传感器的要求也在不断提高，因此必须研制出灵敏度高、精确度高、响应速度快、互换性好的新型传感器以确保生产自动化的可靠性。

2）向高可靠性、宽温度范围发展。传感器的可靠性直接影响电子设备的抗干扰等性能，研制高可靠性、宽温度范围的传感器将是永久的发展方向。发展新兴材料（如陶瓷）传感器将很有前途。

3）向微型化发展。各种仪器设备的功能越来越强，要求各部件体积越小越好，因而传感器本身体积也是越小越好，这要求发展新的材料及加工技术。目前，利用硅材料制作的传感器的体积已经很小。

4）向微功耗及无源化发展。传感器一般都是将非电量向电量转化，工作时离不开电源，在野外现场或远离电网的地方，往往是用电池供电或用太阳能等供电。开发微功耗的传感器及无源传感器是必然的发展方向，这样既可以节省能源又可以提高系统寿命。目前，低功耗的芯片发展很快，如T12702运算放大器，其静态功耗只有1.5微安，工作电压只需2～5伏。

5）向智能化、数字化发展。随着现代化的发展，传感器的功能已突破传统的界限，其输出不再是单一的模拟信号，而是经过微型电子计算机处理好后的数字信号，有的甚至带有控制功能，这就是所谓的数字传感器。

6）向网络化发展。网络化是传感器发展的一个重要方向，网络的作用和优势正逐步显现出来。网络传感器必将促进电子科技的发展。

智能传感器代表着传感器发展的总趋势，这已经受到了全世界的公认。今后，随着硅微细加工技术的发展，新一代智能传感器的功能将会更加丰富。它将利用人工神经网络、人工智能、信息处理技术等，使自身具有更高级的功能，同时还将朝着微传感器、微执行器和微处理器三位一体的微系统方向发展。

随着科学技术的发展，如今在智能传感器应用领域涌现了许多“黑科技”，如分子传感器（见图2—24）、无线传感器、生物发光传感器、人造毛发传感器、复合触摸传感器（见图2—25）、空气传感器、促睡眠“Sense”传感器、肌电传感器、温度传感器、皮肤传感器（见图2—26）等。

（2）数控机床的发展趋势

《中国制造2025》将“高档数控机床”列为未来十年制造业重点发展领域之一。国家制造强国建设战略咨询委员会发布的《〈中国制造2025〉重点领域技术路线图》对未来十年我国高档数控机床的发展方向做出规划。未来十年，我国数控机床将重点针对航空航天装备、汽车、电子信息设备等产业发展的需要，开发高档数控机床、先进成形装备及成组工艺生产线。

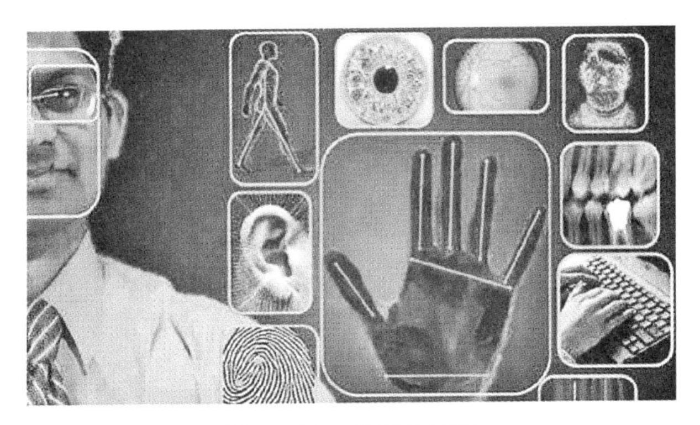

图 2—24 分子传感器

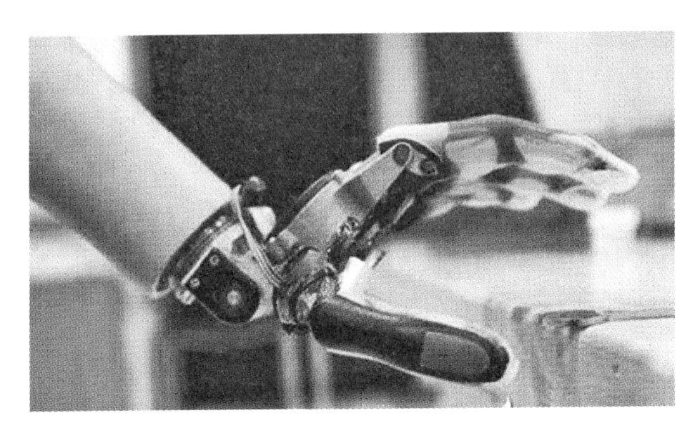

图 2—25 复合触摸传感器

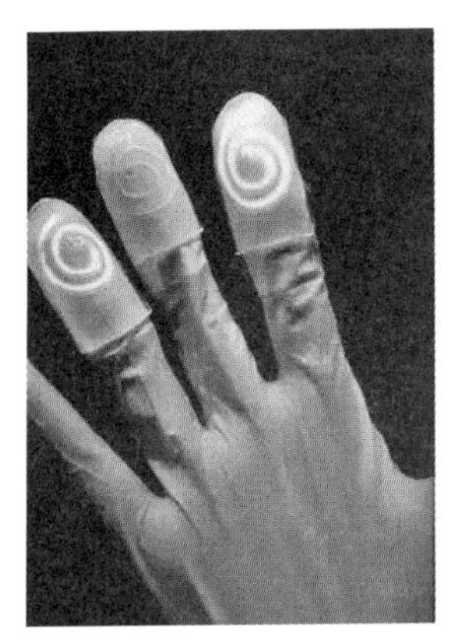

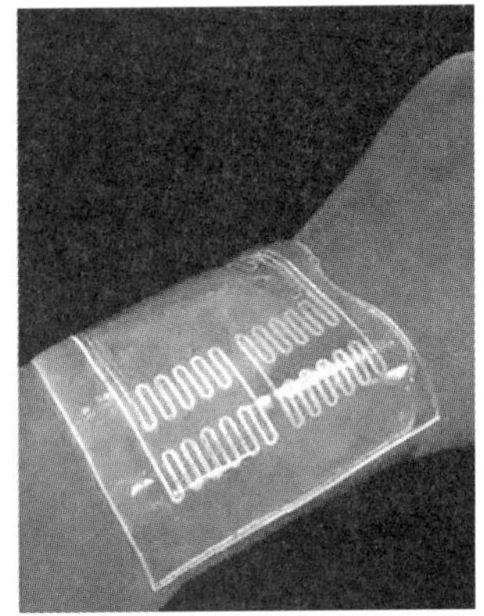

图 2—26 皮肤传感器

数控机床作为工业的“工作母机”，是一个国家工业化水平和综合国力的综合表现，其水平代表了国家的制造能力。机床是用来制造机器的母机，这是机床区别于其他装备的重要特点。随着工业化的推进，制造业对数控机床提出了高速、精密、柔性制造的要求，机床也由普通的三轴联动机床逐渐发展为高速精密五轴联动加工中心等高档数控机床，实现了在工件一次装卡中进行铣、钻、镗等多工序加工，不仅加工精度高，而且由于移动快速和定位准确提高了生产效率。

全球数控机床行业呈现高精度化、高速化、高可靠性、系统化、微型化、智能化、网络化、柔性化和集成化的发展趋势，数控机床由传统的万能机床向机床功能专用化和产品多样化发展。

（3）隧道掘进机的发展趋势

隧道掘进机的发展趋势主要表现在以下几个方面。

1）系列化、标准化。隧道掘进机目前的设计制造周期一般为8～10个月，未来随着系列化、标准化发展，其设计制造周期将缩短，设备的售后服务及维护将更加方便。

2）基本性能提高。隧道掘进机的基本性能，如刀具负载能力、刀盘推力、转速与力矩、有效掘进比率、掘进速度将提高。

3）形式多样化。隧道掘进机的断面直径范围将增大，能适应各种断面隧道掘进。椭圆形、矩形、马蹄形等异形断面的掘进机也将逐渐出现并发展。

4）适用范围增大，地质适应能力增强。

5）施工技术提高。在衬砌技术方面，现在的隧道掘进机管片衬砌存在接缝多、错台大等问题，虽然通过增加导向杆、连接销等辅助件在很大程度上限制了错台，但接缝问题很难从根本上得到解决。未来，这方面的施工技术将提高。

6）自动化程度提高。目前，操作人员已经能够在办公室控制掘进机，可以预测，未来的隧道掘进机将在施工中真正做到自动化及无纸化操作。

从目前国内隧道掘进机的发展和应用情况来看，我国隧道掘进机技术的发展趋势为：向重型化方向发展；向矮、窄机身中型掘进机发展；向辅助功能多的机型、主辅机一体化发展；通过综合、成套技术提供整体解决方案；向系列化、标准化、模块化方向发展；融入更加人性化的设计。

（4）智能仪器仪表的发展趋势

智能仪器仪表的发展趋势主要表现在以下几个方面。

1）微型化。微型智能仪器仪表是将微电子技术、微机械技术、信息技术等综合应用于仪器仪表的生产中，从而实现体积小、功能齐全的仪器仪表。它能够完成信号的采集、线性化处理、数字信号处理、控制信号的输出放大、与其他仪器仪表的连接、与人的交互等功能。随着微电子机械技术的不断发展，微型智能仪器仪表技术不断成熟，价格不断降低，因此其应用领域也将不断扩大。它不但具有传统仪器仪表的功能，而且能在航天、军事、生物、医疗领域起到独特的作用。

2）多功能化。多功能化也是未来智能仪器仪表行业发展的一个大趋势。

3）人工智能化。人工智能是计算机应用的一个全新领域，智能仪器仪表将应用一定的人工智能，即代替人的一部分脑力劳动。人工智能在仪器仪表中的应用可望帮助解决用传统方法不能解决的问题。

据《2013—2017年中国网络化智能仪器仪表市场分析及投资策略研究报告》显示，随着专用集成电路、个人仪器等相关技术的发展，智能仪器仪表将会得到更加广泛的应用。作为智能仪器仪表核心部件的单片计算机技术是推动智能仪器仪表向小型化、多功能化、更加灵活的方向发展的动力。

（5）智能电力和电网装备的发展趋势

智能电力和电网装备正朝着高性能化、智能化、全数字控制、系统化和绿色化（无谐波公害）方向发展。

1）发电方面。各种新能源和分布式发电技术设备，如微型燃气轮机、燃料电池、太阳能光伏发电设备、风力发电设备、生物质能发电设备、海洋能发电设备、地热发电设备等将成为发展的主要方向。智能保护与控制类设备和各种大容量储能及高效能量转换装置也是发电方面的发展方向。

2）输电方面。智能电网网架建设既要发展大容量、远距离、低损耗输电技术，也要考虑大规模间歇式新能源接入对输电网的影响，主要集中于柔性交流输电及其相应柔性交流输电设备，高压、特高压直流输电及高温超导技术等。FACTS（柔性交流输电系统）技术及设备、HVDC（高压直流输电）技术及设备、超导技术及设备等研究也是之后一段时间内智能电力和电网装备研究的热点。

3）变电方面。未来变电站将在网络信息交互共享的基础上实现信息互用，建立电力企业的大信息平台，并在此基础上逐步实现智能电网所要求的诸多强大功能。

4）配电方面。智能电网配电部分将实现高级配电自动化，以适应分布式电源与柔性配电设备的大量接入，满足功率双向流动配电网的监控需要。同时，智能电网配电将采用分布式智能控制，现场终端装置能通过局域网交换信息，实现广域电压无功调节、快速故障隔离等控制功能。智能配电网将依赖前端先进的传感测量技术对各类数据进行采集，并通过通信网络完成数据的融合和传输，实现运行监视与协调控制。

在智能电网中，一次设备与二次设备、装备与电网、装置与系统将更加融合，复合技术应用将日益广泛。专业界限的模糊将使智能电网中智能系统的外延大大拓宽。可以预见的是，各种智能设备和智能系统在智能电网中将呈现日益整合、相互交融、灵活组态的发展趋势。因此，在今后电网建设和改造中，应该鼓励和优先采用未来智能电网建设所需和可用的智能电力和电网装备。

（6）智能印刷的发展趋势

《印刷业“十三五”时期发展规划》提出了印刷业“绿色化、数字化、智能化、融合化”的发展方向。因此，智能印刷的发展趋势主要表现在以下几个方面。

1）数字化技术快速发展，按需印刷是未来必然趋势之一。

2）印刷业开始由传统制造业向服务业转型。传统印刷企业不应仅停留在产品印刷加工方面，而应拉近与客户的距离，在市场上树立增值服务的新形象，改变传统模式，将工作重心放在解决方案和服务上而不是产品销售上，销售经理要做的不再是一本报价手册而是提供一套解决方案，识别客户的真正需求，引导客户选用新产品。印刷企业应被客户认为是一家高附加值企业，而不仅仅是推销印品的企业。

3）具有附加值的印品逐渐增多。未来市场对具有新功能、附加值的印品需求将上升，并大于对数字印刷的需求。

4）印刷互动进一步明显。无论期刊、商业印刷，还是二维码、RFID，都是一种互动方式，目前与数字通信无缝衔接的产品也不在少数，印刷企业不应只意识到数字化给传统印刷带来的威胁，而更应意识到采用数字技术会扩大印品价值。

5）包装和标签印刷领域将持续旺盛增长。市场上有许多领域需要富有创意、可带来附加值的包装设计。

6）绿色印刷将成为主战场。

7）印刷电子领域将得到快速发展。发达国家在印刷电子领域获得了较快的发展。互联网、RFID、柔性显示器、光伏产品、3D 打印等领域都在快速发展，国外的一些知名品牌企业及我国一些企业也在涉足这些领域。

2.3.4　智能装备的典型案例

当前，世界正处在新科技革命和产业变革的交会点上。信息化、工业化不断融合，以机器人技术为代表的智能装备产业蓬勃兴起。2017 年，我国继续成为全球第一大工业机器人市场，销量突破 12 万台，约占全球总产量的三分之一。与此同时，我国连续第九年成为全球高端数控机床第一消费大国，全球约50%的数控机床装在了我国的生产线上。这一年，我国的人工智能企业总数接近600家，跃升世界第二；我国的增材制造（即3D打印）产业规模达80亿元，产品体系日渐完善，装备达到国际先进水平。为了让互联网、大数据、人工智能和实体经济深度融合，针对我国科技创新优先重点发展的领域，我国企业正努力制造出全新的智能装备。

1. 数控机床的“智慧大脑”——HNC-8高性能数控系统

武汉华中数控股份有限公司研发的HNC-8高性能数控系统分辨率达1纳米，最大通道数为10个，最大轴数达127个，指标全面达到国际先进水平。其利用独创的“色谱图”提高加工精度，利用机床内部电控大数据构成的机床“心电图”实现机床智能化，加工效率高出国外系统20%左右。

高性能数控系统是数控机床的“智慧大脑”，而五轴联动等核心功能更是买不到的战略核心技术，HNC-8高性能数控系统的研制成功打破了西方在技术和市场上的双重垄断。

2. 中国“挖隧道神器”——全断面双护盾隧道掘进机

全断面隧道掘进机是专门用于开凿隧道的大型机具。该机具有一次开挖完成隧道的特色，开挖、推进、撑开全由该机具完成，开挖速度是传统钻爆法的5倍。TBM作为国之重器，却一度被国外垄断。1996年，中国引进第一台TBM，被用于秦岭铁路隧道的施工，这台进口TBM当时的价格为3.8亿元。这些进口TBM价格高昂，且其产品标准不见得适用于我国的地质，一旦出现问题，则维修困难。

我国专家随后在一系列大型工程施工过程中逐渐摸清了TBM的技术特点。观察者网曾报道，在巴基斯坦“三峡工程”N-J水电站项目中，德国产的TBM一度因岩爆被埋，损坏严重，我国专家在德国厂家放弃的情况下独立修复设备并使其恢复使用。

2011年，中铁十八局集团有限公司携手中国铁建重工集团、浙江大学、中南大学、天津大学等单位开始研发国产TBM。

2014年12月27日，我国首台自产TBM“长春号”下线。

2015年12月24日，我国首台双护盾硬岩TBM（见图2—27）研制成功。该TBM由中国铁建重工集团联合水电三局、黄河设计院等共同研发，是国内首台具有完全自主知识产权的双护盾硬岩TBM。该设备填补了我国双护盾硬岩TBM研制的空白，标志着国产现代化隧道施工装备已经达到世界领先水平。

图 2—27　我国首台双护盾硬岩 TBM

目前，仅中铁十八局集团有限公司就拥有 14 台 TBM，在 TBM 领域获得国家科技进步奖、国家级工法各 2 项，取得专利授权 30 余项，承揽了长度亚洲第一的陕西引汉济渭秦岭隧洞和新疆艾比湖、鄂北引水等多项水利水电工程，其中 TBM 施工的水工隧洞超过 100 千米，在 TBM 施工领域领跑。

据悉，由我国上海生产的全断面双护盾隧道掘进机具有掘进速度快、适合较长隧道施工的特点。尼泊尔从我国引进了隧道掘进机，其直径为 5.06 米，总价值高达 7 千万元人民币。

3. 高斯（中国）智能印刷

高斯（中国）积极响应第七届中国国际全印展“创新与智能”的主题，全面展现印刷技术所焕发的活力，紧扣印刷市场发展趋势，直击核心市场，于 2018 年 10 月 24 日举办了工厂开放参观日活动。该活动更多元地呈现了智能制造、创新科技发展，提供了智能化的技术交流平台，展出报业、书刊、包装等相关新设备和“匯印 e 家”智能新技术。下面介绍几个展出的设备。

（1）Varier L850（见图 2—28）胶印包装印刷解决方案

Varier L850 胶印包装印刷解决方案专为软包装等生产商设计，充分体现了最新轮转胶印技术带来的生产力、印刷质量、自动化及小印量快速印刷等优势。Varier L850 的快速更换套筒技术可在设计范围内实现无限可变周长设置，整合了预设、输墨、润版和控制系统，简化了印刷工艺，提高了印刷效率，在小印量应用中表现不凡，超越了包装产业日益提高的质量要求。

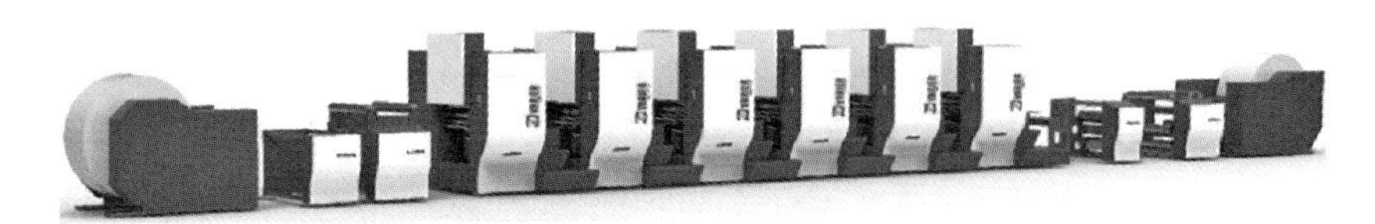

图 2—28 Varier L850

（2）Varier L1100/1625（见图 2—29）胶印包装印刷解决方案

Varier L1100/1625 胶印包装印刷解决方案适用于折叠纸盒、纸箱、不同尺寸大小的包装材料的印刷应用，其整合了高斯（中国）先进的水墨和张力控制技术、快速更换套筒技术，使得无级变换印刷重复长度易于实现。高斯（中国）还可以将符合客户个性化需求的设备整合起来，提供一个定制的、自动化的、高性能的印刷解决方案。

图 2—29 Varier L1100/1625

（3）Varier F 系列（见图 2—30）柔印包装印刷解决方案

Varier F 系列柔印包装印刷解决方案专为书刊、包装、纸盒、标签生产商而设计，该产品主要针对包装市场和绿色教科书印刷市场。其 8 个基础单位展现了国产柔印设备在宽幅领域的较高水平，成功实现了一套解决方案承接两种工艺的需求。客户既可用其制作包装产品，又可用其印刷教科书。

图 2—30　Varier F 系列

（4）Magnum Compact（见图 2—31）报业轮转胶印印刷解决方案

Magnum Compact 报业轮转胶印印刷解决方案突破传统设计思路，将数字技术和高斯（中国）的各种先进技术融于一体。它既适宜于长版印刷，也适宜于短版印刷，并且具有节能环保、维护方便、不停机自动换版等诸多优点，同时还降低了设备高度，适应多种印刷场地。

图 2—31　Magnum Compact

4. 中国高端智能电力装备先锋——博瑞电力

作为国内高端智能电力装备的龙头企业，常州博瑞电力自动化设备有限公司的销售额从最初 2007 年的 4 600 万元增长到 2017 年的 15.9 亿元，发展速度惊人。它从最初的继电保护机加工配套企业逐步发展成为了智能电力一次产品齐全、生产工艺先进、具有一定自主研发能力的国际型高科技企业。公司产品逐步进入东南亚、非洲、大洋洲、美洲、欧洲等国际市场，公司正一步步地朝着世界电力行业支柱型企业发展。博瑞电力智能电力设备如图 2—32 所示。

图 2—32 博瑞电力智能电力设备

博瑞电力 2014—2018 年的发展历程与研发成果如下。

2014 年，全球首个五端柔性直流输电工程——舟山多端柔性直流工程顺利投运，博瑞电力在柔性直流输电技术和工程应用领域全面走在了国际前列。

2015 年，PCS-8600 特高压直流换流阀系统和世界最高电压等级 ±1 100 千伏直流全光纤及电子式互感器通过技术鉴定，达到国际领先水平。

南京 220 千伏西环网统一潮流控制器（UPFC）示范工程——世界首个使用模块化多电平换流技术的 UPFC 工程成功投运。博瑞电力智能电网高端装备研制水平迈上了新台阶。

2016 年，博瑞电力成功研制世界首套 500 千伏高压直流断路器，各项技术指标达到国际领先水平，标志着博瑞电力在柔性直流输电核心装备研发领域再次取得重大突破。

2017 年，高压大容量柔性直流电网成套关键设备通过中国电机工程学会的鉴定，公司电力电子技术与电力系统技术“跨界合作”达到新高度。

苏州南部电网500千伏统一潮流控制器工程正式投入运行，博瑞电力成为全球首个可以提供500千伏电网UPFC成套设备的供应商。公司承担的±800千伏上海庙—山东特高压直流输电工程换流阀在受端站一次性带电成功。

2018年，世界首个±1 100千伏昌吉—古泉特高压换流阀开始现场安装，首个出口巴西的±800千伏特高压换流阀完成厂内生产。

公司承担张北可再生能源柔性直流电网示范工程±535千伏直流断路器、3 000兆瓦柔性直流和高速直流装置等多项产品的研制和供货。

5. 新型智能传感器——基恩士传感器

在工业生产领域的一些特殊工作环境下，传统的传感器会受到很大影响，这时候作为电子产业的核心零部件之一的智能传感器就能发挥出它的作用。接下来介绍几款基恩士传感器，了解一下其在工业生产中的作用。

（1）图像识别传感器IV系列

图像识别传感器IV系列如图2—33所示。

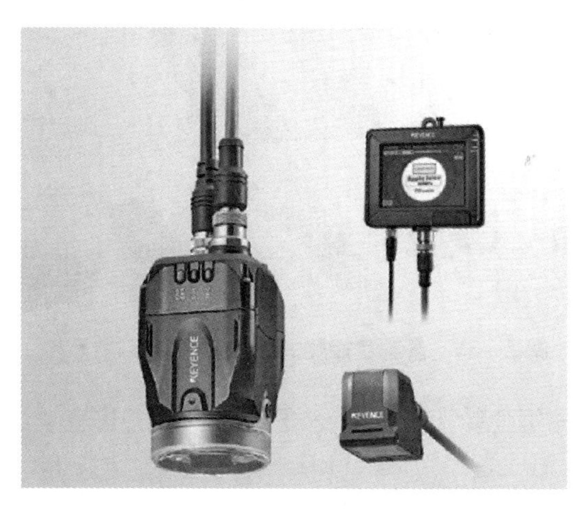

图2—33　图像识别传感器IV系列

使用图像识别传感器IV系列时，仅需圈起即可识别字符，无须进行传统视觉传感器所需的“剪切”（字符宽度的调节、字符高度的调节）、“字库注册”等设定，而且即使字符浓淡、粗细、大小发生变化，仍可进行稳定读取。

该系列传感器具有HS-HDR（高速－高动态范围）功能，在反射光不稳定时，可增加光接收灵敏度，以稳定检测。该系列传感器进行单次图像拍摄即可完成调整，这种高速处理保证了对移动工件的稳定检测。

图像识别传感器 IV 系列的工作特点如图 2—34 所示。

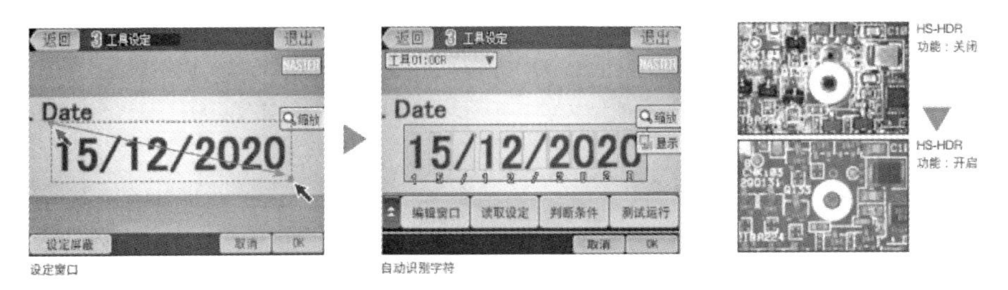

图 2—34 图像识别传感器 IV 系列的工作特点

（2）高精度接触式数字传感器 GT2 系列

高精度接触式数字传感器 GT2 系列如图 2—35 所示。

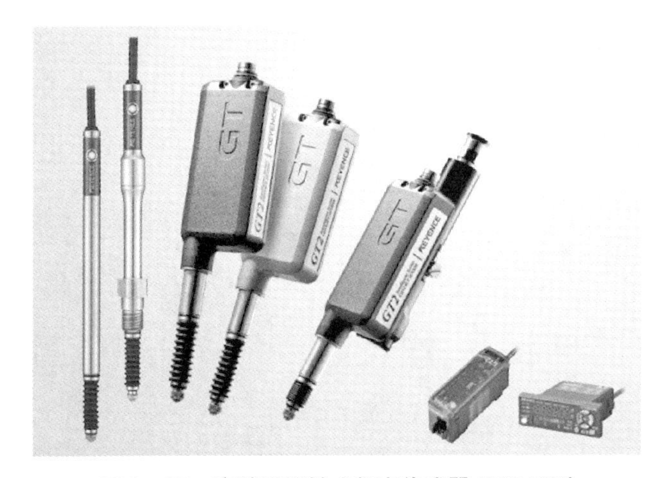

图 2—35 高精度接触式数字传感器 GT2 系列

1）传感器的工作特点。光栅刻度尺脉冲系统Ⅱ这一革命性的系统是新研发设备的标配。光源为 HL-LED，其高强度而均匀的光可穿透绝对值玻璃刻度尺。接收器是具备高灵敏度和分辨率的“超清晰 CMOS”（CMOS 即互补金属氧化物半导体）。

该传感器探头符合以下两种规格：IP67G 与 NEMA Type 13。该传感器探头可在任何地方安装，即便是溅水或溅油的环境也可以。

主轴使用高硬度直线球轴承，经久耐用，具有检测持续次数高达 2 亿次的使用寿命。这极大地减少了维护费用及人工更换时间。

高精度接触式数字传感器 GT2 系列的工作特点如图 2—36 所示。

2）问题与解决方案

①问题一：装配汽缸体和汽缸盖时，如果汽缸体不平，汽缸体和衬垫

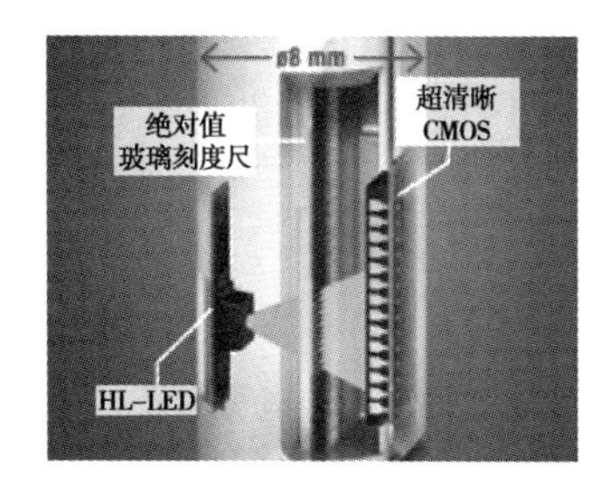

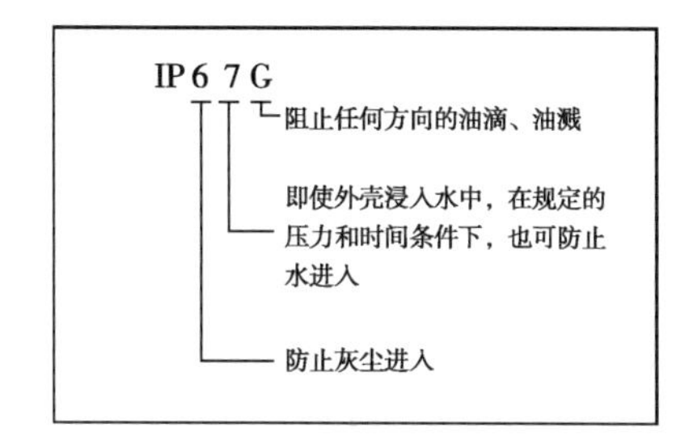

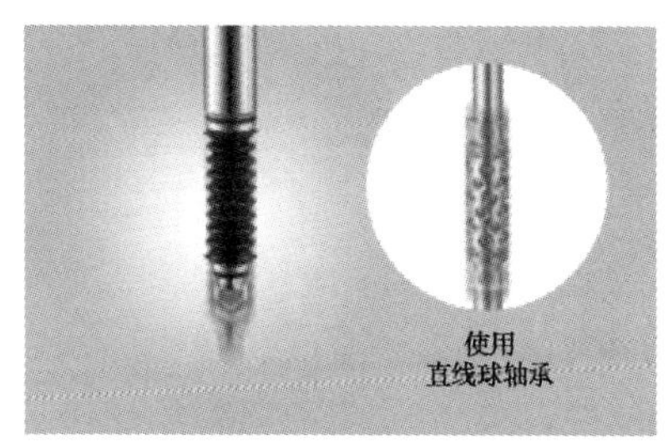

图 2—36 高精度接触式数字传感器 GT2 系列的工作特点

之间会形成间隙，使发动机的内部压力无法维持。燃烧效率的下降及机油和其他类似物质的流入是导致损坏的原因。熟练的技工通过采样，利用针盘指示表和检验夹具执行检查，但要检查所有的项目是很困难的。

解决方案：如图 2—37 所示，可使用多个 GT2 设备，利用其平整度计算功能检查所有项目。这样可消除人为过失，提高产品质量。

②问题二：许多曲柄轴为压接组件，如果由于重量出现弯曲或扭曲，则在中心轴处会发生旋转跳动。跳动幅度大会使发动机发出异常噪声，造成油耗效率低、功率下降，在最坏的情况下还可能导致发动机损坏，因此要进行高精度检查，但很难从一个位置既考虑精度又考虑环境地检查所有的项目。

解决方案：如图 2—38 所示，使用 GT2 可消除人为造成的差异，可实现高精度的跳动测量。利用 IP67G 的功能，也可在恶劣环境下检查所有的项目。

6. 上海大学“精海”系列无人艇

上海大学联合交通运输部东海航海保障中心和青岛北海船舶重工有限责任公司研制的“精海”系列无人艇（见图 2—39）一直处于国内领先行列，已交付中国海事局、国家海洋局等单位在东海、黄海、南海、南极等海域应用，为国家的海洋战略、极地战略和国防安全做出了贡献。这一成果获得了 2016 年国家技术发明奖二等奖。

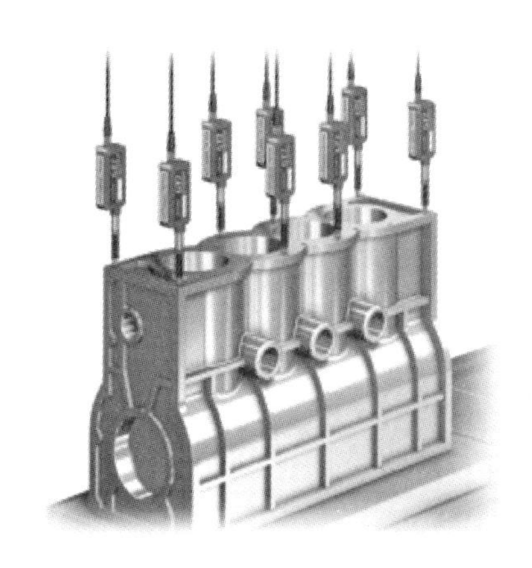

图 2—37 测量汽缸体的平面度

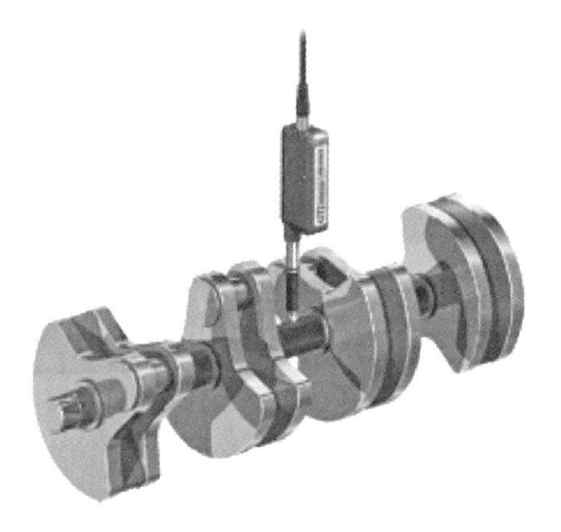

图 2—38 测量曲柄轴跳动

图 2—39 “精海”系列无人艇

“精海”系列无人艇最具优势的功能是航迹高精度自主跟踪、航迹线远程动态设定和实时更改、障碍物自主避碰、高精度自主定位等。其具有可手动遥控、自主航线双模操控、视距 / 超视距操控、基于无线 / 卫星的多模式实时通信、可视化界面操控等特点。

上海大学无人艇工程研究院以多方位的水上自动化产品为核心体系，满足不同领域的用户需求。目前已发布的“精海”系列无人艇产品技术成熟，具有半自主、全自主完成作业使命的开放式平台系统，可以方便有效地搭载各种传感、侦察、测量等任务载荷；可以通过搭载并整合水质检测仪、水面安全监察设备、海洋测绘仪等专业仪器，针对性地向不同客户提供高效便捷的应用解决方案；可以在岛礁、浅滩等常规测量船舶无法深入的高危险性水域进行作业；可以精准地按照规划航线进行自主航行并智能躲避障碍物。无人艇的技术发明为我国研制复杂水域无人自主测量装备奠定了重要的理论和技术基础，目前已进行了 7 个系列的研制，成功在南极、南海、东海等复杂海域开展测量。该无人艇是首艘装备于中国海事局海巡船，探测南海岛礁海域的无人艇；首艘装备于中国极地研究中心“雪龙号”科考船，探测南极罗斯海的无人艇；首艘装备于国家海洋局海监船，探测东海岛礁海域的无人艇。“精海”系列无人艇显著推动了海洋无人测量艇行业的科技进步。

7. 智能仓储机器人——AGV

随着智能制造的来临，工厂智能化已成为不可逆的发展趋势。AGV（见图 2—40）作为自动化技术升级重要的核心组成部分，无疑成为业界关注的重点之一。凭借造型美观、升降平稳、坚固耐用、运转灵活等特点，AGV 广泛受到企业的喜爱。使用智能仓储机器人进行装载、卸载和运输的好处是显而易见的。

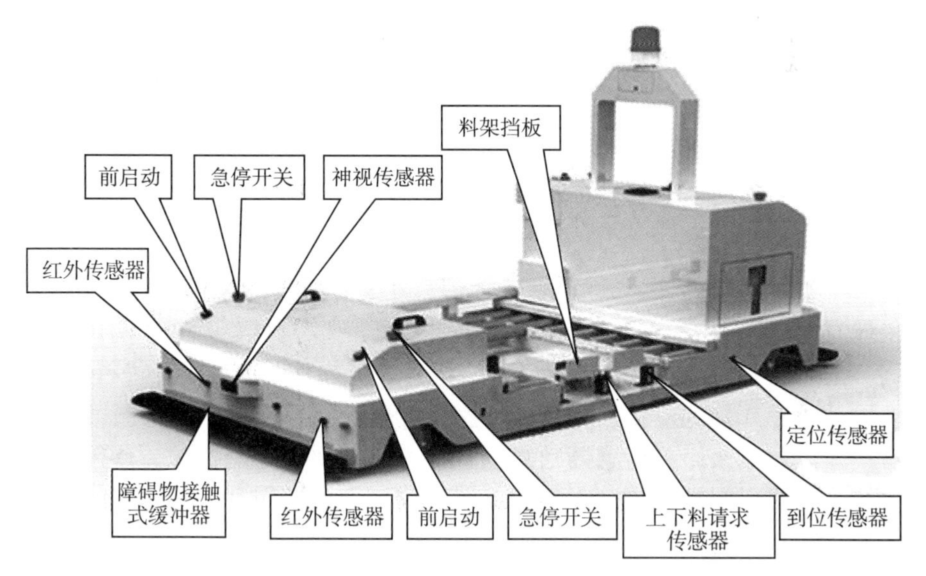

图 2—40 AGV

郝胜（上海）智能科技有限公司生产的物流 AGV——小 S（见图 2—41）具有“4S”的特点。

图 2—41 物流 AGV——小 S

Smart——运动灵活，零转弯半径（原地旋转），适应各种狭窄工作现场；对接灵活，可设计不同治具适应各种场合。

Strong——车型小巧灵活，但可潜入举升重达 1 000 千克的货物。

Speed——运行速度快，直线行驶速度可达 1.5 米 / 秒，提升车间物流搬运效率；项目安装实施快捷，后期维护快速、简便、高效。

SLAM——SLAM（即时定位与地图构建）导航，不用改造工厂布局，不需要地面辅助。

仓储管理是整个电商运营体系中极其重要的一环。通常来说，在电商的仓库中，需要对货物进行分拣、移位、包装等，虽然很多仓库中都有传输带等设备来代替人类做一些移动货物的工作，但是由于机器比较固定，灵活度较低，很多工作还是需要人来完成。智能仓储机器人在很大程度上改变了电商行业的后勤保障工作，它的发展推动了当代电商平台的发展。对于人类来说，发展人工智能的初衷就是给人类自身带来便利，解放繁杂的人工劳作，很显然智能仓储机器人做到了这一点，所以其未来的市场前景非常乐观。

2.4 智能机器人

2.4.1 智能机器人的发展历史与关键技术

机器人技术的发展经历了三个阶段，从最开始的示教再现机器人到第二代有感觉的机器人，一直到现在的智能机器人，共经历了 40 多年的时间。智能机器人带有多种传感器，能将多种传感器得到的信息进行融合，有效地适应环境的变化，具有自主学习的能力。智能机器人涉及很多关键技术，近年来，多传感器信息耦合技术、导航和定位技术、路径规划技术、机器人视觉技术、人机接口技术等的发展都带动了智能机器人技术的发展。

1. 智能机器人的发展历史

智能机器人通过运用机械的、电子的、光的或生物的器件制造一种装置或机器来模拟包括设计活动在内的人类智能活动。智能机器人的根本目的就是用计算机模拟人的思维，在其初创时期，许多学者致力于研究和总结人类思维的普遍模式和规律，以求在真正理解人的思维激励的基础上实现对智能活动的模拟。

20 世纪 50 年代中期，科研人员对智能机器人有了进一步的认识：智能机器人能够创建周围环境的抽象模型，如果遇到问题，能够从抽象模型中寻找解决方法。随后通用问题求解器研制成功，模拟应用了人类解决问题的一般规律。但是由于涉及多个学科领域，超越了现实可能性，忽略了客观复杂性和问题多样性，智能机器人的早期研究只停留在实验室阶段，智能研究的实质性进展是比较缓慢的。20 世纪 60 年代以后，智能化研究由追求通用的一般研究转入特定的具体研究，通用的解题策略与特定领域的专业知识和实际经验结合，产生了以专家系统为代表的智能系统，使智能真正走进实际应用。20 世纪 70 年代初期，美国斯坦福国际研究院研发的移动式机器人 Shakey 首次成功运用了人工智能技术，由此成为世界上第一台智能机器人。Shakey 身上装备了电视摄像机、三角法测距仪、碰撞传感器、驱动电机及编码器，并通过无线通信系统由两台计算机控制。Shakey 能够自主进行感知、环境建模、行为规划并执行简单的任务，但是由于体积过大、运算速度缓慢，往往需要数小时的时间来分析环境与规划行动路径，智能化程度不高。

随着对智能化研究的深入，科研人员认识到采用启发式搜索或逻辑推理的方法已经难以解决更深层次的智能问题。在人类的发展历程中，最高智慧的来源是生物神经网络活动及其进化过程。因此，为了提升智能机器人的智能水平，科研人员尝试采用模拟神经网络的方式来解决传统智能未能解决的问题。人工神经网络从信息处理的角度对人脑神经网络进行抽象，建立运算模型，按照不同的连接方式组成不同的网络。人工神经网络是对自然界某种算法或者函数的逼近，也是对一种逻辑策略的表达，是对人脑思维活动特性的模拟。模拟人脑认知功能的人工神经网络成为 20 世纪 80 年代人工智能领域兴起的研究热点。霍普菲尔德提出了 HNN（霍普菲尔德神经网络）模型，引入“计算能量”概念，随后又提出了连续时间 HNN 模型，为神经计算机的研究做出了开拓性的工作，开创了神经网络用于联想记忆和优化计算的新途径，有力地推动了神经网络的研究。鲁姆哈特等发展了 BP 神经网络算法，是一种从输入到输出的高度非线性映射模型，属于多层前馈网络。林斯克对感知机网络提出了新的自组织理论，形成了最大互信息理论，开创了基于神经网络的信息应用理论。布鲁姆黑德等用径向基函数提出分层网络的设计方法，从而将神经网络的设计与数值分析和线性适应滤波相联系。这些理论的突破性进展掀起了人工神经网络研究的新高潮，并一直延续到 20 世纪 90 年代。

20 世纪 90 年代，科研人员逐渐认识到智能机器人需要更多的认知和行为能力，必须以对自然界真实的感觉和经历为根据，这就要求机器人有丰富的传感器和效应器，从而能直接感受到外在环境并对自身的行动产生反馈。通过对高度智能的研究探索，科研人员意识到智能机器人所缺少的是自主心智发育的能力。1996 年，翁巨扬最早提出了自主心智发育的思想。自主心智发育是一种计算过程，通过计算，一个人工的或自然的类似于人脑的机器在其内在发育程序的控制下，使传感器与效应器同时与环境进行交互，完成自主行为模式的探索与实现。随后，科研人员肯定了发育思路的重要性并指出其是实现人工智能的基本条件之一。2001 年，翁巨扬等人在 Science（《科学》）杂志上详细地阐述了发育机器人的思想框架与可实现的算法模型，掀起了研究发育机器人的热潮。在神经科学、心理学和计算机科学的基础上，发育学习算法与发育模型的建立成为目前机器人智能化研究领域的热点问题。

在 2015 年的国际机器人展上，发那科（Fanuc）公司在其展位上演示了散件分拣，其机器人使用深度学习技术来训练自己。它能通过每次分拣学到的知识改变控制自身行动的深度学习模型或大型神经网络，利用强化学习掌握与环境的相互作用，以确定吸附工件时的吸附位置。随着工作学习时间的增加，它的吸附成功率从 60% 上升到了 90%。

2016 年 3 月，谷歌旗下的人工智能公司 DeepMind 开发的 AlphaGo 以 4∶1 的比分战胜了世界围棋冠军李世石。AlphaGo 获胜的关键就是深度学习，这次事件证明了深度学习在智能机器人的发展中占据重要地位。

2. 智能机器人的关键技术

回顾机器人的智能化研究发展史，可以清楚地知道智能机器人作为人工智能的一个重要分支，其科学技术的研究发展与人工智能的研究发展一样，是与人们生活水平的发展息息相关的。生活水平的提高对人工智能的性能提出了新的要求，而人工智能为满足日益提高的性能要求而产生的突破性进展推动了智能机器人技术的发展。

智能机器人经过较长时期的发展已达到较高水平。但就我国的实情来看，仍与发达国家和地区存在较大的差距。发达国家和地区在取得一定成绩的基础上仍然不断追求机器人向自适应、自主性、实时性、多功能方向发展，以期在日益激烈的产品竞争中立于不败之地。21 世纪，仿脑技术、自主心智发育技术、大数据技术、深度学习等成为机器人科学技术发展的重要领域，这些领域的技术进步无疑将对智能机器人的发展产生重要的推动作用。

（1）仿脑技术

仿脑技术从脑结构角度对人脑进行抽象，利用计算机模拟人类的思维，通过基因改造等手段对复杂情况进行自主分析。仿脑技术的理论基础是认为人类的高层认知能力和人脑的特殊结构与处理机能有密切联系，受到人脑结构、机能及其信息加工机制的启发。从仿脑思路出发进行研究，提出生物脑启发的认知模型及学习方法，解决传统方法的局限，实现更高层的认知能力，是目前研究认知智能机器人的重要思路之一。

仿脑技术实质是对大脑皮层工作机制不同程度的模拟，如层次结构、前馈连接和反馈连接、内部通路等，以及特征提取中将简单特征组合为复杂特征的过程。科研人员通过对生理学脑部系统进行研究，进而模仿脑部工作机理，由此建立了一系列脑基设备。脑基设备是模拟大脑内部新皮层区、皮层下脑区和海马区的拟脑模型，不同的建模领域对应着不同功能的脑区，即具有分层分区域性，弥补了传统算法单一性、单层次性的不足，有利于深入研究大脑内部不同脑区的工作机理，可以实现感知信号分类、路径规划选择、运动控制等高级认知功能。

川村通过对人脑记忆工作系统的研究，建立了机器人认知短时记忆模型，实现了对机器人的认知控制。大脑皮层中负责记忆活动的区域被称为海马区，在记忆过程中，海马区可以自动筛选存储在神经突触细胞内部的信息指令，受到各种感官或知觉刺激时，海马区的神经元连接成持久的网络，形成记忆。该模型模仿记忆系统工作机制，内部建有一种将外界信息映射到机器人内部的球面纹理映射，包含着空间全局的方位信息和感觉-运动信息，起到感知信息存储与注意选择机制的作用。另外，对大脑视觉皮层的研究一直是机器人研究领域的热点问题。视觉皮层接受来自丘脑外侧膝状体的视觉信息输入，输出信息有背侧流和腹侧流两条通道，分别参与处理物体的空间位置信息及相关的运动控制与物体识别活动。仿大脑视觉皮层网络模型通过模拟视觉皮层的背侧通路和腹侧通路，建立了从感知端经由内部区域到执行端的前馈连接，以及从执行端到感知端的反馈连接，设立内部资源的注意力机制与动态调节机制，使机器人能够根据自主学习规则同时学习物体的类别信息与位置信息，并将执行机构对应的概念作为目标反馈到内部区域，实现推理与预测功能。在此基础上，科研人员通过引入一系列仿生机制，如神经元的重生与释放、突触维护等，增加了物体尺度概念，进行了多尺度特征提取，实现了网络的自主发育，从而与实际应用目标更加接近。

近年来，随着脑成像技术的不断发展，科研人员对脑特定区域及其功能的理解进一步加深。在非结构环境中，由于感知环境的多样性、复杂性与不确定性，感知信息并不能保证以标准形式获取，因此往往需要通过各种各样的形象思维活动来实现信息的认知。其中，心理旋转是一种想象自我或客体旋转的空间表征动力转换能力，其通过大脑内部的形象思维活动实现过去感知事物在脑海内部的再现，是评定空间智能的重要标尺。通过对心理旋转现象及相关脑区的研究，科研人员发现顶叶皮层与运动皮层是进行心理旋转的主要神经区域，顶叶皮层整合不同形式的感觉信息，进行视觉-运动的协调，参与空间物体的定位，而运动皮层与视觉的空间转换有关。经过不断研究，Kristsana 等建立了一种学习心理旋转潜在神经机制的神经模型，通过模拟顶叶皮层与运动皮层的结构机理，建立了从感知区域到执行区域的感觉运动回路，设立了内部选择机制与决策机制，使机器人具有较好的图像识别能力与规划判断能力。

模拟大脑神经系统的智能系统拥有比传统计算模型更高的智能化程度，但是仿脑技术还不十分成熟，普及率比较低。其原因主要在于仿脑结构、控制策略还不能很好地反映人类思维活动的内在规律，而且系统在提取信息、学习算法、感知映射方面尚存不足。随着学习过程的推进，知识存储量增加、学习效率降低及反馈误差影响也是仿脑技术急需解决的问题。

（2）自主心智发育技术

自主心智发育技术是21世纪重点发展的机器人科学技术。自主心智发育技术是建立在一个类似大脑的自然系统或人工嵌入式系统之上的计算过程，系统在其内在发育程序的控制下，通过使用传感器和执行器与非结构环境进行自主实时交互来实现心智的发育，进行自主行为模式的探索，完成非特定任务。当机器人的发展进入了第三阶段后，由于所要处理任务的复杂度越来越高，传统的人工智能方法、模式识别方法及数学工具已经难以满足机器人认知能力的要求。智能机器人研究领域迫切需要一些新的研究思路来突破旧方法的局限。在这种情况下，自主心智发育技术应运而生，其主要目的是摆脱传统机器人针对任务进行编程的局限性，使机器人向自适应、自主性、实时性、多功能方向发展。

自主心智发育技术在一定程度上模拟了人类的认知发展过程。人类的认知发展过程是认知结构在与环境的相互作用中不断重新建构的过程，表现出阶段特征。受认知发展阶段理论的启发，埃姆雷等提出了机器人阶段发展模型，将机器人认知过程分为简单动作引入、学习模型和预测机制构建、行为模仿与学习三个阶段，并通过一系列与环境交互而产生的感知运动经验形成集成学习框架，使机器人实现更高级的认知行为。

目前，对自主心智发育技术的研究主要集中在发育模型的构建及发育学习算法的设计两个方面。发育模型为发育学习算法服务，发育学习算法是发育模型的实现方法，两者相互依存。其中，发育模型定义了智能机器人的体系结构，规定了信息数据处理的流程，影响了机器人的学习速度与任务执行效率。

基于提取与预测机制，布兰克等提出了分层发育模型。分层发育模型模仿大脑皮层工作原理，将知识由低级到高级、由简单到复杂地组织在一个分层结构中，高层知识建立在低层知识的基础之上，控制的行为也更加复杂。分层发育模型虽然模拟了人类的认知发育过程，具有良好的适应性，但是由于结构复杂、高层决策的运算量过大，因此不能有效地区分任务，缺少对重要目标和任务的判别能力与规划能力。针对发育模型过分强调任务独立性而忽视任务重要性的问题，我国研发出了一个任务驱动模型——TDD（测试驱动开发）发育模型，避开了采用特征数据驱动的传统发育范式，将机器人结构分为物理层、信号处理层和发育层，分别负责收集传感信号、处理传感信号与转化控制命令、提取特征数据。发育层中的发育体将所执行任务按低级到高级分层存储，通过训练、执行两个数据模式，形成感知－运动之间的映射，解决了任务冲突的问题，使机器人的行为更具有目的性。通过对自主心智发育与潜在动作的研究，结合分层强化学习理论，科研人员提出了基于能量的潜在动作模型。模型采用半马尔可夫决策过程对问题进行建模，分析了值函数分解、状态抽象、学习参数等因素，具有较好的在线学习能力与环境迁移能力，反映了环境的本质属性，使机器人的思维模式符合人的思维特点，在避障问题中得到了很好的应用。

机器人三定律之一是必须服从人类的命令，机器人是为人服务的。因此，作为智能终端执行设备，机器人除了应能够执行复杂任务，还必须具有充足的人机交互性。识别人类意图、预测人类行为是机器人智能化研究中需要解决的基本问题。基于自主识别人类意图目的建立的时序递归神经网络模型——监督型 MTRNN（多时间尺度递归神经网络）是在 RNN（递归神经网络）的基础上建立起来的。RNN 内部的节点定向连接成环，神经元之间既有内部的反馈连接又有前馈连接，可以利用内部的记忆来处理任意时序的输入序列，在计算过程中拥有较强的过程动态特性和计算能力。MTRNN 利用 RNN 能够对动态信号进行分类和预测的特点，并考虑到动态信号随时间产生顺序变化这一因素，在动作分类的基础上，采用分层结构实现了对人体动作的分类和预测，进而达到根据识别的动作预测人类意图的目的。

作为计算机科学、神经科学、遗传学等多学科领域融合的产物，自主心智发育技术在服务业、制造业、医疗等各个领域都有广阔的应用空间。处理好学习方式的选择、知识的组织与决策、非结构环境模型的建立、控制策略的研究与设计、泛化能力与适应能力的提高等问题是机器人自主心智发育技术研究开发的关键。

（3）大数据技术

大数据技术是计算机控制技术与互联网技术的结合。大数据或称巨量资料，是需要新处理模式才能形成更强的决策力、洞察力和流程优化能力的具有海量、高增长率和多样化特点的信息资产。大数据技术的核心价值是根据对海量数据的分布式存储和分析，通过计算机控制，实现对海量数据中潜在信息的获取与利用，以达到加快经济发展、提高生活水平的目的。2008年，Nature（《自然》）杂志出版了一期关于大数据的专刊，认为大数据科学研究方式不同于基于数学模型的传统研究方式，从互联网技术、机器智能技术、信息安全技术等多个方面介绍了海量数据所带来的技术挑战，提出数据量的指数级增长不仅改变了人们的生活方式，也影响了国家信息安全与社会稳定。

当数据的容量从TB（太字节）级别跃升到PB（拍字节）级别，数据的种类从结构化数据扩展到非结构化数据和半结构化数据时，大数据技术会产生很多新的科学问题。当数据的容量越来越大，种类越来越复杂，存储模式与处理方式会变得不同，同时处理效率的问题也变得复杂。大数据技术的关键问题是如何利用信息处理技术等手段处理结构化数据与非结构化数据，以及如何克服数据复杂性、不确定性等因素来进行大数据系统建模。近年来，谷歌搜索系统通过利用统计分析算法从相互关联的数据中发现新模式、新规律，发展成为能够进行复杂操作的数据中心，并通过不断优化数据操作技术，实现了自动产生大型数据集并进行高效并行处理的功能。数据库管理系统的并行分析模式能够直接使用数据库中的数据进行分析与密集性工作，并同时执行模式识别、聚类、回归分析等实时应用程序，加快数据处理过程。

目前所研发的基于大数据的智能聊天机器人主要是基于海量数据的积累，惯性式地依靠大数据的搜索匹配来应对单个话语点或者解决单点问题，针对沟通者的行为得出适当的对答，但是它只有对当前话语的即时对答能力，没有上下文整体思维能力。因此，单独从一句句对话来看，聊天机器人好像是在和人沟通，但就整个沟通过程来说，机器人并不具有思考能力。如何在大数据这个广阔的平台上，通过与机器人技术相结合，实现机器人的智能化发展，仍然是目前尚需解决的一个问题。大数据是集计算机信息处理、统计学、数学等多学科于一体的交叉学科。开展大数据技术基础理论与应用技术研究是信息学、经济学、管理学等领域系统开发应用的需求，体现了国际科学技术前沿的发展方向。

（4）深度学习

自主判断、推理、规划是智能机器人的发展方向，与上述要求相适应的研究是智能机器人的重要研究方向。深度学习作为智能机器学习研究中的一个新领域，旨在模仿人脑的神经网络，把原始数据通过一些简单的非线性模型转变成为更高层次、更抽象表达的概念，通过组合低层特征形成更加抽象的高层表示属性类别或特征，以发现数据的分布式特征表示。深度学习是目前智能机器人研究的热门领域。

深度学习是人工神经网络技术的延伸，是对人工神经网络的发展。2006年，机器学习领域的泰斗辛顿等在原有的神经网络基础上，提出了一种多层、自适应的深度解码网络，通过添加中间层重构高维输入向量，利用逐层初始化方法进行训练，使高维数据转化为低维信号，提高了数据可视化、分类与信号存储等性能，从而开启了深度学习在学术界和工业界的浪潮。随后，深度学习在学术界持续升温，在自然语言处理领域，托马斯等建立了一种新的对数线性模型，该模型对传统神经网络模型进行了优化，通过减少隐藏层降低复杂计算量，将语言模型训练分为简单词条训练与语法训练两个阶段，提高了语法表达准确率与工作效率，在机器翻译、语义挖掘等方面取得了突破性进展。在图像识别领域中，卷积神经网络（CNN）作为第一个真正成功训练多层网络结构的学习算法，可以使图像直接作为网络的输入，其每层通过一个数字滤波器获得观测数据的最显著特征，避免了传统识别算法中复杂的特征提取和数据重建过程，最小化数据的预处理要求，被设计用来处理多维数组数据，构建更智能的互联网服务。另外，王世同等通过预先设定隐藏层的隐藏节点和内核激活函数类型，建立了内核前馈神经网络。内核前馈神经网络利用隐式的内核主成分分析，使隐藏层的参数独立于训练数据进行随机分配，由此开发出的深度学习框架提高了图像分类性能，具有较强的理论保证。

人工智能学习系统TensorFlow利用异构设备分布式计算将复杂的数据结构传输至人工神经网络进行分析和处理，用于语音识别、照片识别等多项深度学习领域，具有更好的灵活性与可延展性。谷歌对TensorFlow进行开源，促进了对学习算法的创新，降低了深度学习在语音识别、自然语言理解、计算机视觉等方面的应用难度，加快了深度学习的发展。

深度学习带来了人工智能的新浪潮，为智能机器人的发展提供了一个新的契机，受到学术界、工业界的广泛重视。国际上已经成功研发出基于深度学习思想的软件设备。例如，谷歌采用深度神经网络（DNN）技术降低语音识别错误率，取得了突破性进展。而我国在这一领域尚处于理论研究开发的初级阶段，目前国内智能机器人学习算法主要限于浅层学习，深度学习的高精度模型建立是未来发展的方向。为此，需开展相关学习算法理论及学习过程的数值模拟和试验研究，并研究开发相应的软件工具。

2.4.2　智能机器人的应用

机器人的发展经历了不同的阶段，每个阶段都有其特定的技术背景。第一代机器人以完成单一工作的形式出现。随着技术的发展，第二代机器人实现了一定工作环境下的多机器协同工作。近年来，随着科学技术的不断进步，人工智能技术变得越来越成熟和完善，应用了人工智能技术的第三代机器人以能够感知环境、能够实现自主学习、能够与人交互的形式出现。

智能机器人的工作过程可以这样描述：众多传感器感知到外界环境的改变，这些环境的改变会先被转换成信息；传感器转换产生的信息再被传送到机器人的信息处理中枢，这里存储着众多已经制定好的规则和知识；在信息到达信息处理中枢后，智能机器人会根据事先制定好的规则和已经存储的知识，对收到的信息进行分析、抽象、判断并做出决策，最后产生反馈信号，驱动效应器，完成反馈。智能机器人就这样实现了对外界环境的适应，同时还可以进行一定的工作。在做到对环境的适应与反馈之后，机器人似乎具有了人的智力、情感和意识，但事实上这种智力是非常初级的，并且还不具备真正的情感和意识。图 2—42 所示为具备初级智力的服务机器人。

图 2—42　具备初级智力的服务机器人

智能机器人是新型技术的融合，为了使之能够适应功能需求及保持智能化的稳定性，要求其具备许多前沿科技。一般认为，RT（机器人技术）主要由传感器、智能控制、驱动部分组成，涵盖计算机软件、半导体、大数据、电子技术、通信技术、人工智能、物联网技术、自动测量、自动定位、语音识别、图像处理、环境识别、驱动技术、蓄电池等多项跨领域、跨学科的前沿技术，其涵盖范围如图 2—43 所示，其发展水平体现了国家高科技领域的综合实力。我国现阶段智能机器人的发展需要提升智能和自主作业能力，改善人机交互能力，提高安全性能，解决制约“人机交互”“人机合作”“人机融合”等的瓶颈问题，突破三维环境感知、规划和导航、类人的灵巧操作、直观的人机交互、行为安全等关键技术。

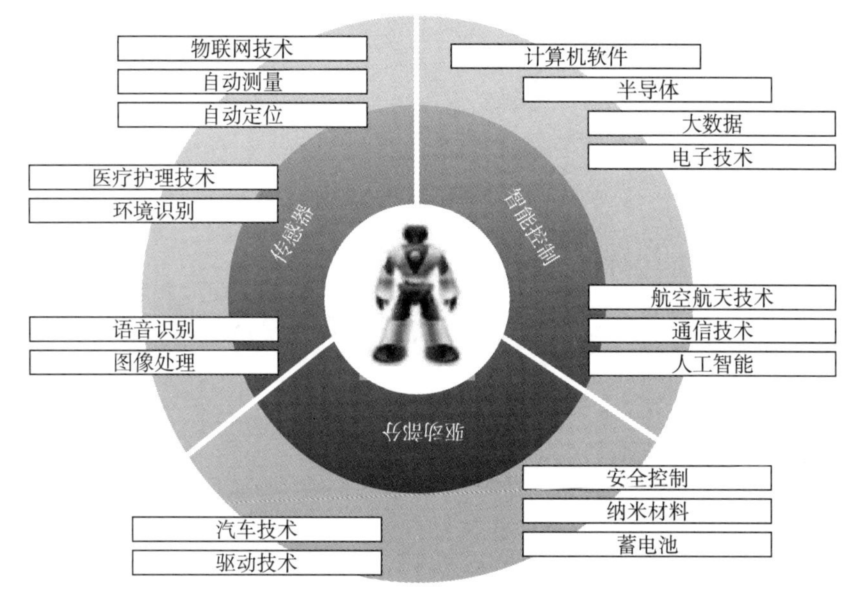

图 2—43　RT 技术的涵盖范围

智能机器人在很多领域都有应用，其中在军事、工业、医疗、教育这四个领域的应用尤为突出。

1. 智能机器人在军事领域的应用

在现代战争中，如何将士兵的伤亡率降到最低是各国都在热议的话题，未来军事发展的必然趋势就是利用智能机器人代替士兵作战。就目前而言，军事智能机器人能够完成搜索、监视、排爆、破障、攻击目标、运送物资、救助伤员等一系列作战任务，它们相比于人类士兵更加精密、轻便、灵巧、抗毁、抗摔、抗打，能力更强。其中，军事无人机（见图 2—44）是军事智能机器人的典型代表，已经成为常规军事武器，在军事上有着举足轻重的地位。

军事无人机在战场上主要起对地打击、侦察敌情、干扰通信、战场通信等重大作用。最新型的军事无人机执行任务时，除开启武器系统等重大抉择需人为控制外，大多数情况下都不需要人为控制，这也正是其“智能”所在。军事无人机上没有驾驶舱，但安装了自动驾驶系统，用来实现无人自动驾驶，甚至实现自主控制飞行。自主控制飞行原理的一个出发点是闭环反馈控制，就是在施加输入调节后，测量控制量的变化情况并反馈调节至输入处，直至控制量达到目标值为止。例如，为军事无人机设定一条航迹之后，在飞行过程中，军事无人机上搭载的高精度传感器等设备会实时测量飞行位置是否偏离航线，如果偏离就进行相应的偏离校正，使飞

图 2—44 军事无人机

机始终在正确的航线上。同时，军事无人机还能够通过光学摄像机、超声波雷达等设备探测识别无人机运动轨迹上的障碍物，在发现障碍物之后进行自动规避。

2. 智能机器人在工业领域的应用

随着工业 4.0 时代的到来，智能机器人在工业领域的应用越来越普及，一场新的工业革命正在拉开序幕。正如前文所述，机械性的重复工作对于机器人而言并不是一件难事，第一代机器人就足以胜任，但面对工业中杂乱无序的环境时，机器人便不能依靠设定好的程序正常工作。而智能机器人能对周边的环境进行分析，并根据环境做出正确的决策，从而更好地适应复杂的工厂环境。

AGV（见图 2—45）是智能机器人在智能工业应用中的典型代表，且应用得非常广泛。AGV 是指能够根据工厂的实际情况生成通往目的地的最

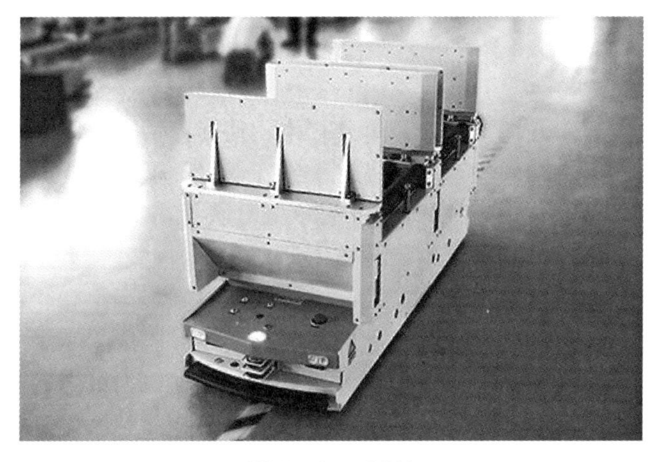

图 2—45 AGV

佳路径，并沿着最佳路径行驶的智能搬运车。AGV 的自动导航是通过特殊地标来实现的，通常装备有光学或电磁等导引装置，根据地标自动生成最佳路线并将货物运输至指定地点，导航方式多为磁条引导、激光引导、惯性导航及磁钉导航。AGV 工作的车间一般地上布置有多个磁钉，AGV 在行驶的过程中实时采集磁钉的物理位置信息并传给计算机，计算机经过软件精确计算 AGV 的位置并产生最佳路线，防止 AGV 在行驶过程中发生碰撞与剐擦。

3. 智能机器人在医疗领域的应用

医疗是民生福祉的重要部分，智能机器人在医疗领域的发展备受关注。作为在医疗领域应用的深化，智能机器人能有效地帮助医生进行一系列医疗诊断或辅助治疗。以康复机器人为例，术后康复是一个漫长而痛苦的过程，最新研制的医用外骨骼机器人不仅可以用于术后恢复，减轻患者的痛苦、加快康复的进程，而且有助于医疗工作者开展康复效果评估、方案制定等工作。它还能够帮助残疾人重新站立，使身患残疾的人们重获新生。

外骨骼机器人（见图 2—46）是一种特殊的、可穿戴的机电一体化装置，它通过非刚性连接套装固定在人体外部，并利用高功率密度的驱动装置驱动外骨骼的变形，从而辅助人类做肢体运动，是一种柔性智能驱动系统。外骨骼机器人通过绑带或其他方式固连在人身上，与人的四肢完美贴合。在使用过程中，它通过安装在关节处的加速度传感器、角加速度传感器等来采集人体运动趋势、力度大小等运动信息。实时处理这些信息并快速做出调整，使得外骨骼机器人的形态与穿戴者的运动同步，并能根据实际环境变化调整行走过程中的步态，更好地帮助有困难的人站立与行走，实现穿戴者控制外骨骼机器人完成自然、平滑的步态和运动。

4. 智能机器人在教育领域的应用

教育同样是老百姓非常关心的问题，近年来，中国教育质量不断提升，素质教育在中国的呼声越来越高，包含创新、合作共享等重要科学素养的教育形式正逐渐被学校和家长重视。在这种变革下，智能教育机器人（见图 2—47）应运而生。现在市场上出现了很多智能教育机器人品牌，目的是利用人工智能为每个学生创建良好的学习体验，使机器人充当家庭教师的角色，实现智能教育、成长陪护、开发益智、作业辅导、离线授课等多种功能。

智能教育机器人拥有自主判断、智能识别、优化决策等功能，能够根据学生的不同情况制订个性化的学习计划。同时，智能教育机器人自身拥有一定的学习能力，能够通过不断更新和记录学生的学习情况，跟进学生

图 2—46 外骨骼机器人

图 2—47 智能教育机器人

的学习进程，并能结合上述数据，分析学生学习中遇到的困难与瓶颈，不断调整智能机器人的教学方式与策略，从而达到智能教导学生的目的。

2.4.3 智能机器人的发展问题与趋势

1. 智能机器人的发展问题

目前在生产生活中应用的大部分机器人是第二代机器人，智能机器人技术还没有完全应用到生产生活中去。由于智能机器人开发难度大、周期长、资金投入高，大部分研究还处于理论探索阶段。智能机器人技术所涉及的关键技术较多，任何一个技术存在缺陷都会阻碍智能机器人的发展，因此智能机器人的发展还面临很多问题。

（1）研究比较分散，未能形成合力

目前，国内外都大力开展智能机器人技术的研究，但是不同机构之间的交流和联合较少，研究分散，在同种技术研究方面造成了财力、物力、时间等的浪费。

（2）智能机器人产业链不够细化

由于智能机器人是一个多学科交叉领域，涉及的关键技术较多，因此智能机器人在产业化的时候分工不明，重复研究、重复生产的现象较为严重，使产业链不够完善、细化。

（3）产、学、研脱节现象严重

虽然随着时代及技术的发展，部分高校、研究机构已经和企业逐步实现了联合，但是依然处于起步阶段，没有真正将理论与实践相结合，没有将理论研究产品化，没有走出一条产、学、研相融合的道路。因此，很多研究没有用武之地，而很多企业缺乏高水平的研究人才，无法创新、进步。

（4）技术研究过度追求高指标、高性能

智能机器人技术发展才刚刚起步，其中有很多待解决的问题，一个细节考虑不周就有可能造成重大的损失，但一味追求高指标、高性能往往会阻碍机器人的发展，导致失去细致分析问题、解决问题的机会。

（5）创新能力不足，制约了智能机器人市场的开拓

在智能机器人研究的过程中，“拿来主义”现象较为严重，缺乏创新意识，缺乏自己的独创品牌。要想机器人事业得到突飞猛进的发展就需要不断地开拓创新，以满足市场的需求，进一步促进智能机器人产业的发展，形成良性循环。

2. 智能机器人的发展趋势

智能机器人的主要发展趋势如下。

（1）发展现代软计算技术的新理论与新方法

与传统的计算技术相比，以模糊逻辑、神经网络、遗传算法为代表的软计算技术具有更高的鲁棒性、自适应性及低耗性，可以较好地处理多变量、非线性系统问题。软计算技术的主要研究内容包括智能机器人“任务空间”基本功能中数学描述、强化学习、蚁群算法、免疫算法等智能算法的非数值类非线性问题的建模、求解与方案优选，智能发育模型参数设计中数值类非线性问题的建模、求解与方案优选。软计算技术与发育学习应统一建模与求解，具有明确的物理意义，可用数学方程描述，具有可计算性，并可用一个参数来表示模型的性能指标。

（2）成为云服务系统的终端执行设备

将云计算技术应用到智能机器人研发工作中，使机器人通过无线通信设备相互联系，利用云端数据库存储的资源和自主学习积累的知识，实现不同机器人个体之间的交流与知识共享，提高机器人个体的智能水平，是智能机器人研究领域的新趋势。其研究内容有云计算技术与机器人技术的分析与综合，机器人云端数据中心的优化设计与建立，云端分布式计算构架针对非线性问题的建模、求解与方案优选，与云端数据中心交互的机器人通信处理器性能分析与设计等。

（3）实现多功能的设计理论及应用关键技术

智能机器人要实现多功能的设计理论及应用关键技术，其主要研究内容包括：能够更加完善、精确地反映检测对象的特性，消除信息的不确定性，提高信息可靠性的多传感信息融合技术；在复杂的非结构环境中的感知、定位与协调技术；智能机器人的环境感知与人机交互感知技术；进行特征提取、图像分割和图像辨识的视觉技术；基于网络的远距离控制技术

的理论设计与性能分析；机器人协作管理系统与网络连接技术的设计理念与关键技术；生物－机械－电子一体化系统的基础理论与优化设计等。

（4）“深度学习＋大数据”模式与智能研究相融合

大数据技术是将机器人与物联网相联系的关键科学技术，其数据类型主要是半结构化数据和非结构化数据。基于深度学习的机器学习方法可以有效地分析和处理这些数据，提高机器人的学习速度与工作效率，改善机器人的工作性能与智能程度。把“深度学习＋大数据”的发展模式应用于智能机器人的研发工作中，处理好结构化数据和半结构化、非结构化数据转换原则的基础理论、精度分析和设计方法，智能发育系统学习系统的建模、性能评价和分析理论，执行决策方案的设计原则与优化选择，用于非结构非线性化环境的机器人控制等问题是研究成败的关键。

2.4.4 智能机器人的典型案例

1. 安防机器人

经过多年的发展，中国已经有 4 000 多家与保安行业相关的企业，保安人员也超过了 450 万人，尽管如此，保安人员与警务人员的配比相较于发达国家仍显不足。在国内，保安行业是服务业的底层行业，保安人员的文化水平普遍较低，该行业的人员流失率非常高。同时，该行业的从业老龄化现象越来越严重，据统计，在保安群体中 40 岁以上的保安人员占比高达 55%，这也是导致保安行业处于不稳定状态的原因之一。与此同时，现有的保安产品存在一定的问题：其一是种类多，但功能单一且缺乏灵活性；其二是不能够智能处理监控信息，需要人手动处理，且需要配备大量保安人员，同时在信息处理的及时性上受其他因素的影响。随着信息技术和房地产业的迅猛发展，智慧城市的概念应运而生，安防机器人（见图 2—48）作为人工智能、自动控制等技术的应用综合体悄然崛起。

图 2—48 安防机器人

（1）安防机器人的优点

以电子科技大学研发的安防机器人为例，其以移动控制平台为基础，搭建导航系统、巡检系统、视觉处理技术、特征识别、定位技术等。该安防机器人具有如下优点。

1）全天候自主巡逻。安防机器人在自动巡逻的模式下，无须人为过多干涉，可根据自身的导航系统和定位技术来控制移动平台的运动。在巡逻区域，可利用多台安防机器人组成无死角的巡逻网络，这样即使有安防机器人在自动充电，其他安防机器人也能够自动巡逻，使安保工作更加严密。

2）智能分析与报警。安防机器人可以搭载各种传感器，如摄像头、温度传感器、气体传感器、湿度传感器等，利用传感器的信息，结合计算机视觉、语音识别等技术实时监测周围环境。当安防机器人通过行人识别、烟雾检测、温度检测等手段发现疑似异常时，可以主动开启自身的警报装置，并通过网络等手段告知相应保安人员。

3）适应恶劣环境。安防机器人能够在大风、暴雨、寒冷、高温等比较恶劣的环境下进行安防巡逻工作。

（2）安防机器人的关键技术

1）导航技术。为了让安防机器人在工作区域自动巡逻，机器人导航技术至关重要。该技术一直以来都是自动驾驶领域研究的热点和难点，目前最常见的导航技术有电磁导航、GPS（全球定位系统）导航、惯性导航、传感器导航、视觉导航。

电磁导航主要是通过机器人的磁感应传感器检测磁轨道，引导机器人按照固定轨道行驶。这种导航方式适用于工作环境较简单、精度要求较高的场景。该技术应用最广泛的领域为自动导引运输车、自动生产线或自动物流线。

GPS 导航是利用卫星导航的一种方式，是室外导航的常用方法。但 GPS 导航有不可避免的缺点：一是 GPS 精度问题，常用 GPS 的精度还无法完全为机器人提供准确的路径和导航信息，尽管差分 GPS 技术的出现使 GPS 的定位精度有了质的飞跃，但是其成本高，且需要建立信号基站来提供 GPS 的差分信息，因此无法用于一般的安防环境；二是 GPS 信号强弱问题，在很多住宅小区内，由于受到楼宇的遮挡，GPS 信号的强度与定位的准确性无法保证。因此，绝大部分情况下 GPS 要与其他技术相结合来为机器人提供导航信息。

惯性导航是一种无源的自主导航系统，不依赖于外部信息。该系统使用陀螺仪和加速度计作为检测手段，通过对陀螺仪和加速度计的数据进行时间上的积分，得出机器人的状态信息，该状态信息包括机器人当前的加速度、速度、相对于初始点的位置、相对于初始状态的姿态信息等。惯性导航最显著的缺点是其导航精度会随着时间下降，且误差会逐渐累积，因此需要在运行一段时间后进行修正。但该系统在短距离内的导航是可信赖的，通常与其他导航系统构成组合式导航。

常用的传感器导航有红外导航、超声波导航和激光导航。这几种传感器导航的工作原理类似，都是通过波的反射计算机器人与周围环境的距离从而实现导航。这种导航方式多应用在室内机器人上。

视觉导航用安装在机器人身上的摄像头来模拟人的眼睛，以达到导航的目的。视觉里程计、利用计算机视觉的道路识别等都运用了视觉导航技术。视觉里程计主要是通过单目或双目摄像机从相邻的图像中估计相机的运动路程。计算机视觉可以识别道路与障碍物，通过图像的二值化处理将道路和周围环境分开，也可以通过深度学习来对道路和岔路口进行识别，这样机器人就知道前方是否有可以通过的道路、是否有障碍物等。

值得一提的是，最近室内导航的 SLAM 技术大放异彩。与其他导航手段一样，SLAM 技术也是通过搭载在机器人身上的各种传感器对周围环境的信息检测来完成地图的创建与自身的定位导航。常见的两种主要技术为基于激光雷达的 SLAM 技术和基于视觉的 SLAM 技术。

2）运动控制。运动控制系统是安防机器人移动平台的核心，导航系统的最终结果是通过运动控制模块驱动安防机器人做出相应的姿态改变。运动控制的内容主要包含控制的精确性、控制的实时性和控制的安全性。绝大部分安防机器人采用的都是电机驱动方式，常见的控制算法有 PID（P、I、D 分别指比例、积分、微分）控制算法、遗传算法、神经网络算法、模糊逻辑、最优控制算法等。

2. 港口重载 AGV

（1）港口重载 AGV 简介

作为 AGV 的一个特殊分支，港口重载 AGV（见图 2—49）有着特殊的工作环境与超常规的负载质量（负载在 3～30 吨），以及对安全性、软硬件控制精度及复杂调度的独特要求。

图 2—49 港口重载 AGV

在普通港口的运行过程中，起重机将集装箱货柜抬升十几米，并且要面对外界持续的海风、夏季的暴晒和冬季的严寒，甚至在突发的极端天气下或夜间也要持续作业。在集装箱转运时，需要通过起重机将货柜精确地转移到拖车上，这需要起重机操作员具备极高超的技巧和经验。为了改善港口工人的工作条件，科研人员针对港口独特工况开发了港口重载 AGV。港口重载 AGV 可以很好地适应港口作业的工作条件，并且提升港口运营的自动化水平。

1）硬件技术。在实际港口作业中，参与的要素众多，其中货物、人员、车辆、吊运设备都处于运动状态，安全作业的要求很高。为此，港口重载 AGV 必须采用有效的安全防碰撞技术，如采用激光雷达的主动防碰撞技术及采用缓冲材料设计的被动辅助防碰撞技术。

AGV 的核心技术包括定位、导航及通信。港口重载 AGV 的导航具有其独有特点：工作环境为户外，工作范围大，多机并行工作。经过多年的技术发展，激光技术已经成熟地应用于港口重载 AGV 系统中，除可用于上文提到的激光雷达主动防碰撞技术，还可用来构建用于后续定位导航的全局地图。此外，适应港口环境的大范围室外导航还可以采用实时运动差分 GPS 获得厘米级的定位或导航误差。高频无线电发射器（准动态雷达收发器）或早期的磁带导航（或磁钉导航）也可以在适当环境下继续使用。采用激光与 GPS 导航时，发射器与接收器均安装于 AGV 上；采用准动态雷达收发器或磁性元件时，雷达发射器与磁性元件均安装于 AGV 运行的地面下，通过在 AGV 上安装接收器或磁感应传感器进行定位导航。

港口重载 AGV 的载重在 3 吨以上，最大负载可达 30 吨，因此大多采用柴油机驱动或柴电混合驱动。对此，适当的能量管理和能量回收可以实现更高的经济性和更少的碳排放。

2）软件技术。在保证安全与精确定位导航的前提下（硬件条件完备），港口的多台重载 AGV 可在统一的中央控制系统的调度下完成集装箱在货轮与货仓 / 货车之间的高效转运。采用数学模型对港口各要素进行抽象建模，结合物流优化算法，通过中央控制台对重载 AGV 当前状态进行监测并派发任务，可实现港口物流的自动化。例如，丰田工业运用 JIT（准时制）模式在名古屋集装箱港口实现了重载 AGV 在仓库和起重机之间的拉动式转运，自 2009 年投入使用后，相比传统的人工驾驶拖车的转运模式，极大地提高了货运效率及安全性。

港口重载 AGV 要面对高强度的转运任务和复杂多变的工作环境。其对工作环境的要求如下。

①地面强度要足以承载重载 AGV 工作中承受的巨大压力与冲击。

②地面的动摩擦系数为 0.6～0.8，过小易造成打滑，过大会加速磨损。

③地面平整度要满足集装箱转运要求，以避免货物滑动。

④上 / 下坡度要适当，以保证设计的制动距离与转弯半径符合技术要求。

⑤为避免静电，地面需要 1 兆欧的电阻性能，通过地面塑化可以实现地面的极端平滑与高绝缘性。

⑥地面必须定期清理，且清洁后务必保持干燥，防止产生地面湿滑等不安全因素。

（2）港口重载 AGV 的导引和运动特性

AGV 控制系统分为导引、通信、驱动、供电、安全与辅助五大模块。其中，AGV 导引按导引方式大致分为磁导引、光学导引及惯性导引。AGV 通过导引单元捕捉路面相关提示信号（磁信号、光学信号等），将这一信号传递给主控单元 PLC，PLC 处理信号后向驱动单元的伺服电机发送命令，使其做出调整，从而使 AGV 在规定的路径上行驶。

以双舵轮驱动转向的 AGV 为研究对象，建立如图 2—50 所示的模型。它的底盘部分由前、后桥的舵轮机构和从动万向轮组成，每个舵轮兼顾驱动和转向功能，舵轮的驱动和转向由 4 个直流伺服电机控制。转向舵轮支架旁外挂 1 个无接触起电感应器，为了保持平衡，起电感应器支架旁安装了 1 个万向轮支撑。AGV 还安装了 4 个从动万向轮，这些从动万向轮负责承载车架负载和保持平衡。

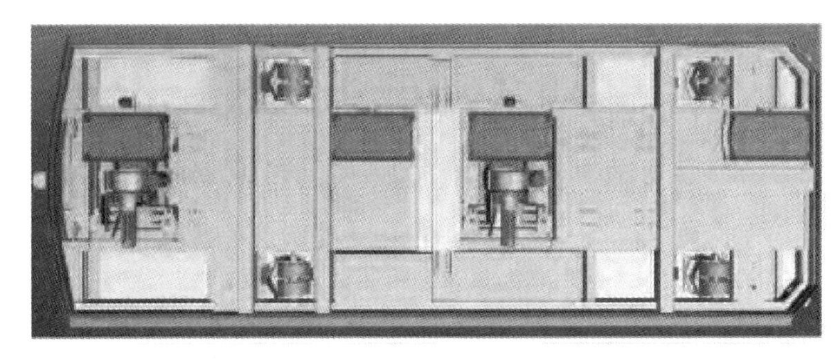

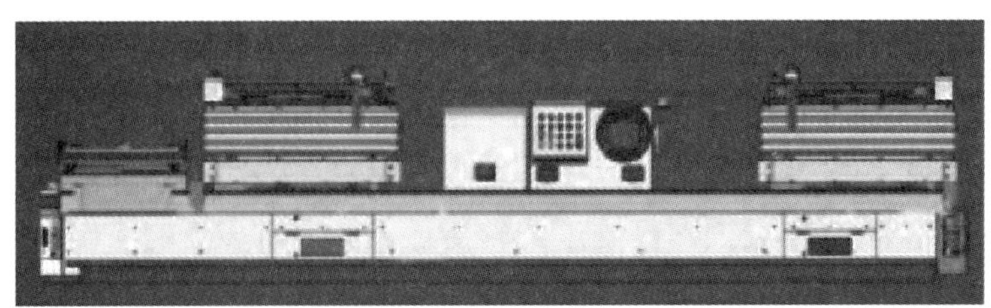

图 2—50 港口重载 AGV 模型

3. 外骨骼机器人

（1）外骨骼机器人简介

外骨骼机器人是近年兴起的一种新型的、可穿戴的智能机器人，在理想状态下，外骨骼机器人就像是人类的骨骼一样提供支撑及力量。穿戴合适的外骨骼机器人可以帮助穿戴者正常站立行走或提高肢体运动性能，大大提升穿戴者的肢体力量。外骨骼机器人的应用可以让有运动障碍的患者正常进行行走、搬运等动作，极大地改善了患者的生活质量，同时还可以有效改善患者的心理状态，缓解抑郁症等，让患者重拾生活的信心，大大提高其生活质量。

从系统控制的角度来说，外骨骼机器人与穿戴者并非相互独立，而是有着紧密的关系。在理想的状态下，外骨骼机器人需要在极短的时间内读取各种信号并准确地判断穿戴者的真实运动意图，然后基于先验信息及意图估计做出相应的决策。传统的物理传感信号控制策略相对比较成熟且具有很多的优点，近年在较多科研机构所研究的外骨骼机器人系统中被广泛采用。但由于该类传感信号具有一定的时滞性，传感器数量需求也较多，而外骨骼机器人的大部分目标穿戴者肢体缺乏力量，现有的控制手段难以实现自由行走等运动功能。相较于物理信号，脑电、肌电等介入式生物信号则可以使外骨骼机器人更迅速地对穿戴者的运动意图做出反应，近年来成为外骨骼机器人及其他穿戴式人机交互领域研究的热点。目前，国内外出现了一些可用于脊髓损伤患者康复训练的机器人系统，但是将脑电和肌电等生物信号与力、位置等物理反馈信号融合，以更好地对人机系统运动状态、运动趋势进行判定的研究尚未取得突破性成果，仍需要科研工作者加大力度进行研究。外骨骼机器人的应用如图 2—51 所示。

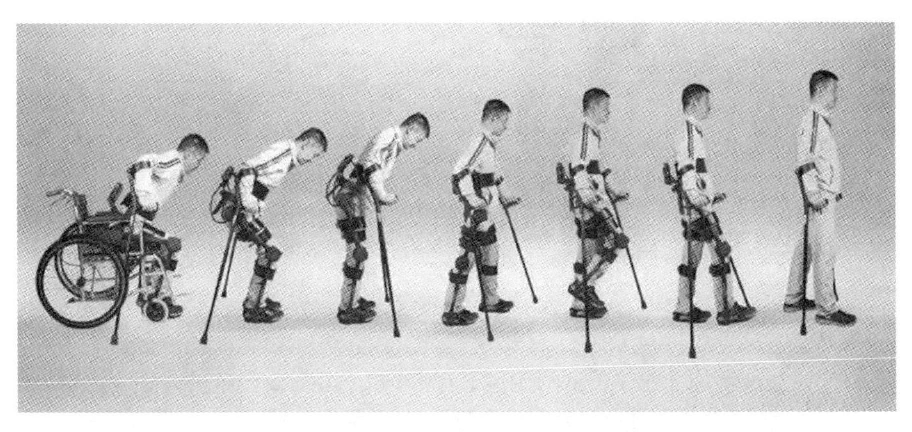

图 2—51　外骨骼机器人的应用

（2）外骨骼机器人的总体结构与控制原理

以能量辅助骨骼服 NAEIES 为例，其总体结构如图 2—52 所示，主要部件包括控制器、角度传感器、锂电池组、电动机驱动器、编码器及伺服电动机，辅助机械部件包括气弹簧、铝型材支架、背包等。其中，控制器为一个笔记本电脑，安装在铝型材支架上的包内，可以随时拆卸。背包支架由铝型材制成，除了可以安装控制器外，还可以承载背包及负载。电动机驱动器及电池（锂电池组）安装在支架下面、臀部后面。两个角度传感器安装在支架两侧，通过绑带和连杆与前臂相连，用于测量前臂的旋转角度。髋关节处不加驱动，但具有两个自由度：屈伸和外翻及内展。膝关节处有一个电动机，用于驱动膝关节旋转。大腿及小腿均由铝型材制成。在支架后部及小腿中部之间有一个气弹簧。踝关节处不加驱动，但是具有三个旋转自由度：屈伸、外翻及内展、旋转。

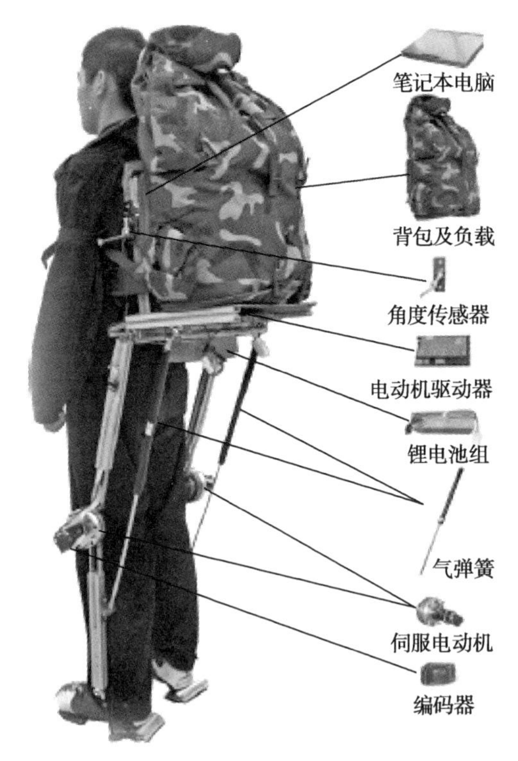

图 2—52 NAEIES 的总体结构

NAEIES 采用上肢控制下肢的工作原理，如图 2—53 所示。当穿戴者行走时，穿戴者前臂带动角度传感器旋转，角度传感器电压发生变化，电动机驱动器采集到这个信号，并通过 RS232 串行总线将这个信号传送到控制器中，控制器通过控制算法输出信号，控制膝关节电动机旋转。

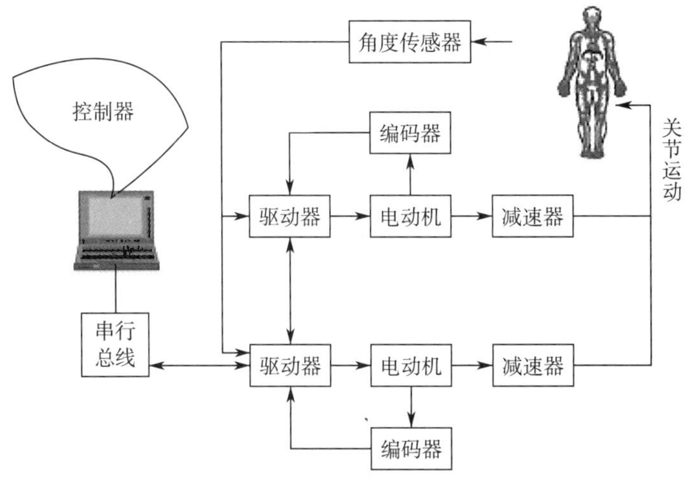

图 2—53　NAEIES 的工作原理

人在行走时，上臂和膝关节具有相似的运动轨迹，因此只要测量出上臂的运动，再控制外骨骼膝关节跟随上臂的运动就可以使外骨骼机器人和人同步行走。而髋关节的控制则通过一个巧妙的机械装置来实现。

NAEIES 的膝关节、髋关节和气弹簧及关节之间的连杆构成了一个五边形，如图 2—54 所示。

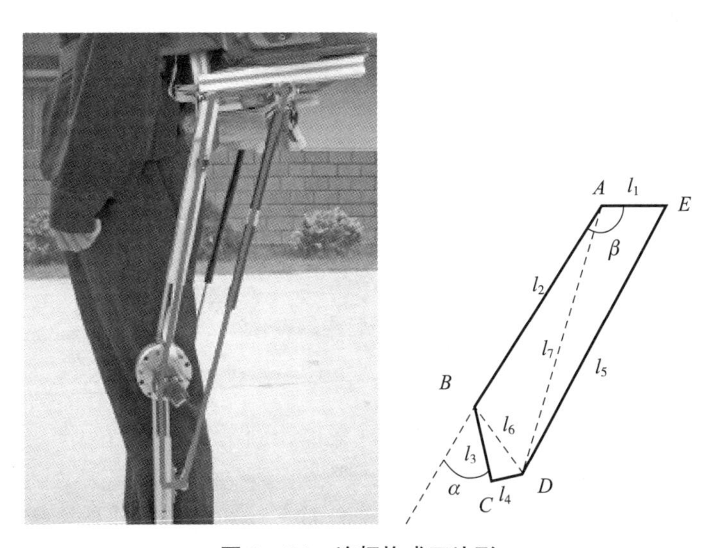

图 2—54　连杆构成五边形

在图2—54中，A 点表示髋关节；B 点表示膝关节；C、D、E 为辅助点，C 点不可以转动，D 点和 E 点处没有驱动，但是可以自由转动；AB 表示大腿连杆；BC 表示小腿连杆的上半部分；CD 为一个辅助连杆（BC 和 CD 是固定的垂直关系）；DE 表示气弹簧，气弹簧可以伸缩；EA 为辅助连杆。EA、AB、BC、CD、DE 的长度分别为 l_1、l_2、l_3、l_4、l_5，并定义 BD 和 AD 的长度分别为 l_6 和 l_7。

NAEIES的控制原理如图2—55所示。定义膝关节角度为 α，定义 AE 和 AB 之间的夹角为 β。初始状态如图2—55a所示，外骨骼机器人处于静止状态。当人抬腿走动时，受力如图2—55b所示，随着腿的抬起，α 增大，若 AE、AB 不运动，则由于 l_4 是固定的，就会对 DE 施加向上的力，由于 DE 是气弹簧，压缩会使其收缩并储存部分机械能，随着气弹簧收缩的增加，气弹簧储存的机械能也增加，而 A 点和 E 点可以自由转动，且 α 不受气弹簧的影响，则在气弹簧压力作用下整套装置就会绕 A 点和 E 点顺时针转动，如图2—55c所示。这样就实现了在控制外骨骼膝关节转动角度的同时控制外骨骼髋关节的转动。

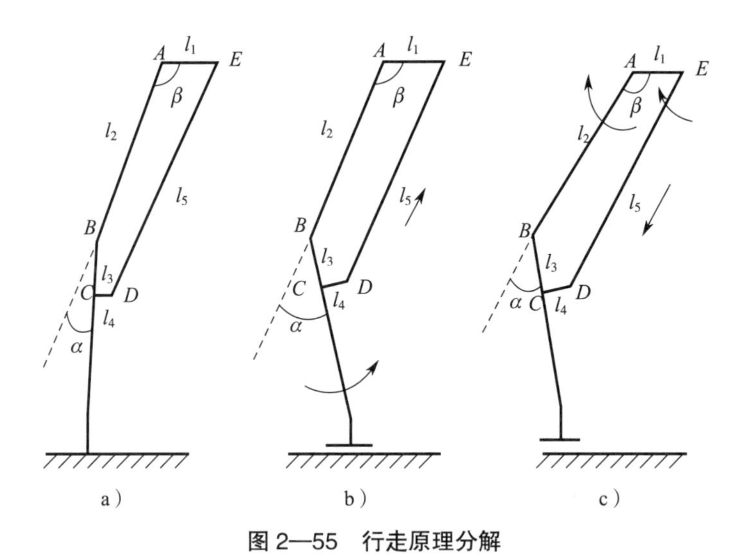

图2—55　行走原理分解

a）初始状态　b）行走时膝关节的运动　c）行走时髋关节的运动

气弹簧在实现髋关节旋转的同时，也起到了支撑负载的作用。如果没有气弹簧，因为髋关节处不加驱动，则背包等负载会绕髋关节产生一个旋转力矩，这个力矩就需要人来克服，会使人感到沉重，外骨骼也就失去了承载的目的。而有了合适的气弹簧，则可以使其在静止状态时就被负载压缩，产生反作用力撑起负载，在行走时这个压缩力又可以被释放，推动髋关节转动。

4. 血管介入手术机器人

血管介入手术是指医生在数字减影血管造影（DSA）系统的导引下，操控导管在人体血管内运动，对病灶进行治疗，达到溶解血栓、扩张狭窄血管等目的。与传统手术相比，血管介入手术无须开刀，具有出血少、创伤小、并发症少、安全可靠、术后恢复快等优点。但同时，该手术也存在明显的缺点：医生需要在射线环境下工作，长期操作对身体伤害很大；手术操作复杂、手术时间长，医生疲劳和操作不稳定等因素会直接影响手术质量。这些缺点限制了血管介入手术的广泛应用。机器人技术与血管介入技术的有机结合是解决上述问题的重要途径。

2002 年，Stereotaxis 公司和华盛顿大学医学院合作开发了基于磁力导航系统（见图 2—56）的血管介入手术机器人，该系统通过安装在手术台上的超导磁体产生磁场，控制导管前端磁体的运动，实现对导管前进及转向的控制。在对该磁力导航系统进行改进之后，2005 年，Stereotaxis 公司的血管介入手术机器人进行了首次人体临床试验，取得了较好的效果。

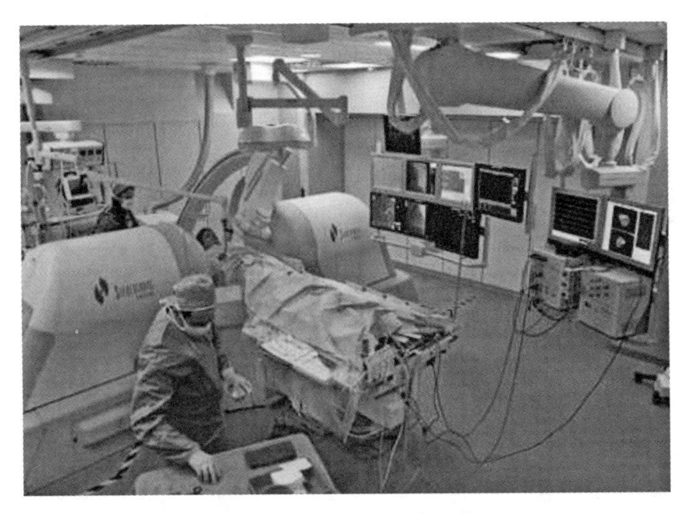

图 2—56　磁力导航系统

Hensan 公司研发的麦哲伦机器人系统（见图 2—57）被誉为血管介入手术领域的“达 · 芬奇”，该系统由布置在手术台一侧的 Artisan 引导管、远程导管操纵器（RCM）和在手术室外的 Sensei 控制台组成。该插管机构的位姿可以由一个机械臂进行调整，Sensei 控制台将三维操纵杆及控制按钮产生的控制信息发送给 RCM，从而控制 Artisan 引导管的姿态。同时，Sensei 控制台具备力反馈功能，主端操作的医生进行推进导管的操作时能够直观地感受到反馈力。

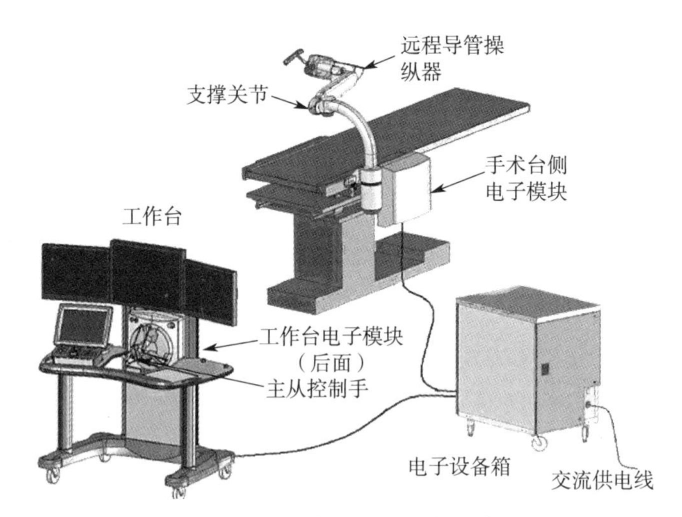

图 2—57 麦哲伦机器人系统

国内已经开始对血管介入手术机器人系统进行探索，但发展还不成熟。2007 年，哈尔滨工业大学与哈尔滨医科大学合作，在主动导管的机器人辅助插管系统上有比较深入的研究。他们研制出的血管介入手术机器人由形状记忆合金（SMA）、偏置弹簧、固定组件、硅胶管、导线组成。SMA 驱动器的导管结构如图 2—58 所示，整个驱动装置由硅胶管包裹。外部电源给 SMA 驱动器接通不同的电流加热，使整个结构装置呈现不同的位姿，借助外部导管的推送装置，实现导管在血管内部的推拉和旋转动作。

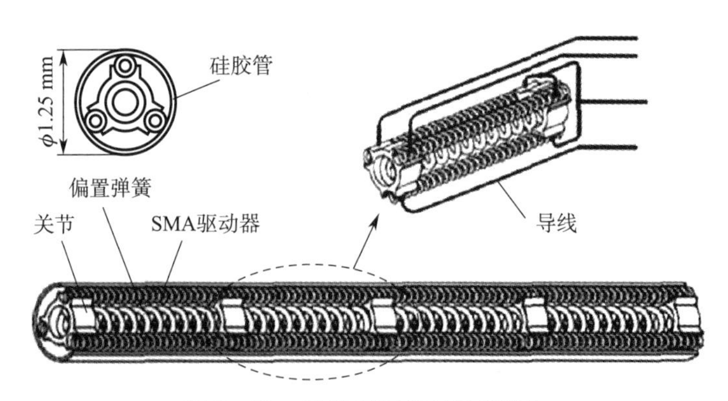

图 2—58 SMA 驱动器的导管结构

哈尔滨工业大学研发的血管介入手术机器人的导丝导管输送系统通过摩擦轮实现导丝直线位移，通过锥齿轮及直齿轮实现导丝导管的旋转运动，甚至可以通过设置合理的转速实现导丝导管同时前进和后退。导管前端引入了主动插管技术，可以通过主控制手改变导管前端的位姿，这样就可以实现导丝导管快速准确到达病灶部位。此外，主控制手还引入了力反馈功能，使整个手术过程的安全性得到保证。哈尔滨工业大学的血管介入手术系统如图 2—59 所示。

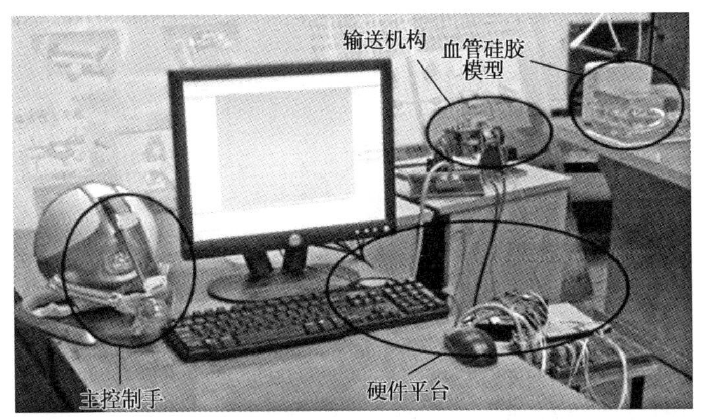

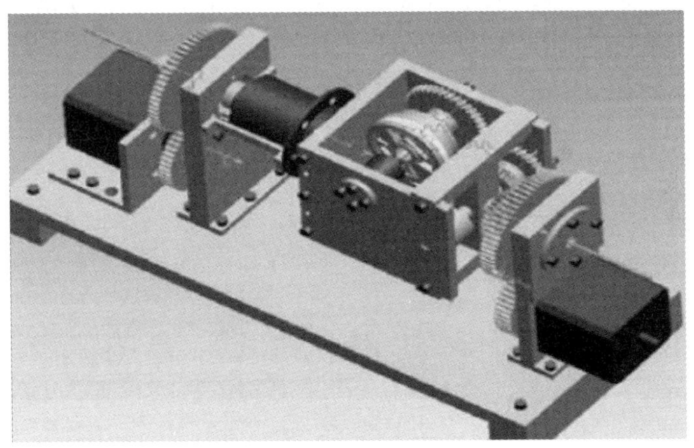

图 2—59　哈尔滨工业大学的血管介入手术系统

虽然国内外的许多公司、高校和研究机构对血管介入手术机器人及其关键技术做了深入的研究，但是现有的血管介入手术机器人系统还存在一定的问题。

一是部分机器人系统采用主动插管技术，而主动插管技术控制难度高，导管结构复杂，导致手术成本高，并且操作方式与以往的血管介入手术相比区别太大，可行性不高。

二是部分机器人系统的主操作器采用摇杆或者按钮的形式，与医生以往的手术习惯相去甚远，导致医生难以上手并且无法运用积累的手术经验。

三是部分机器人系统没有力反馈功能，医生只能凭借视觉反馈进行手术，手术风险较高。

四是具备力反馈功能的机器人系统的力反馈装置存在缺陷。有些系统采用机械力反馈，而机械力反馈存在延时长、惯性力大、机构体积大等缺点；有些系统采用电流变液阻尼器，而电流变液阻尼器需要很大的电流才能改变阻尼器的输出力矩。

基于以上缺点，上海大学也对血管介入手术做了深入研究，旨在突破手术机器人机构创新、实时主从控制系统、力反馈控制，以及机器人手术安全机制策略及虚拟手术培训等关键技术，建立面向血管介入手术过程的用于临床的机器人辅助手术系统，并试验、测试、评估、分析该系统，最终为医务人员及研究人员所使用。

该研究从人机工程学的角度出发设计血管介入手术机器人的机械结构，包括一个主操作器和一个从操作器，在确保驱动导管 / 导丝精度的同时，也要允许医生保留原有的手术习惯。完成硬件平台的搭建后，设计主从控制系统实现主操作器顺利精确采集手部动作信号，而从操作器能够通过上游传递过来的信号精确复现手部动作的遥操作，从而驱动导管 / 导丝在人体内顺利游走，并且完成多维度的运动精度检测实验。此外，为了使医生获得沉浸式的手术体验，该研究致力于设计基于磁流变液阻尼器的力反馈装置，使机器人系统初步具备力反馈功能，最终实现让医生在主动端根据视觉信息反馈和力反馈进行手术操作，从动端根据主动端采集到的医生手部动作信号来操作导管 / 导丝进行治疗。上海大学血管介入手术系统如图 2—60 所示。

随着世界范围内心血管疾病的患者人数逐年上升，对血管介入手术的需求也愈加迫切。研发一套易操作、可靠性高的沉浸式血管介入手术机器人对于缓解医生手术压力、保护医务人员远离辐射伤害、提高手术效率及推进临床手术智能化进程具有深远的意义。

5. 教育机器人

教育机器人是机器人应用于教育领域的代表，是人工智能、语音识别和仿生技术在教育中的典型应用。教育机器人以培养学生分析能力、创造能力和实践能力为目标。

（1）教育机器人的组成

教育机器人一般包括软件和硬件两大部分，其中软件部分主要为一个集成编程环境，用以进行教育机器人控制程序的设计；硬件部分包括模块化、系列化的基础构件、传动部件、动力部件、控制器、传感器等。图

2—61 所示是一种积木教育机器人的基本组成。机械本体就是机器人的身体，它决定了机器人能实施的物理动作；传感器用来收集周围的环境信

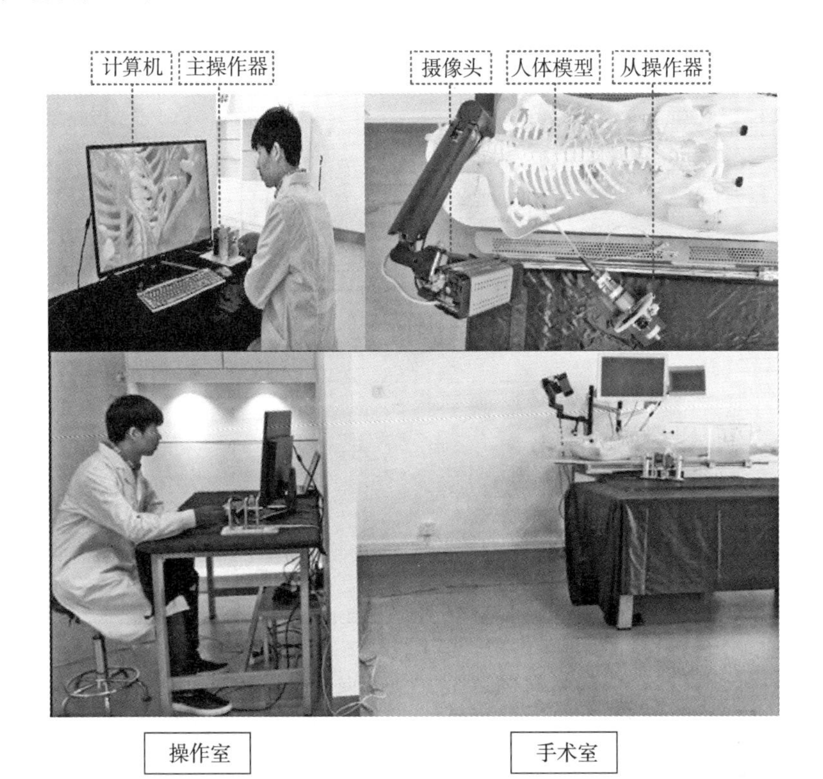

图 2—60　上海大学血管介入手术系统

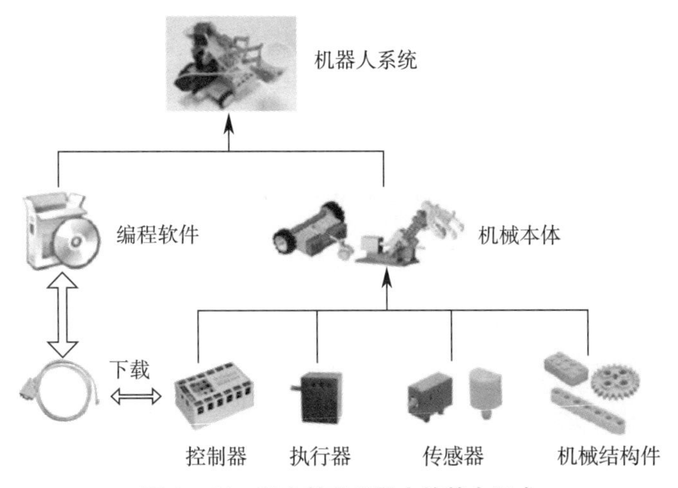

图 2—61　积木教育机器人的基本组成

息，是机器人获取信息的手段，控制软件会处理从传感器获取的信息，对其进行分析，进而对机器人的运行做出调整；控制器是机器人的大脑，把计算机上编制的程序下载到控制器中的单片机中，机器人可脱离计算机独立运行；执行器是机器人的反馈装置。

（2）教育机器人的主要研究方向

针对不同的人群要研发功能不同的教育机器人。总的来说，教育机器人的研究方向主要有七个，见表 2—2。

表 2—2 教育机器人的主要研究方向

外观	听觉能力	视觉能力	认人能力	口说能力	同理心与情绪侦测能力	长期互动能力
脸型 体型 移动方式 性别 体格特质	语者辨识 语音识别 语意理解	人脸侦测 人脸追踪 姿态辨识 手势辨识 物体辨识 物体追踪	RFID 语者辨识 人脸辨识 多模辨识	语音合成情绪 语音合成	情绪侦测 同理回应	长期记忆 持续行为 渐进行为

1）外观。外观是教育机器人设计的重要问题。特别是对于儿童而言，外观会影响儿童对机器人的好恶，不良的机器人外观会让儿童产生恐惧。

2）听觉能力。语音相关技术是教育机器人听觉能力的核心组件。教育机器人的语音技术多数是针对无噪声的背景环境，需要语音识别的应用场景较少，且其能够识别的词汇非常有限。

3）视觉能力。教育机器人的视觉能力依赖于视觉技术。视觉技术的基本做法是选取颜色、形状、纹路等特征，通过算法进行学习和辨识，搭配光流等技术做视频的连续追踪。

4）认人能力。教育机器人可通过语者辨识、人脸辨识、多模辨识等技术来提高认人能力。教育机器人若能够认出学习者并叫出学习者的姓名，往往能够获得学习者的好感和信任，从而激发学习者的学习兴趣和热情。

5）口说能力。教育机器人口说能力的关键技术是语音合成。目前主流的语音合成做法是串接合成法：从语料库中选取对应的单位音频，再将单位音频串接合成，辅以韵律参数调整声调、语气、停顿方式和发音长短，通过语音合成算法输出语音。

6）同理心与情绪侦测能力。教育机器人的同理心与情绪侦测能力能够使其对学习者的情绪状态做出响应，将学习者的认知情绪和情绪状态评估纳入其教学动机策略中，从而促使学习者积极投入、增强自信、提升学习兴趣、优化学习效果。

7）长期互动能力。教育机器人的长期互动能力包括长期记忆、持续行为和渐进行为三类。教育机器人的长期记忆能力可将学习者的互动行为记录下来并在适当时间反馈给学习者，通过长期互动等持续行为增强学习者与教育机器人的信任关系。结合数据勘探领域的个性化技术，教育机器人可以了解学习者的互动风格，进而调整与学习者的互动。

（3）教育机器人的应用情境

教育机器人的应用情境涉及人群和场域两方面，前者涵盖婴幼儿、K12（学前教育至高中教育的缩写）学生、大学生、在职人员、老人等群体，后者包括个人、家庭、教室、培训机构、工作场所、公共场所等。根据应用情境，教育机器人可分为以下几类：

1）主要应用于大学和家庭场域中的教育机器人，如智能玩具、儿童娱乐教育同伴、家庭智能助理等；

2）应用于公共场所的教育机器人，如安全教育机器人；

3）应用于专业场域的教育机器人，如工业制造培训机器人、手术医疗培训机器人、复健照护机器人等；

4）部分产品还处于概念性阶段，虽然已明确定义了需求的应用情境，但尚未得到市场的验证，如课堂教育机器人和机器人教师。

教育机器人的应用情况见表 2—3。

表 2—3 教育机器人的应用情况

分类	产品类型	说明	产品案例
I	智能玩具	是一种可随身携带且拥有智能的玩具。在满足儿童玩乐需求的基础上增加了教学设计，“寓教于乐”地引导儿童学习生活、语言、社交等知识	Leo、Dash-Dot
	儿童娱乐教育同伴	针对 0~12 岁儿童设计的同伴机器人。主要在家庭中陪伴儿童学习，达到寓教于乐的效果	爱乐优、Kibot-2
	家庭智能助理	实体化为家庭智能助理的机器人可为个人解决家庭生活问题，提供相关服务。应用在教育上，可作为个性化学习服务的助理	Jibo、Buddy、Pepper

续表

分类	产品类型	说明	产品案例
Ⅰ	远程控制机器人	使用者可通过远程控制机器人异地参与教或学的活动	Engkey、VGo
	STEAM教具	STEAM是指科学、技术、工程、艺术、数学多学科融合的综合教学方法，STEAM教具是指根据STEAM教学方法设计的教学工具	mBot、LEGO、Mindstorms、EV3
	特殊教育机器人	为特殊使用者设计的教育机器人	Milo、Ask Nao
Ⅱ	安全教育机器人	通过角色扮演，利用机器人传递安全教育的知识	Robotronics
Ⅲ	工业制造培训机器人	通过对企业专业人员的培训，满足生产线的需求	Baxter
	手术医疗培训机器人	培训医疗专业的工作人员，增强其对机器人手术的熟悉感	达·芬奇手术系统
	复健照护机器人	陪伴老年人的专用机器人，具备娱乐、脑力训练、康复教学等各方面复健照护的功能	ZoraBot、Sil-bot
Ⅳ	课堂机器人助教	协助教师完成课堂辅助性或重复性工作	网龙华渔的未来教师
	机器人教师	扮演教师角色，根据不同的教学情境独立完成一门课程的教学，达到教学效果	日本东京理科大师Saya教师

6. 智能无人机

随着智能化、小型化技术的发展，无人机得到越来越广泛的应用，无人机集群因其较高的作战效能也越来越受到重视。

（1）无人机

无人机（UAV）诞生于第一次世界大战期间，以1916年美国的斯佩里和劳伦斯进行首次无人机飞行为标志事件，至今已有一百多年的发展历史，已广泛应用于民用和军事领域。

无人机先后经历了三个发展阶段，包括第一次世界大战的萌芽期，20

世纪80年代以色列首创无人机和有人机协同作战而使各国重视无人机研究的发展期，以及当前的蓬勃期。比较著名的相关企业有中国的深圳市大疆创新科技有限公司和美国的3D Robotics公司。

让一组具备部分自主能力的无人机系统通过有人/无人操作装置的辅助，在一名高级操作员的监控下，完成作战任务的过程称为无人机集群（见图2—62）作战，其目的是采用模拟群聚生物的协作行为与信息共享，形成自主智能整体以完成作战任务。

图2—62　无人机集群

随着人工智能技术和载荷技术的发展，各国越来越重视对无人机集群作战的研究和应用，尤其在复杂战场环境下，采用无人机集群作战已成为主流作战样式。

（2）无人机集群C2智能系统

无人机集群C2智能系统在功能组成上包括指挥控制、任务规划、综合保障三类功能，图2—63列出了与无人机集群紧密相关的功能。

1）指挥控制。指挥控制功能具体包括态势综合、集群作战装订参数管理、无人机集群监控，以及文书指挥、作战监控等功能。其中，集群作战装订参数管理是指对目标作战预案进行统一管理，方便战时快速筛选和匹配；无人机集群监控是指战时对无人机集群重要工作状态和任务执行结果进行监控，适时调整任务分工并下达作战指令。

2）任务规划。任务规划功能具体包括投送规划、集群规划和方案推演评估。投送规划是在无人机集群进行信息作战之前将无人机集群投送到指定空域的规划，无人机搭载方式、投送方式、飞行方式不一样，投送规划也不一样；集群规划是规划无人机集群信息作战的方式、方法；方案推演评估是对投送规划和集群规划过程进行推演，从而评估和调整方案。

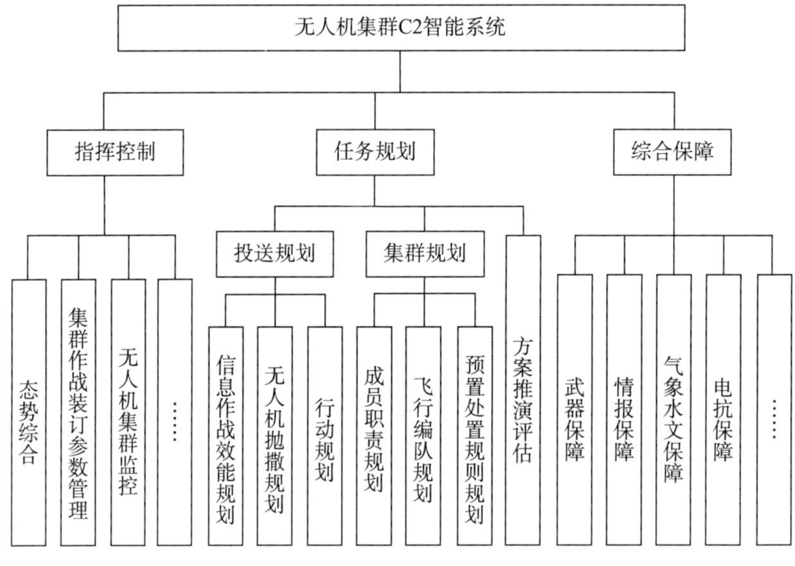

图 2—63　无人机集群 C2 智能系统的功能组成

3）综合保障。综合保障功能具体包括武器保障、情报保障、气象水文保障、电抗保障等。其中，武器保障主要为无人机提供测试和维护；情报保障主要处理无人机反馈的各类侦察信息，并进行相关情报保障工作；气象水文保障主要提供无人机搭载飞行途中和抛撒空域的气象、水文方面的作战保障。

无人机集群 C2 智能系统对外与通信系统进行目标初始信息和控制指令信息的交互，与抛撒器进行投送规划成果、集群规划成果、控制指令等信息的交互。无人机集群 C2 智能系统的信息交互关系如图 2—64 所示。

无人机集群作战时的交互信息非常多，而且还随时间的变化而变化，因此需要对信息进行分级分类，有区别地进行信息交互。无人机集群作战信息分为两种，即内部信息和外部信息。内部信息是指描述无人机集群内部交互的信息，如无人机飞行状态、无人机侦察识别、集群控制指令等信息；外部信息是指描述无人机集群通过通信系统与地面指挥所之间交互的信息，如作战指令、目标指示、打击效果等信息。在作战过程中，已预先装订、变化极慢的信息无须交互，对作战结果影响较大、变化较快的状态和参数则需要及时交互，如目标变化和集群自身状态变化的信息。无人机集群作战交互信息的分级见表 2—4。

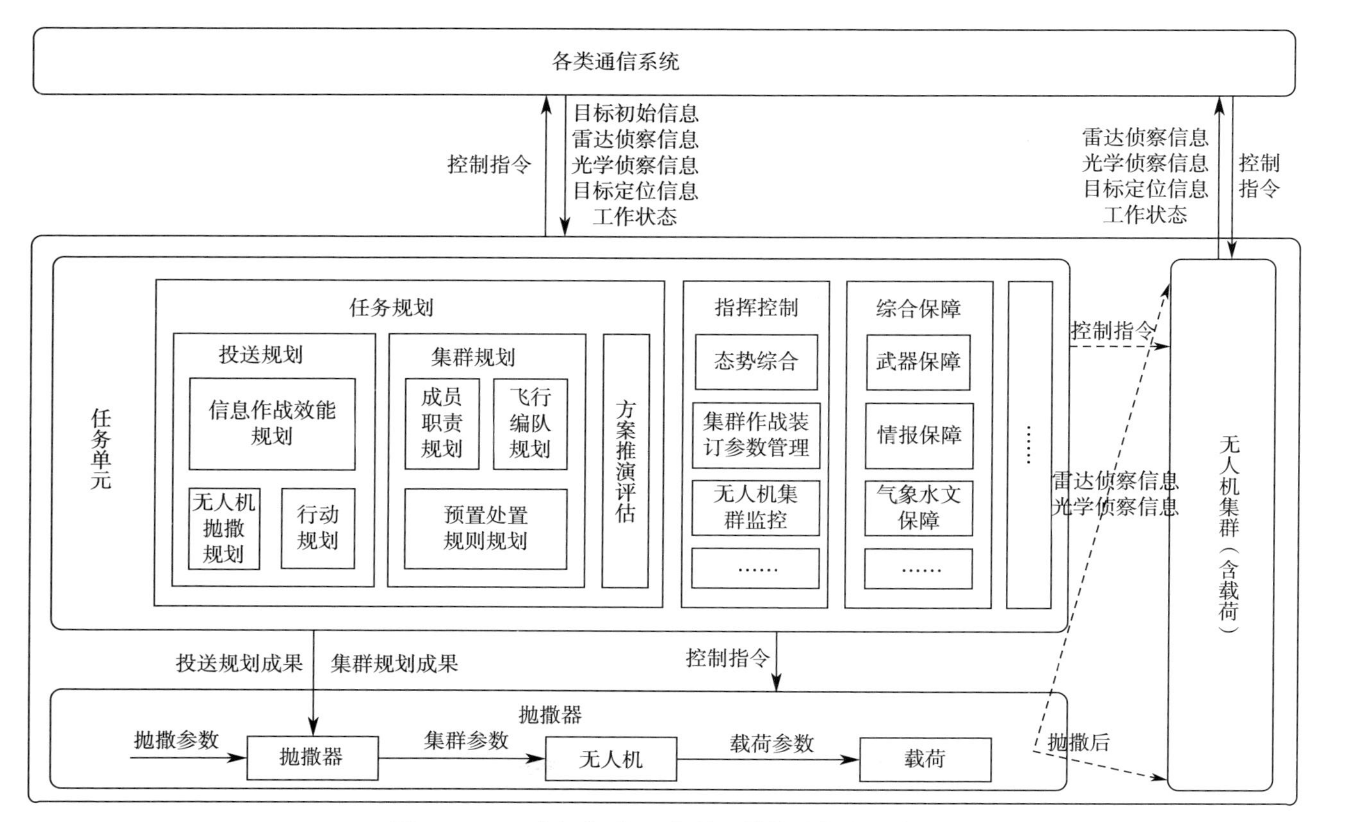

图 2—64 无人机集群 C2 智能系统的信息交互关系

表 2—4 无人机集群作战交互信息的分级

分级	信息名称	内外部分类	交互方向
S1	目标身份及状态变化信息	内部、外部	无人机集群→地面指挥所
S2	目标动态指示信息	内部、外部	无人机集群→地面指挥所
S3	高等级告警信息	内部、外部	无人机集群→地面指挥所
S4	作战命令等决策结果信息	外部	地面指挥所→无人机集群
S5	无人机状态变化信息	内部	—
S6	简要打击效果评估信息	外部	无人机集群→地面指挥所

S1——目标身份及状态变化信息，既包括目标身份信息，又包括目标正常、被击毁、消失等状态变化信息。

S2——目标动态指示信息，包括形状、位置、速度、电磁特征等信息。

S3——高等级告警信息，如重大威胁信息，可提高整体生存能力。

S4——作战命令等决策结果信息，如变更打击目标及明确的干扰频率、干扰方式等，实现无人机之间的协同作战。

S5——无人机状态变化信息，提示集群工作状态。

S6——简要打击效果评估信息，影响后续打击决策。

无人机集群作战交互信息的等级从 S1 到 S6 越来越低。系统在信息交互过程中建立交互信息处理堆栈，优先处理信息等级高的信息堆栈。对于相同等级的信息堆栈，在信息进栈时，需要对信息进行比对处理：如果出现相同对象的相同信息，则不做处理，信息抛弃；如果出现相同对象的不同信息，则该对象最新信息进栈，旧有信息从堆栈中移除。

第三章　人工智能的应用——智慧城市

3.1　智 能 交 通

3.1.1　智能交通的发展

1. 智能交通的发展现状

2012 年前，主流的机器学习都是浅层学习。2012 年后，一些大的国际互联网公司如谷歌、Facebook 等投入大量研发资金，使深度学习从理论到应用有了非常快速的发展。2014 年，即使有很大的遮挡干扰，计算机也可以仅通过一幅图片就检测和识别出里边的人、马、狗等。这在 2012 年以前还是一件很困难的事，如今借助深度学习就能很容易实现。这为人工智能在交通领域，尤其是车辆等交通参与者的身份识别应用方面打下了坚实的基础。交通卡口的大规模联网形成了海量的车辆通行记录信息，利用人工智能技术可实时提取车辆号牌、品牌、颜色、车速、系安全带情况，以及路段的过车数量、排队长度等信息，分析城市交通流量的组成和变化规律，预测交通流状态变化，调整红绿灯间隔，提升城市道路的通行效率。人工智能被广泛应用于交通领域的大数据平台，进行数据提取、清洗、筛选、处理、分析。在大数据和云计算的基础上，人工智能在机器视觉、自然语言处理、时间序列预测、博弈、智能控制等方面的精度和计算能力不断提高，智能交通领域也出现了越来越多的人工智能应用，如历史交通数据分析、交通态势研判、交通流状态预测、智能交通信号控制、道路标志标线识别、行人识别等，推动了自动驾驶技术、城市交通管理系统、车牌识别及电子收费系统等集成技术的飞速发展。

（1）自动驾驶技术

在自动驾驶（无人驾驶）技术方面，有两种不同的发展路线：第一种是“渐进演化”的路线，即逐渐新增一些汽车自动驾驶功能，特斯拉、宝马、奥迪、福特等车企均采用此种方式，这种方式主要利用传感器，通过车车通信、车云通信实现路况分析；第二种是完全“革命性”的路线，即一开始的目标就是研发彻彻底底的自动驾驶汽车，谷歌和福特公司正在一些结构化的环境里测试自动驾驶汽车，这种路线主要依靠车载激光雷达、计算机和控制系统实现自动驾驶。

2014 年，谷歌公司 Google X 实验室研发的全自动驾驶汽车实现了不需要驾驶员就能启动、行驶及停止。后来，Alphabet 公司（谷歌母公司）旗下的自动驾驶汽车公司 Waymo 于 2017 年 11 月宣布开始在驾驶座不配置安全驾驶员的情况下测试自动驾驶汽车。至 2018 年 7 月，Waymo 已经完成了一亿两千多万公里的公共路面无人驾驶测试。

除了在实际公共路面进行无人驾驶测试以外，Waymo 还利用基于人工智能的无人驾驶系统进行虚拟测试。在过去 9 年中，Waymo 进行的虚拟道路无人驾驶测试总里程已经超过了 80 亿公里。目前，Waymo 已经在美国凤凰城启动了无人驾驶服务，当地大约 400 名居民获得了参与无人驾驶服务测试的资格，其可通过手机端应用呼叫 Waymo 无人驾驶汽车提供接送服务。

2014 年，苹果宣布启动泰坦计划，进行无人驾驶技术的研发。2015 年，特斯拉正式启用了一款驾驶辅助系统 AutoPilot，并开始利用影子模式功能收集大量真实的路况数据。2016 年，特斯拉又发布 AutoPilot2.0，其采用了 NVIDIA 的 Drive PX2 处理系统，可以实现常见道路的全自动驾驶。2015 年 12 月，Uber（优步）宣布与卡内基梅隆大学合作，在美国匹兹堡建立 Uber 高级技术中心，该中心的项目包括无人驾驶汽车的研发与设计及各种汽车安全技术。此外，Uber 还买下自动驾驶卡车公司 OTTO，进行自动驾驶货车的研发。2016 年，东南亚最大的打车软件公司 Grab 宣布与新加坡无人驾驶技术公司 nuTonomy 合作，公开测试其无人驾驶汽车。2016 年，通用汽车公司收购了旧金山的初创公司 Cruise，计划将配置 Cruise 激光雷达技术的纯电动自动驾驶雪佛兰 Bolt 进行商业化，并计划于 2019 年在多个密集城市环境中推出全自动驾驶出租车。2017 年 1 月的国际消费电子展上，奔驰宣布与 NVIDIA 共同开发 AI 汽车。同年 3 月，博世与 NVIDIA 达成合作，共同开发基于 AI 技术、可大规模量产的自动驾驶平台产品，博世推出了基于 NVIDIA Xavier 的人工智能计算平台，其每秒可进行 30 万亿次深度学习运算；4 月，戴姆勒和博世宣布结盟，共同研发适用于自动驾驶车辆系统的软件和算法，目标是在 2020 年年初推出适用于城市道路的 L4 级、L5 级无人驾驶系统。根据协议，NVIDIA 将与戴姆勒、博世共同开发 L4 级、L5 级无人驾驶汽车，NVIDIA 将提供由高性能 AI 汽车处理器驱动的计算平台，戴姆勒和博世将利用 NVIDIA 的硬件和系统软件在该计算平台上开发自己的应用程序和算法。

要实现真正的自动驾驶，需要一套通用的、多冗余、达到安全操作级别的系统架构，而且对 ECU（电子控制单元）的性能要求不低。对于雷达、摄像头、激光雷达等多种传感器获取的数据，处理系统需要在很短的时间内进行获取、处理、分析并做出相应的决策。以博世的一个摄像头为例，汽车行驶 1 公里就会产生 100 GB 的数据，目前其 ECU 在 20 毫秒内即可完成数据计算并规划好车辆的下一行驶路径。

在自动驾驶处理系统方面，目前 Mobileye 于 2016 年发布的 EyeQ4 系统处理能力为每秒 2.5 万亿次浮点运算，可同时处理多达 8 个摄像头的数据。英伟达的 Drive PX2 则配备了两个英伟达 Tegra Parker 处理器，每个处理器的计算能力为每秒 1.5 万亿次浮点运算，还包括两个 GP100 Pascal GPU，每个 GPU（图形处理器）的计算能力更是高达每秒 21 万亿次浮点运算，能够处理 12 路视频摄像头、激光雷达、雷达和超声波传感器的数据。

我国是从 20 世纪 80 年代开始进行无人驾驶汽车研发的。2005 年，上海交通大学成功研制首辆城市无人驾驶汽车。随着无人驾驶技术的不断发展，百度、腾讯、滴滴、蔚来等企业也纷纷在无人驾驶领域重点发力，但目前市场整体仍处于探索期。腾讯、滴滴、百度、蔚来等公司已经获得北京市自动驾驶车辆道路测试资格。百度目前的测试车辆为 25 辆，滴滴为 2 辆，腾讯、蔚来为 1 辆。

百度无人驾驶汽车项目于 2013 年起步，由百度研究院主导研发，2017 年百度宣布和金龙汽车合作生产一款无人驾驶小巴车。同年，驭势科技（2016 年国内成立）发布首辆无人驾驶电动车。2016 年，Momenta 在国内成立，它是世界顶尖的自动驾驶公司，其核心技术是基于深度学习的环境感知、高精度地图、驾驶决策算法，提出了图像识别领域最先进的框架 Faster R-CNN 和 ResNet。2017 年，滴滴宣布在硅谷成立美国研究院，重点发展大数据安全和智能驾驶两大核心领域。

在未来二三十年中，自动驾驶汽车将改变人类驾驶习惯、改变运输行业，对社会产生广泛影响。有市场调研公司预测，到 2030 年，道路上四分之一的汽车将会是自动驾驶汽车。

（2）城市交通管理系统

2017 年，阿里巴巴集团宣布启动“城市交通大脑”项目。城市级的人工智能大脑实时掌握着通行车辆的轨迹信息、停车场的车辆信息及小区的停车信息，能提前半小时预测交通流量变化和停车位数量变化，合理调配资源、疏导交通，实现机场、火车站、汽车站、商圈的大规模交通联动调度，提升整个城市的运行效率，为居民的出行畅通提供保障。阿里云 ET

城市大脑是目前全球最大规模的人工智能公共系统，可以对整个城市进行全局实时分析，目前ET城市大脑已经在杭州、苏州等地落地。滴滴在2017年12月21日宣布完成新一轮美元股权融资的时候就曾表示，这笔融资将会用到人工智能交通技术上。获40亿美元融资后一个多月，滴滴无人驾驶测试车首次曝光。2018年1月26日，继滴滴研究院、滴滴美国研究院之后，滴滴宣布成立人工智能实验室，以加大人工智能前瞻性基础研究，吸引顶尖科研人才，加快推进全球智能交通前沿技术发展。

2017年11月15日，科技部召开新一代人工智能发展规划暨重大科技项目启动会，标志着新一代人工智能发展规划和重大科技项目进入全面启动实施阶段。

会议宣布首批国家新一代人工智能开放创新平台名单：

1）依托百度公司建设自动驾驶国家新一代人工智能开放创新平台；

2）依托阿里云公司建设城市大脑国家新一代人工智能开放创新平台；

3）依托腾讯公司建设医疗影像国家新一代人工智能开放创新平台；

4）依托科大讯飞公司建设智能语音国家新一代人工智能开放创新平台。

会议还宣布成立新一代人工智能发展规划推进办公室、新一代人工智能战略咨询委员会。至此，我国人工智能应用发展方向基本确立，自动驾驶成为人工智能在交通领域的主要应用方向，车辆/行人检测与感知、移动支付、车辆控制等人工智能应用也是为自动驾驶的最终实现而服务的。

2. 智能交通的发展意义

据世界卫生组织统计，全球每年约有124万人死于交通事故，这一数字在2030年可能达到220万人。无人驾驶汽车可以大幅降低交通事故数量，挽救数百万人的生命。据推算，如果美国公路上90%的汽车变成无人驾驶汽车，车祸数量将从600万起降至130万起，死亡人数将从3.3万人降至1.13万人。在过去6年间，谷歌无人驾驶汽车已经行驶了300多万公里，只发生过16起交通意外，且从未引发致命事件（直到2018年3月，Uber无人驾驶汽车首次导致1起致命事件）。

杭州城市大脑接管了杭州128个信号灯路口，试点区域通行时间减少15.3%，高架道路出行时间节省4.6分钟。在主城区，城市大脑日均事件报警500次以上，准确率达92%；在萧山，120救护车到达现场的时间缩短了一半。

随着人工智能和实体经济的融合加深，人类生活将发生越来越多的变化。基于人工智能发展智能交通，对改善我国交通拥堵现状、提升交通管理水平、减少尾气排放、推动汽车产业发展、提高交通出行服务水平等都具有重要意义。

3.1.2 智能交通的应用与分析

1. 自动驾驶技术

自动驾驶汽车依靠人工智能、视觉计算、雷达、监控装置和全球定位系统协同合作，是一个集环境感知、规划决策、多等级辅助驾驶等功能于一体的综合系统，是典型的高新技术综合体。这种汽车能和人一样“思考”“判断”“行走”，其计算机可以在没有任何人主动操作的情况下自动安全地“驾驶”机动车辆。

车辆实现自动驾驶必须经由三大环节。一是感知，也就是让车辆获取信息，不同的系统需要由不同类型的车用传感器，包括传统雷达（毫米波雷达、超声波雷达、红外雷达、雷射雷达）、CCD/CMOS（电荷耦合器件/互补金属氧化物半导体）影像传感器、激光雷达等来收集整车的工作状态及参数变化情况。二是处理，也就是对传感器所收集到的信息进行分析处理，然后再向控制装置输出控制信号。三是执行，也就是汽车依据ECU输出的信号完成动作执行。上述每一个环节都离不开人工智能技术。自动驾驶技术的软硬件主要包括传感器、高精度地图、V2X、人工智能算法，传感器识别、数据处理等环节都应用了强大的人工智能技术。

（1）自动驾驶技术的软硬件

1）传感器。传感器相当于自动驾驶汽车的眼睛。通过传感器，自动驾驶汽车能够识别道路、其他车辆、行人、障碍物和基础交通设施。按照不同的自动驾驶技术路线，传感器可分为激光雷达、传统雷达和摄像头两种。

①激光雷达。激光雷达是目前采用比例最大的设备，谷歌、百度、Uber等公司的自动驾驶技术都依赖于它。这种设备被架在汽车的车顶上，能够用激光脉冲对周围环境进行距离检测，并结合软件绘制3D图，从而为自动驾驶汽车提供足够多的环境信息。激光雷达具有准确快速的识别能力，唯一的缺点是造价高昂（平均价格为8万美元一台），这导致量产汽车难以使用该技术。

②传统雷达和摄像头。由于激光雷达的价格高昂，走实用性技术路线的车企纷纷以传统雷达和摄像头作为替代方案。例如，著名电动汽车生产企业特斯拉采用的就是雷达和单目摄像头。其硬件原理与目前车载的ACC（自适应巡航控制）系统类似，依靠覆盖汽车周围360°视角的摄像头及前置雷达来识别三维空间信息，从而确保交通工具之间不会互相碰撞。虽然这种传感器方案成本较低、易于量产，但对摄像头的识别能力有很高的要求。采用单目摄像头需要建立并不断维护庞大的样本特征数据库，如果缺乏待识别目标的特征数据，就会导致系统无法识别及测距，很容易导致事

故的发生。而双目摄像头可直接对前方景物进行测距，但缺点在于计算量大，对计算单元的性能有很高的要求。

2）高精度地图。自动驾驶技术对车道、车距、路障等信息的依赖程度很高，需要精确的位置信息，这是自动驾驶车辆对环境理解的基础。随着自动驾驶技术不断进化升级，为了保障决策的安全性，定位需要达到厘米级的精确程度。如果说传感器向自动驾驶汽车提供了直观的环境信息，那么高精度地图则可以通过准确定位将车辆准确地还原在动态变化的立体交通环境中。

3）V2X。V2X 指的是车辆与周围移动交通控制系统实现交互的技术。X 可以是车辆，可以是红绿灯等交通设施，也可以是云端数据库。V2X 的最终目的是帮助自动驾驶汽车掌握实时驾驶信息和路况信息，结合车辆工程算法做出决策。它是自动驾驶汽车迈向完全自动驾驶阶段的关键。

4）人工智能算法。人工智能算法是支撑自动驾驶技术最关键的部分，目前主流的自动驾驶汽车公司都采用机器学习与人工智能算法来实现自动驾驶。海量数据是机器学习与人工智能算法的基础，其来源于传感器、高精度地图和 V2X 所获得的数据，以及收集到的驾驶行为、驾驶经验、驾驶规则、案例和周边环境的数据。不断优化的人工智能算法能够识别并最终规划路线、操纵驾驶。

（2）自动驾驶技术的分级

按照 SAE（美国汽车工程师协会）的分级，自动驾驶技术共分为驾驶员辅助、部分自动驾驶、有条件自动驾驶、高度自动驾驶、完全自动驾驶五个层级。

1）第一层级：驾驶员辅助。这一层级的自动驾驶技术主要是为驾驶员提供协助，包括提供重要或有益的驾驶相关信息，以及在形势开始变得危急的时候发出明确而简洁的警告。自适应巡航控制这类功能是高级驾驶员辅助系统的示例，都被认为是第一层级的自动驾驶技术。现阶段，大部分高级驾驶员辅助系统都能让车辆通过摄像头、雷达传感器获知周围交通状况，实现感知和干预操作，如防抱死制动系统（ABS）、电子稳定性控制（ESC）系统、车道偏离警告系统、正面碰撞警告系统、盲点信息系统等。

2）第二层级：部分自动驾驶。此层级的车辆可通过摄像头、雷达传感器、激光传感器等设备获取道路及周边交通信息，会自行对方向盘和加减速中的多项操作提供驾驶支援，在驾驶员收到警告却未能及时采取相应行动时能够自动进行干预，而其他操作则交由驾驶员进行，实现人机共驾，但不允许驾驶员的双手脱离方向盘。部分自动驾驶技术包括自适应巡航控制系统、车道保持辅助系统、自动紧急制动系统、车道偏离预警系统等。

3）第三层级：有条件自动驾驶。有条件自动驾驶由自动驾驶系统完成驾驶操作，但根据路况条件，必要时会发出系统请求，必须交由驾驶员驾驶。

4）第四层级：高度自动驾驶。高度自动驾驶由自动驾驶系统完成所有的驾驶操作。一旦出现自动驾驶系统无法应对的情形，车辆也可以自行调整完成自动驾驶，驾驶员不需要干涉。

5）第五层级：完全自动驾驶。完全自动驾驶是自动驾驶的理想形态。乘客只需提供目的地，无论任何路况、任何天气，完全自动驾驶汽车均能够实现自动驾驶。此层级的汽车甚至可能没有方向盘，并且座椅可以不面向前方，允许乘客在行驶过程中从事工作、休息、睡眠、娱乐等活动，在任何时候都不需要对车辆进行监控。

第四层级和第五层级都可提供基本完全的自动驾驶，两者之间的区别在于：第四层级驾驶只限于主要高速公路和智慧城市这样具有地理缓冲的区域，因为其重度依赖路边的基础设施来维持自身所在位置的毫米级精度画面。

随着自动驾驶级别的提升，数据处理能力应迅速提升。根据经验，自动驾驶技术从一个级别到下一个级别的数据处理量将增加 10 倍。第四层级和第五层级的自动驾驶将需要八个摄像头和数十万亿次浮点运算的处理量，车上的雷达数量可能多达 10 台以上。

（3）人工智能在自动驾驶技术中的应用

1）人工智能在自动驾驶环境感知中的应用。传感器主要用来识别车道线、停止线、交通信号灯、交通标志牌、行人、车辆等。自动驾驶汽车通过雷达等收集到数据时，对原始数据要进行预处理，如基于深度学习算法计算均值，并对均值做均值标准化处理、对原始数据做主成分分析等。例如，将激光传感器收集到的时间数据转换为车与物体之间的距离；将车载摄像头拍摄到的照片信息转换为对路障的判断、对红绿灯的判断、对行人的判断等；将雷达探测到的数据转换为各个物体之间的距离。除了数据处理外，数据的运算速度也非常重要。以一个摄像头为例，汽车行驶 1 公里就会产生 100 GB 的数据，而对于自动驾驶决策来说，完成数据计算并且规划车辆下一行驶路径需要在毫秒级范围内完成，这对图像识别、数据处理等都提出了非常高的要求。当前，基于人工智能的图像识别、数据处理等算法被嵌入处理系统，一个处理系统能够同时处理 12 路视频摄像头、激光雷达、雷达和超声波传感器的数据。

将深度学习应用于自动驾驶汽车主要包含以下步骤：

①准备数据，对数据进行预处理，再选用合适的数据结构存储训练数据和测试元组；

②输入大量数据，对第一层进行无监督学习；

③通过第一层对数据进行聚类，将相近的数据划分为同一类，随机进行判断；

④运用监督学习调整第二层中各个节点的阈值，提高第二层数据输入的正确性；

⑤用大量的数据对每一层网络进行无监督学习，并且每次只用无监督学习训练一层，将其训练结果作为更高一层的输入；

⑥输入之后，用监督学习去调整所有层。

2）人工智能在自动驾驶控制决策中的应用。驾驶员认知靠大脑，自动驾驶汽车的大脑则是基于人工智能模块的计算机系统。该系统除了通过人工智能算法构建障碍物模块、交通标线识别模块、交通信号灯识别模块、位姿感知模块、车身信息感知模块以实现感知外，还需要通过历史数据训练建立训练模型，形成驾驶环境建模模块、驾驶行为规划模块、驾驶路径规划模块、驾驶地图模块、人机交互模块，不断提高自动驾驶汽车的认知水平，并建立横向控制模块和纵向控制模块及车身电子控制模块，实现对车辆行为、状态的控制。

3）人工智能在自动驾驶信息共享中的应用。首先，人工智能利用无线网络进行车与车之间的信息共享。通过专用通道，一辆汽车可以把位置、路况实时分享给其他汽车，以便其他汽车的自动驾驶系统在收到信息后做出相应调整。其次，人工智能可以实现3D路况感应，车辆将结合超声波传感器、摄像机、雷达和激光测距等技术，检测出前方约5米内的地形地貌，判断前方是柏油路还是碎石、草地、沙滩等，根据地形自动改变汽车设置。最后，人工智能还能使汽车实现自动变速，汽车一旦探测到地形发生改变便可以自动减速，路面恢复正常后再回到原先的状态。汽车信息共享所收集到的交通信息量将非常巨大，如果不对这些数据进行有效处理和利用，就会迅速被湮没。考虑到车辆行驶过程中需要依赖的信息具有很大的时间和空间关联性，有些信息需要进行非常及时的处理，因此需要采用数据挖掘、人工智能等方式提取有效信息，同时过滤掉无用信息。

自动驾驶车载软件系统架构如图3—1所示。

关于自动驾驶，“3.3智能汽车”中将做进一步的介绍。

2. 交通要素检测与感知

（1）车辆身份识别与比对

目前在智能交通领域，人工智能及深度学习比较成熟的应用为车牌识

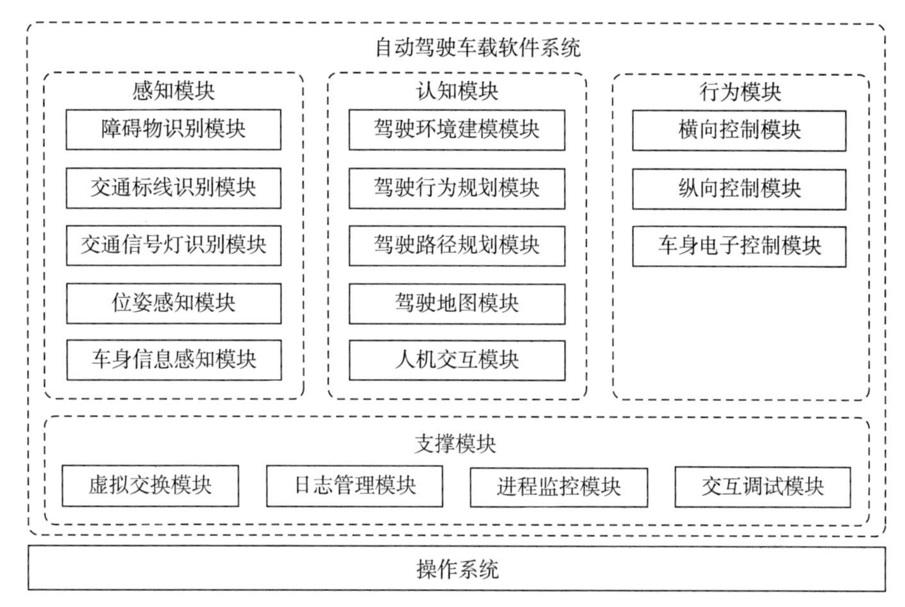

图 3—1　自动驾驶车载软件系统架构

别算法。虽然目前很多厂商公布的车牌识别率已经达到了 99%，但这只能在标准卡口的视频条件和一些预设条件下达到。在针对很多简易卡口和卡口图片进行车牌定位识别时，车牌识别率很难达到 90%，而随着人工智能、深度学习的应用，这将得到很大的改善。

在传统的图像处理和机器学习算法研发中，很多特征都是人为制定的。HOG（梯度方向直方图）、SIFT（尺度不变特征转换）在目标检测和特征匹配中占有重要的地位，安防领域中的很多具体算法所使用的特征大多是这两种特征的变种。从以往的经验来看，由于理论分析的难度大，训练方法又需要很多经验和技巧，人为设计特征和机器学习算法一般需要 5～10 年的时间才会有一次突破性的发展，而且其对算法工程师的知识要求也一直在提高。深度学习则不然，在进行图像检测和识别时，其无须人为设定具体的特征，只需要准备好足够多的图进行训练即可，通过逐层的迭代就可以获得较好的结果。从目前的应用情况来看，只要加入新数据并且有充足的时间和计算资源，随着深度学习网络层次的增加，识别率就会相应提升，比传统方法表现更好。

另外，车辆颜色识别、车辆厂商标志识别、无牌车检测、非机动车检测与分类、车头车尾判断、车辆检索、人脸识别等相关技术也已比较成熟。

（2）路口感知

目前，中国很多城市交通拥堵严重，很多十字路口的红绿灯配时并不是最优的。基于深度学习的车辆精确感知检测技术可以精准地感知交通路口各个方向的车辆数量、流量和密度，从而给交通路口的最优配时提供准确依据。如果各个路口都采用这种车辆检测技术，那将极大缓解交通拥堵。

（3）路段感知

目前，我国的大中型城市都安装了很多监控摄像头，使路段感知技术可以基于原有的监控系统获取道路的总体交通状况。路段感知技术可以为路况分析、交通大数据、交通规划等提供可靠的数据依据，这在以前成本是非常高的，现在用很低的成本就可以做到。

（4）路侧停车感知

路侧停车感知有两个方面的应用：一个是路侧违法停车的感知和抓拍，不再需要摄像机进行轮询检测，大大提高了摄像机的使用寿命；另一个是路侧停车位的管理，之前要通过地磁感知车位是否被占用，成本非常高，系统可靠性也是问题，图像识别则可以很好地解决这个问题，一台摄像机即可监控和感知一大片区域的停车位是否被占用。同时，深度学习使得即使车辆挨在一起也依然可以准确检测，这是传统方法做不到的。

（5）停车场 / 库感知

现在室内停车场应用图像识别实现车位检测的已经比较多了，但是很多检测都要基于车牌，即有车牌的可以检测出来，没车牌的检测不出来，甚至有的车牌清晰度不太好也无法检测到。而基于深度学习的车辆检测只看车辆的轮廓，不看车牌，只要看起来像个车的就可以检测出来，而且检测精度很高。过去室外停车场数据的汇集经常是靠停车场管理员不间断地报送，成本非常高，并且不可靠。现在计算机视觉技术可以模拟人的视觉感知，判断哪个地方已有车停放、哪个地方是空位，并直接把检测出来的数据发送给平台，发布到停车场诱导系统上。

（6）出入口车辆感知

现在很多停车场的出入口都应用了车牌识别系统，但一旦车牌不清楚或车辆没有挂牌，系统就“不知所措”了。而基于深度学习的车辆特征识别系统可以识别车辆本身，出入口车辆的检测精度可以做到 99% 以上，甚至完全可以替代地磁来进行车辆感知，完成抬杆、落杆的控制。另外，基于图像识别的车辆检测还可以实现出入口的视频浓缩存储等附加功能。

3. 涉车移动支付

随着人工智能技术的发展，很多在过去被认定为离不开人的服务场所也开始走向智能化和自助化。无人值守停车场、高速公路收费无感支付、城市道路拥堵收费等涉车移动支付场景不断涌现，并在实际中得到广泛应用。以无人值守停车场为例，从在线寻找车位的应用到电子支付的逐渐普及，停车资源平台化、信息化的过程也是停车场逐渐无人化的过程，自动抬杆、智能引导、智能支付等基于人工智能技术的服务比人工服务更加精准高效。

无人值守停车场的理念并非最近几年才出现，在电子支付尚未普及的IC（集成电路）卡/现金时代，停车场就可以通过自助缴费机实现无人收费，但在这种方式下，进场时仍需停车读卡，出场时也免不了现金支付找零、回收停车卡等烦琐步骤。停车场的智能化、无人化本质上是对车主停车便捷化、停车场周转率最大化的追求，而传统无人值守停车场在提升车主停车体验、改善停车场效益方面却作用甚微。直到电子支付和人工智能技术开始应用于停车领域，基于深度学习的人脸识别、生物识别、生物支付等最前沿的人工智能技术，多样化的支付方式和基于AI图像识别技术的车牌识别和智能计费系统出现了，才彻底颠覆了停车场原有的生态。

4. 智能交通信号控制

传统的固定配时或者方案式选择配时难以适应交通流在时空上的变化，而现有的感应式控制、自适应信号控制则由于数据稳定性、算法鲁棒性等问题难以适应拥堵时段等交通状态下的交通控制需求。人工智能驱动的智能交通信号系统则以雷达传感器和摄像头监控交通状况，利用先进的人工智能算法决定灯色转换时间，通过将人工智能和交通控制理论融合应用，优化了城市道路网络中的交通流量。

交通信号控制领域中的人工智能基础研究方法有模糊逻辑、遗传算法、人工神经网络，另外还有蚁群算法、粒子群优化算法等。

模糊逻辑是处理不确定性、非线性等问题的有力工具，特别适于表示模糊及定性知识，与人类思维的某些特征相一致，因此嵌入到推理技术中具有良好的效果。模糊逻辑能有效处理模糊信息，但是产生的规则比较粗糙，没有自学习能力。

遗传算法通过运用仿生原理实现了在解空间的快速搜索，广泛用于解决大规模组合优化问题。解决实时交通控制系统中的模型及计算问题时，可以通过遗传算法进行全局搜索并确定公共周期，也可以利用遗传算法来解决各交叉路口信号控制方案的最优协作问题，有效避免可能由此引起的交通方案组合爆炸后果。

人工神经网络擅长解决非线性数学模型问题，并具有自适应、自组织和自学习功能，广泛应用于模式识别、数据分析与处理等方面，其显著特点是具有学习功能。

3.1.3 智能交通的发展问题、对策与趋势

1. 自动驾驶技术

（1）自动驾驶技术的发展问题

在交通出行状况越来越恶劣的背景下，自动驾驶汽车的商业化前景还受很多因素的制约，主要包括以下几个方面：

1）法规障碍；

2）不同品牌车型间建立共同协议缺少规范和标准；

3）基础道路状况、标识和信息准确性、信息网络的安全性不佳；

4）成本高昂；

5）交通流混合行驶及全面自动驾驶的情况下，道路基础设施及其设计规范标准、管理机制需重新定义。

自动驾驶汽车的一个最大特点就是车辆网络化、信息化程度极高，而这对计算机系统的安全性形成极大的挑战。一旦遇到计算机程序错乱或信息网络被入侵的情况，如何继续保证自身车辆及周围其他车辆的行驶安全是未来急需解决的问题。

虽然自动驾驶技术还存在很多问题，但是自动驾驶汽车的驾驶水平迟早会超过人类，因为稳、准、快是机器的先天优势。

（2）自动驾驶技术的发展对策与趋势

人工智能算法更侧重于学习，其他算法更侧重于计算。学习是智能的重要体现，学习功能是人工智能的重要特征，现阶段大多数人工智能技术还处在学的阶段。自动驾驶实际上是类人驾驶，是智能车向人类驾驶员学习如何感知交通环境，如何利用已有的知识和驾驶经验进行决策和规划，如何熟练地控制方向盘、油门和刹车。

从感知、认知、行为三个方面看，感知部分难度最大，人工智能技术应用最多。感知技术依赖于传感器，以色列的 Mobileye 公司在交通图像识别领域做得非常好，其通过一个摄像头可以完成交通标线识别、交通信号灯识别、行人检测，甚至可以区别前方是自行车、汽车还是卡车。人工智能技术在图像识别领域的成功应用莫过于深度学习，近几年研究人员通过用卷积神经网络和其他深度学习模型对图像样本进行学习，大大提高了图像识别准确率。Mobileye 目前取得的成果正是得益于其很早就将深度学习当作一项核心技术进行研究。

认知与行为方面主要与人工智能领域中的传统机器学习技术有关，其通过学习人类驾驶员的驾驶行为建立驾驶员模型，学习以驾驶员的方式驾驶汽车。

2. 交通信息采集

（1）交通信息采集的发展问题

1）采集手段多样，融合难度大。当前交通信息采集技术手段十分丰富，不同的城市及相同城市的不同区域可能采用了不同的采集技术，即使采用了相同的采集技术，也可能使用的是不同厂家、不同型号的交通信息采集设备，从而难以在采集效率、采集精度等多个维度实现有效融合。

2）数据获取稳定性难以保证。现有的采集设备都存在各自的缺点，如线圈易磨损、采集信息较单一、视频检测精度受天气影响较大、无法辨别假套牌等虚假信息、GPS 数据受建筑物和桥隧遮挡影响严重等，因此难以保证数据获取的稳定性。

3）网络数据安全形势严峻。随着车路联网，车辆信息和道路信息越来越丰富，在提供高精度数据的同时，也存在很大的网络数据安全问题。

（2）交通信息采集的发展对策与趋势

一方面，人工智能技术将被广泛用于数据融合、数据储存、数据平台管理，实现数据从前端到中心的各个层次的智能化管理；另一方面，人工智能技术还将在数据网络安全管理上发挥积极的作用，从人脸识别、指纹识别、动态密码等方面加强多层次权限管理，提高网络数据安全等级。

3. 涉车移动支付

（1）涉车移动支付的发展问题

1）涉车移动支付手段过多。涉车移动支付手段目前有支付宝和微信推出的车牌付、交通部推出的 ETC、公安部推出的汽车电子标识等，未来北斗导航等可能也会涉足涉车移动支付。由于不同平台的用户群体不同，且给用户提供的便利性也不同，因此多方共存的涉车移动支付形势将长期存在。确保不同辖区、不同平台、不同应用场景的涉车移动支付在公平合理竞争的同时给用户提供便捷的服务，避免恶性竞争给社会带来经济损失、给用户带来不便，就显得十分重要。

2）涉车移动支付技术不完善。已有的涉车移动支付手段存在一些普遍的技术难题，如多义性路径的区分、车辆信息识别失败造成的倒车问题等。

（2）涉车移动支付的发展对策与趋势

人工智能技术将在未来广泛应用于涉车移动支付的各个环节，如通过车辆特征信息的精确识别解决多义性路径的区分，以及通过提高车辆身份信息识别精度避免车辆信息识别失败造成的倒车问题等。

4. 智能交通控制

（1）智能交通控制的发展问题

1）交通信息采集精度不够。现有的交通信息采集手段一方面由于检测设备的损坏、精度下降、失效等，难以保证稳定的数据精度；另一方面由于采集数据的信息类别和精度不同，难以提供全路网、全天域的高精度交通信息，更难以通过某一种交通控制模式实现基于不同数据的智能交通控制。而交通信息是交通控制的基础数据，交通信息采集的精度将直接影响交通控制方案的优劣。

2）城市道路网络的协同管控问题。城市道路网络错综复杂，某一个交叉口的交通效率提升并不意味着整个路网的交通效率提升。此外，随着城市快速路和高速公路的修建，形成了地面道路、快速路、高速公路复合路网，由于控制方式、车速、车辆类型等不同，交通控制将更为复杂。如何实现地面道路、快速路、高速公路复合路网在时间和空间上的协调管控将是智能交通控制技术所面临的难题。

3）拥堵精准识别及疏散方案智能生成问题。造成道路交通拥堵的原因非常多，包括早晚高峰拥堵、大型集会拥堵、事故拥堵、道路施工拥堵等，但归根结底都是由于交通供给和交通需求在时间和空间上的不均衡造成的。如何准确及时地根据历史经验和当前交通状况等交通流特征和事件特征快速发现和定位交通拥堵发生的地点或者将要发生的地点，并生成相对有效的疏散方案，是交通控制的又一难题。

4）车路协同环境下的智能交通控制新模式问题。由于通信技术的发展，车路协同将很快被应用于实践。针对车路协同的新环境特点调整传统的智能交通控制模式，对未来智能交通控制的发展至关重要。

（2）智能交通控制的发展对策与趋势

基于海量的多源云端数据信息，人工智能技术将不断成熟，在提高交通信息采集精度、提升城市交通协同管控效果、精准预测和识别拥堵模式、动态生成疏散策略、建立车路协同环境智能交通控制新模式等方面发挥积极有效的作用，为实现城市路网智能化协同控制奠定基础。

3.1.4 智能交通的典型案例

1. 车辆辅助驾驶技术

车辆辅助驾驶技术主要有三个阶段：传感、计算和执行。

传感阶段进行车辆周围的环境现状捕捉。传感器包括激光雷达（长距离）、雷达（长距离或中距离）、摄像头（短距离或中距离），以及红外线传感器和超声波传感器。在传感器视图中，可以定位感兴趣和重要的对象，如汽车、行人、道路标识、动物和道路拐弯，如图 3—2 至图 3—4 所示。

图 3—2　激光雷达视图

图 3—3　雷达视图

图 3—4　摄像头视图

计算阶段即决策阶段。在这个阶段中，来自不同传感器视图的信息被拼合在一起，以更好地理解汽车“看到”的内容。例如，场景中到底发生了什么？移动物体在哪里？预计的动作是什么？汽车应该采取哪些修正措施？是否需要制动或转入另一条车道以确保安全？

执行阶段即最后阶段。此阶段，汽车应用决策并采取行动，可能制动、加速或转向更安全的路径。

2. 交通目标 3D 检测技术

准确检测 3D 点云中的物体是许多应用的核心。VoxelNet 就是一种通用的 3D 检测网络，其可将特征提取和边界框预测统一到一个阶段的端到端可训练深度网络中。

VoxelNet 以端到端的方式同时从点云中学习一个有区别的特征表示并预测精确的 3D 边界框，如图 3—5 所示。通过一种新颖的体素特征编码层，它可以将逐点特征与本地聚合特征相结合来实现体素内的点间交互。堆叠多个 VFE（体素特征编码）层可以使其学习复杂的特征来表征局部 3D 形状信息。具体而言，VoxelNet 先将点云划分为等间距的 3D 体素，通过堆叠的 VFE 层对每个体素进行编码，然后通过 3D 卷积进一步聚合局部体素特征，将点云转化为高维体积表示，最后 RPN（区域生成网络）以体积表示为输入从而产生检测结果。这种高效的算法可以从体素网格上的稀疏点结构和高效的并行处理中受益。

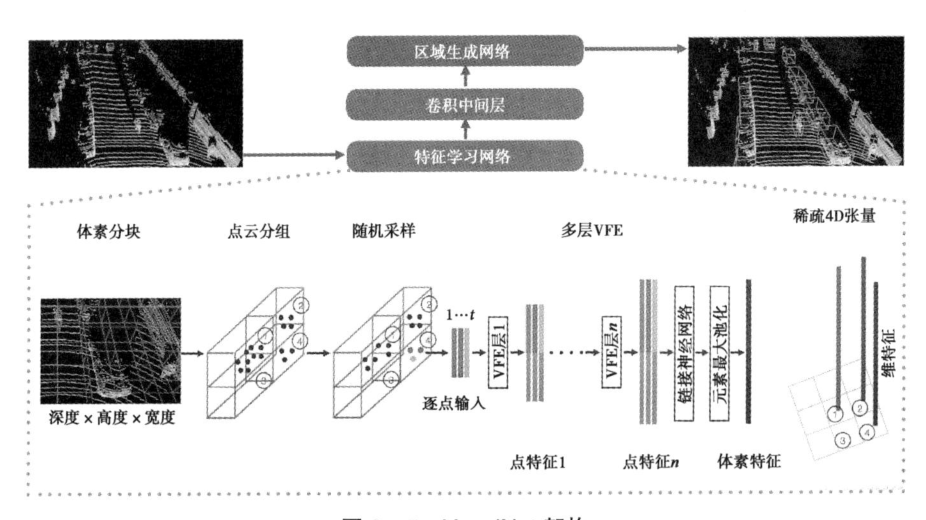

图 3—5 VoxelNet 架构

VoxelNet 架构主要包括特征学习网络、卷积中间层、区域生成网络。特征学习网络将原始点云作为输入，将空间划分为体素，并将每个体素内的点变换为表征形状信息的矢量。该空间被表示为稀疏 4D（四维）张量。卷积中间层处理 4D 张量以聚合空间上下文信息。最后，区域生成网络生成 3D 检测。

3. 交通数据预测技术

很多现有方法把交通预测仅当作时序问题来处理，但一个路段的交通条件与其他路段的情况强相关，因此不应忽视整个交通网络的整体信息。有些路段的交通条件呈现出很强的季节规律，但大部分路段不具备此特征，如图 3—6 所示。有一些方法期望通过引入额外的时空数据来辅助交通预测。这些方法一定程度上解决了全局信息的问题，但额外的时空数据会导致大量算力消耗。道路系统的时空强相关特性表明使用局部信息分别进行交通预测不等于全局预测。

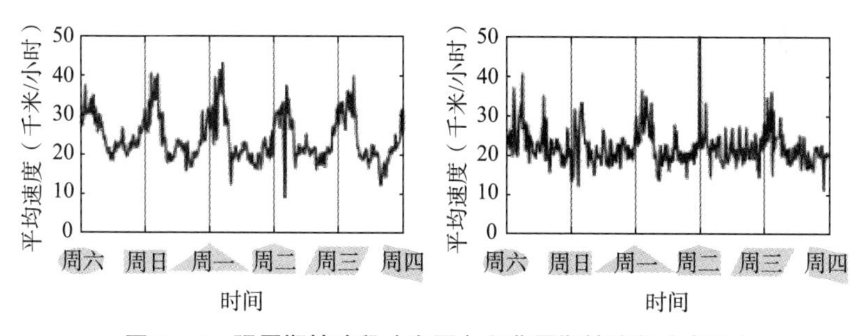

图 3—6 强周期性路段（左图）和非周期性路段（右图）

本案例的交通数据预测技术包括两大关键部分：链系网络（Linkage Network）和在线交通预测器 GRNN（图递归神经网络）。新型拓扑网络用于道路网络建模，展示交通流量的传播规律。基于链系网络模型设计的新型在线交通预测器 GRNN 用于学习交通道路图中的传播规律。它可以基于图信息预测所有路段的交通流量，显著降低计算复杂度，同时还能保持高准确率。交通数据预测技术框架如图 3—7 所示。

其中，链系网络用来充实道路网络图所包含的属性信息，展示交通传播规律，从而说明交通变化的内部机制。而 GRNN 用于挖掘和学习该交通规律，并同步进行全局交通预测。

对于城市路网交通问题研究，路网拓扑结构是重要的影响因素。采用人工智能研究城市路网、进行交通数据预测，需要可靠的路网拓扑结构。建立链系网络可以很好地解决拓扑结构问题，如图 3—8 所示。

链系网络具备两大优势：包含的信息更加丰富，尤其是其展示了交通流量的传播规律；仅在链系网络的定义下，就可设计算法来学习交通模式。

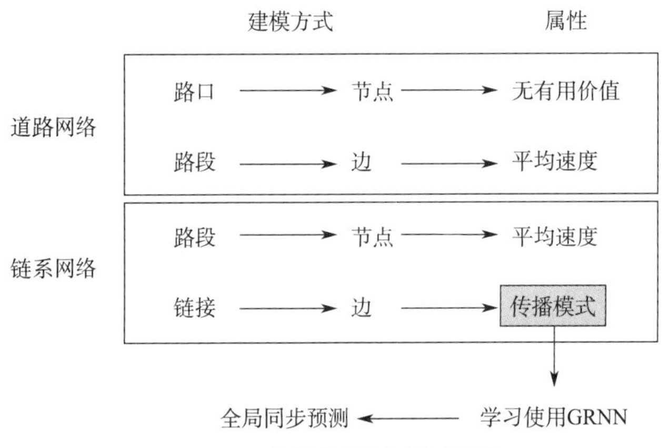

图 3—7 交通数据预测技术框架

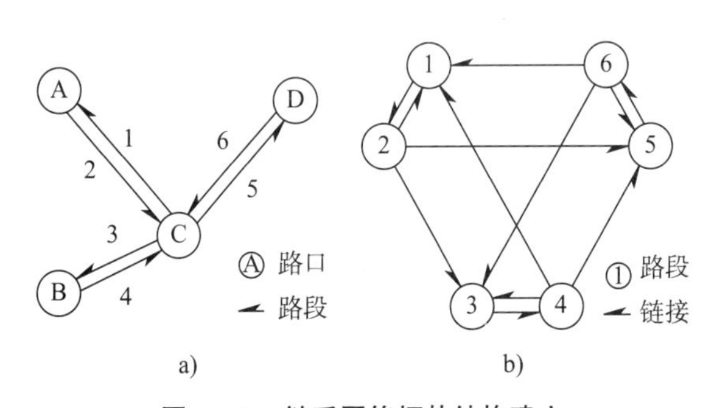

图 3—8 链系网络拓扑结构建立

a）道路网络 b）链系网络

GRNN 包含传播模块，可以在交通流量沿着道路网络扩展时向链系网络传播隐藏状态。由于交通传播对交通情况有直接的影响，因此 GRNN 可以利用学得的传播规律轻松生成预测结果。

GRNN 有两大特点：GRNN 是一个序列到序列的模型，克服了 GNN（图神经网络）的局限性，后者不擅长处理流动数据；GRNN 可以学习链系网络代表的传播模式并同步预测局部交通状况。

训练整个 GRNN 用的是 BPTT（随时间反向传播）算法，并与五种基准模型进行对比。结果证明，GRNN 大大优于此前人们提出的方法。

4. 城市交通网络区域协调控制

区域协调是指在交通中心的宏观调控作用下，根据不同的交通流量，最大限度地发挥路口之间的互补优势，均衡每个路口的交通流量，从而提高道路的通行能力。区域协调要求路口之间（包括城市道路与快速路、城市道路与城市道路）的良好协作，然而路口之间是相互影响、相互作用的，因此区域协调必然会引起路口之间出现一定程度的冲突。如何解决这些冲突是一个亟须解决的重要问题。路网协调控制可以采用人工智能的基础研究方法，近年来 Agent 技术开始应用于交通控制领域。

基于多智能体的城市交通网络智能决策系统研究通过应用 Agent 技术，实现了交通网络系统理论方法、专家的知识经验和计算机之间的相互结合。系统的知识存储于各个 Agent 中，以便于知识利用与获取，该系统具有良好的可扩展性。

基于 Agent 的智能交通控制系统建模的首要任务是将交通控制系统的各功能模块转化成有独立功能的 Agent，并根据各个 Agent 所完成功能的不同，分别建立各个 Agent 的功能结构，然后让这些 Agent 之间进行交互和协调，共同完成系统任务。图 3—9 是一种较为通用的系统结构。

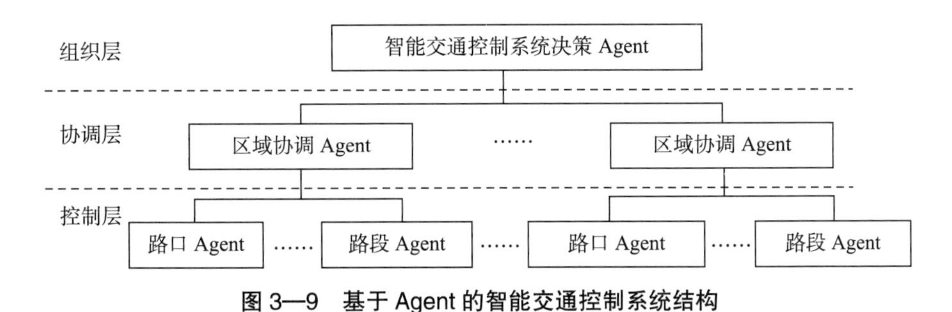

图 3—9　基于 Agent 的智能交通控制系统结构

智能交通控制系统递阶控制结构各层的功能如下。

（1）组织层

组织层是控制系统的最高层，由智能交通控制系统决策 Agent 构成，具有最高的决策权力，负责对整个系统的交通运行状况进行评估，根据各方面的汇总信息进行推理、规划和决策，实现所有区域控制系统间的协作，以追求总体控制效果最优，完成交通控制系统的管理。

（2）协调层

协调层是控制系统的中间层，由区域协调 Agent 构成，负责本区域内各路口的监测维护工作，对所控制区域的某几个路口进行强行模式设置，以及对区域内紧急事件的处理工作。各区域协调 Agent 之间还可根据需要进行信息的交流及合作。

（3）控制层

控制层是控制系统的最底层，主要由路口 Agent、路段 Agent 构成，此外还包括交通灯 Agent、车辆 Agent 等，是交通控制任务的主要承担者。

路口 Agent 具有关于本路口及其所连接路段的信息。各个方向的交通流在路口汇聚，并形成车辆的分流、冲突等交通现象，交通的拥挤往往也主要发生在路口，因此路口 Agent 非常重要。它可将本路口的交通信息实时通知给相邻路口或区域控制中心，并能根据需要完成控制中心下达的控制任务。路段 Agent 用以实时统计各条路段的具体交通信息，通过传感器可了解车辆的数量和当前的运行位置及路段当前的拥堵情况。

在实际操作中，一个交通控制系统和各交通元素 Agent 之间的交互是非常频繁和复杂的。交通元素 Agent 的结构、功能，以及它们之间的交互关系，需要根据系统的具体要求进行详细的分析和设计。

5. 基于图像识别技术的车辆视图大数据平台

车辆视图大数据平台基于领先的大数据技术，为公安交警部门提供快速的车辆检索、以图搜图、轨迹分析、数据挖掘等实战功能，以应对当前涉案车辆经常出现的套牌或遮挡、污损、丢弃号牌等情况。

车辆视图大数据平台是针对公安交警用户的车辆多维特征识别技术应用平台，系统基于车辆视图数据，依据公安交警在侦破以车辆为载体的刑事、社会治安、交通肇事案件上的办案流程和技术需求，以及车辆在一定时期内的时空逻辑关系研发，通过车牌、虚拟号牌、车辆品牌、车辆子品牌、车辆颜色、过车地点、过车时间、过车次数及分布特点进行数据碰撞，以高效锁定嫌疑车辆范围，提高公安交警办案效率，降低办案民警工作强度。车辆视图大数据平台界面如图 3—10 所示。

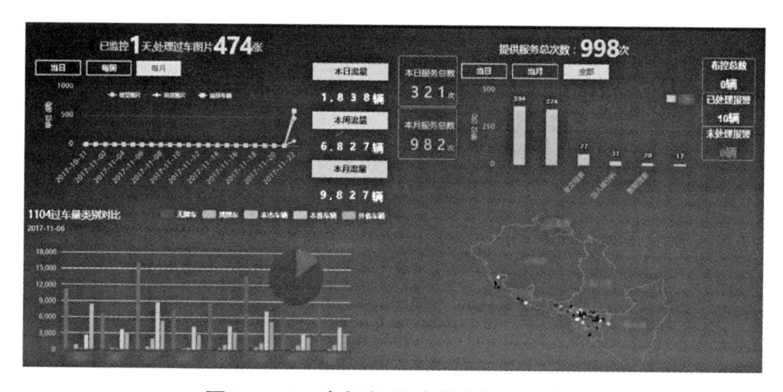

图 3—10 车辆视图大数据平台界面

（1）技术特点

1）采用国际领先的 Hadoop 分布式架构，可灵活扩展系统规模。

2）数据搜索引擎可实现亿级数据秒级反馈。

3）支持与公安交警车驾管理平台、非现场执法平台、全国交通执法“六合一”平台的数据对接，并可将上述数据纳入本系统的大数据分析框架内，提高公安交警对人车合一的管理效率和监管水平。

4）可接受用户定制功能开发，灵活便利。

（2）平台功能

平台实战工具面向全警，通过功能复合应用达到协同联动，可节约警力、提高效率。平台使用云计算数据处理技术从海量数据中查找隐藏线索，从看似无关的信息中查找关联，从人工无法感知的繁杂事件中总结规律，帮助民警快速、高效和准确地处理疑难问题，如图 3—11 所示。

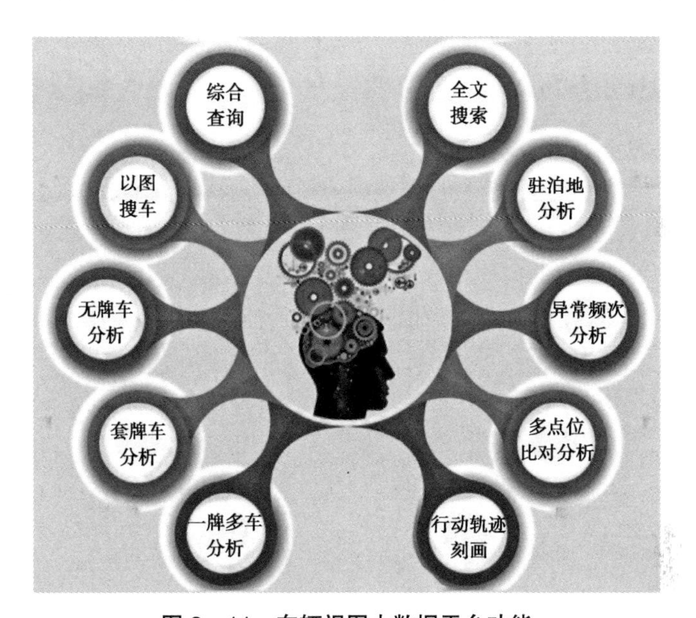

图 3—11　车辆视图大数据平台功能

（3）平台优势

1）立足交警、面向全警、引领实用。车辆视图大数据平台可以达到减少事故、力保畅通、服务决策、引领实战的目的，最大限度地指导交通管理工作。同时，平台又向公安其他警种（治安、刑警、经侦）提供实战工具集，丰富了办案手段，提高了办案效率，节省了警力资源，最终利于实现警务模式的变革。

2）多平台数据资源整合。平台利于建设公安交通大数据，整合交通卡口与治安卡口“六合一”平台数据、车驾管理数据、人口信息、全国被盗抢黑名单等公安内外部、社会资源数据，为全警提供统一查询入口。

3）平台计算优势。平台可运用大数据、云计算技术挖掘出隐藏在数据里的内在规律，可实现亿级数据的搜索秒级反馈、亿级数据在线分布式计算秒级反馈，满足实战的“实时”需要，争分夺秒、聚力办案。

4）实现图片再利用，成为案件侦破新手段。平台可采用图侦技术，对每天产生的数百万幅电警和卡口的过车图片进行二次深度识别，将非结构化的过车数据转化为号牌号码、车辆类型、车辆品牌、车辆子品牌、车辆颜色、年检、实习标、遮阳板等特征信息，采用智能搜索、以图搜图（特征搜车）等实战工具，实现隐匿车辆的快速查获。

3.2 智能城市管理

3.2.1 智慧城市建设与城市精细化管理

1. 智慧城市建设

关于智慧城市，目前国内外还没有统一公认的权威定义，不同行业、机构和专家从不同的角度对智慧城市的概念进行了诠释和定义。

2009 年，意大利和荷兰的学者结合维也纳大学评价欧洲大中型城市的六个维度定义了智慧城市（智慧的经济、智慧的运输业、智慧的环境、智慧的居民、智慧的生活和智慧的管理），即智慧城市应该是由在人力和社会资本及交通和通信基础设施上的投资来推动可持续经济增长和生活质量提升，并且通过参与式的管理对各项资源进行科学管理。

在我国，住房和城乡建设部认为智慧城市的本质是通过综合运用现代科学技术、整合信息资源来统筹业务应用系统、加强城市规划建设和管理的新模式，是一种新型的城市管理与发展生态系统。国家发展和改革委员会认为智慧城市是当今世界城市发展的新理念和新模式，是城市可持续发展需求与新一代信息技术应用相结合的产物，建设智慧城市有利于促进城市规划设计科学化、公共服务普惠化、社会管理精细化、基础设施智能化和产业发展现代化，对于全面提升城镇化发展质量和水平，促进工业化、信息化、城镇化、农业现代化同步发展具有重要的意义。自然资源部认为智慧城市是数字城市的智能化，是数字城市功能的延伸、拓展和升华，其通过物联网把数字城市与物理城市无缝连接起来，利用云计算技术对实时感知数据进行处理并提供智能化服务，本质上是物联网与数字城市的融合。

综合而言，智慧城市借助计算机、物联网、大数据等新兴技术，通过对海量数据进行搜集、整理、分析和存储，以及数据的互联互通、交换共享，为城市提供更便捷高效的决策工具、更人性化的服务模式，以实现更高效绿色的生产过程。

2. 城市精细化管理

智慧城市建设对信息化技术的运用可以帮助政府部门更好地了解情况、分析预测、精准决策，特别是在一些超大型快速发展城区，精细化管理涵盖的领域正在逐步扩大并且发挥作用。从田间到餐桌的食品安全全过程监管，大气、水等生态环境指标的实时监控，交通违章行为的自动识别，网格化管理的上下联通等，都需要信息技术为其提供强有力的支撑。

（1）国家对上海城市建设的定位，掀起城市精细化管理的热潮

城市精细化管理最早可追溯到2005年深圳市对无照非法经营的管理。2017年3月5日，习近平总书记在参加第十二届全国人民代表大会五次会议上海代表团审议时强调："走出一条符合超大城市特点和规律的社会治理新路子，是关系上海发展的大问题。城市管理应该像绣花一样精细。城市精细化管理必须适应城市发展。要持续用力、不断深化，提升社会治理能力，增强社会发展活力。"一些以往管用的"运动式""单兵作战型"管理手段已经很难应对纷繁复杂的城市多元需求，甚至会在一些顽症的整治中陷入"反复回潮"的怪圈。上海在推进创新社会治理过程中打造了两个平台。一个平台是上海市民热线"12345"，开通4年间已经接听了约720万个电话，平均每天来电5 000多个，市民反映的各种问题都能"一口受理"、后台协同解决。另一个平台是下沉到各个街镇社区的网格化平台，其对所辖区域内的问题能快速发现、联动解决，打破了以往各自为政、单打独斗的局面，实现了管理运行的高速运转。

（2）管理标准全国领先，搭建重庆城市精细化管理的桥梁

2017年4月11日，《重庆市城市精细化管理标准》正式对外发布并试行。标准规定主干道每平方米废弃物残留量不超过3克，次干道每平方米废弃物残留量不超过5克等，这些指标很多都高于全国现行标准。这是全国首个关于城市精细化管理的标准，利于未来在全行业、全时空、全流程实行精细化管理。作为"中国桥都"，重庆有众多城市桥梁。重庆市制定"一桥一册"管护，发现桥梁病害，立即立项开展整治，利用桥梁检修车将日常检查范围延伸至桥梁梁体底部及墩台部位，还利用无人机对桥梁、隧道的安全保护区进行航拍。在重庆市江北区，智慧城市管理监督指挥系统（见图3—12）让城市管理变得更轻松。某辆洒水车洒了多少水、作业多少里程、消耗多少油，以及人员是否在岗在位、作业效果如何，管理者在办公室里便能一目了然，而城区下水道、化粪池等重点监测点的监控系统可以及时掌握沼气等危险气体的浓度、温度等信息，确保安全预警等。

图 3—12 重庆市江北区智慧城市管理监督指挥系统

（3）组建专项工作组，助力长春城市精细化管理落地实践

2017 年 4 月 20 日，长春市召开“走遍长春”城市精细化管理专项行动动员大会。为解决城市管理中问题发现不及时、解决不彻底、责任不落实、监督不到位的问题，长春市决定每年 4 月至 10 月在三环以内的街路、开放式居民小区和单位庭院每月开展一次“走遍长春”城市精细化管理专项行动，全面提升城市管理水平。在专项行动中，长春市城市管理委员会办公室、长春市建设委员会、长春市规划和自然资源局、长春市园林绿化局及各城区、开发区组成 43 个联合工作组，主要查找解决六方面的问题：市政公用设施管理方面，街路巷道路面、边石、人行步道、路灯等附属设施破损等问题；市容环卫管理方面，街路及小区保洁不到位、清运不及时，露天烧烤、流动摊点违规占道经营等问题；绿化管理方面，绿化植被、设施损毁，居民区毁绿种菜，裸露地面未绿化等问题；施工工地管理方面，施工现场未按规定围挡，防尘网、密目网缺失等问题；违法建筑管理方面，街路及小区私搭乱建违法建筑等问题；网格化管理方面，长春市相关直属部门未落实“放管服”要求，各区城市管理工作网格未建立和责任不落实等问题。对于查找出的问题，工作组明确整改标准和整改时限。

（4）以网格化治理为突破口，打造青岛城市精细化管理

2017 年 4 月 18 日，青岛市十六届人民代表大会提出要大力推进城市精细化管理，强调推进智慧城市管理，建立覆盖城乡的网格治理体系。青岛市城市管理局整合了原“12319”市政公用服务热线和数字化城市管理监督指挥平台，同时强化了城市管理网格化职责，组建了青岛市城市管理指挥中心（“12319”城市管理热线中心），实现了功能整合，围绕“一线一网一平台”，建立了集指挥调度、行业管理、便民服务、应急处置等功能于一体的城市管理综合信息系统。青岛市数字化城市管理信息系统（见图 3—13）涵盖了各类城市管理问题，包括全市 6 大类（公共设施类、道路交通类、市容环境类、园林绿化类、拓展部件类、其他部件类）、99 小

类的城市管理部件，6 大类（市容环境类、宣传广告类、施工管理类、街面秩序类、突发事件类、其他事件类）、84 小类的城市管理事件。青岛同时推行城市管理“721 工作法”，即 70% 的问题用服务手段解决，20% 的问题用管理手段解决，10% 的问题用执法手段解决。

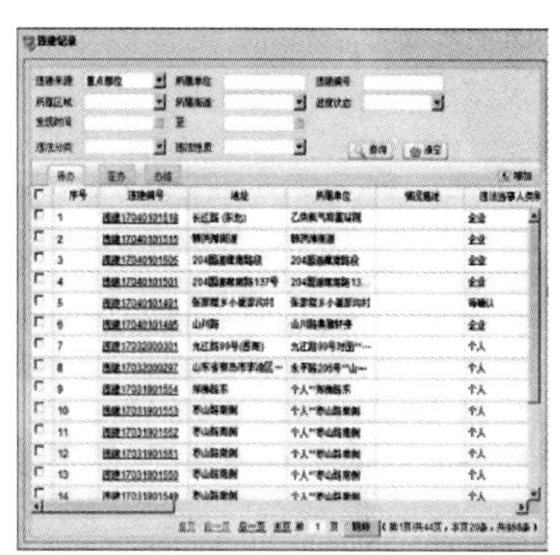

图 3—13　青岛市数字化城市管理信息系统

3.2.2　城市管理面临的问题

1. 城市运行数据互联互通困难重重

城市运行管理横向信息共享困难。受体制、观念和对部门自身利益保护等因素的影响，信息孤岛、重复建设、多头管理、政务资源横向共享艰难是智慧城市建设过程中普遍存在的现象。这不利于整合政务资源，不利于政府做复杂决策，不利于为公众提供更高水平的服务，也不利于城市精细化管理的进一步发展。对于跨部门、跨领域的城市管理数据，不同部门间的协同处置仍面临障碍。沟通效率低下，权责归属不明晰，工作模式难以应对城市变化的需求，信息滞后，导致政府在城市管理中表现迟钝且效率低下。因此，城市管理多方协同、联合执法的要求越发强烈。

2. 城市发展与生态环境不协调

城市建设与环境保护之间存在相互依赖、相互促进、相互制约的关系。不合理的城市建设消耗资源、破坏环境，引起环境污染和生态破坏等一系列问题，成为制约城市发展、阻碍城市建设的减速带。城市所承受的生态破坏和环境污染压力越来越大，以牺牲生态环境换发展违背了城市发展的初衷。同时，环境污染严重的现实与人民对环境质量要求的日益提高形成了鲜明的对比。在城市建设及管理过程中，必须对各种环境污染问题进行深入的分析和控制，对生态环境保护引起足够的重视，将城市生态环境保护作为城市建设和管理的重要任务。

3. 城市管理模式亟须向精细化转变

城市管理涉及面广、领域宽泛，城市管理体制不顺，执法主体各自为政，导致统筹协调不够、职责不清、职能不到位、督促检查不力和措施不落实的情况。法规体系还不够完善，有法不依、执法不严和以罚代管的问题依然存在，给依法管理城市带来困难。同时，城市管理方式往往以突击式、运动式为主，没有真正形成长效管理机制。城市管理模式亟须向精细化转变，不应是“一把抓”的单一部门工程，而需多部门协同。

3.2.3 通过智慧城市建设构建城市精细化管理平台

1. 智慧城市建设强化城市精细化管理基础

（1）支撑城市管理架构

智慧城市建设充分运用物联网技术、信息融合技术、通信网络技术、数据分析技术等现代技术手段，强化信息获取自动化和精细化，立足科技创新、资源整合、协作共享，推动智能系统的应用，形成强有力的基础架构支撑。智慧城市建设通过信息资源整合不断优化城市管理架构，加强基础平台建设，实现城市管理要素、城市管理过程、城市管理决策等全方位的智慧化，为城市精细化管理提供强有力的支撑。

（2）优化城市管理决策

智慧城市建设为城市管理提供高效、灵活的决策支持与行动工具，构建信息双向和多向的交流通道，形成基于海量信息和智能过滤处理的城市管理决策模型，为城市的管理和决策提供及时科学的支撑服务，并通过科学的决策分析切实把握城市系统的运动状态和规律，实现对城市信息的智能分析和有效利用，使城市管理从定性化走向定量化，使城市运作更精细、更安全、更高效、更便捷。

（3）创新城市管理方式

智慧城市建设强化部门共享及协同整合，确立信息系统之间的层次，形成城市不同部门和系统之间信息共享和协同作业的良好模式，促进分布在不同管理部门间的海量数据的流转，推动跨部门、跨地区的信息资源汇聚、交换和共享，从而加强城市管理的敏捷感知、信息共享、智能决策和业务协同，实现精细动态、安全高效的城市运行管理和服务模式。

（4）提升城市管理效能

智慧城市建设一方面整合公共资源，建立城市管理长效机制，规范城市管理行为，减少管理过程中的定位不准、互相推诿、效率低下等弊端，大大节省行政成本，为提高城市管理效能提供了有力保障；另一方面通过智慧管网、“BIM+GIS”（建筑信息模型化 + 地理信息系统）技术等实现高效、快速、精确的信息采集，实现问题的预警和提前决策，避免严重后果的发生，为提高城市管理效能提供了有效的技术保障。

2. 智慧城市建设助推城市精细化管理运行

（1）构建城市管理平台

依托智慧城市建设，可集成地理空间框架数据、单元网格数据、管理部件数据、地理编码数据等多种数据资源，综合利用GIS、GPS、RS（遥感）等多种技术和各类业务平台，面向城市管理和公众服务，以人为本，打造责任明确、全民参与、社会监督、智慧管理、服务市民的城市管理平台，形成完整、闭合、互联互通的城市综合管理信息系统，最大化实现数据资源共享，提高城市管理精细化水平和快速反应能力。城市管理平台建立在城市已有各业务系统之上，需要实现各业务系统信息模型和元数据的统一管理，支持多应用系统的数据整合，智慧城市建设为城市管理系统的信息综合展现和业务协同提供平台支撑。

（2）打造智慧应用体系

高度信息化的智慧城市建设广泛应用物联网、大数据、云计算等新兴技术，打造多行业垂直深入、跨领域、跨地域智慧应用体系，有效促进城市公共资源的共享。在城市管理方面，完善城市综合交通、教育医疗、社会保障、环境保护、社会治安、应急处置等智能化信息系统，推进数字城管、综合执法，形成城市管理智慧应用体系，通过提升城市建设和管理的规范化、精准化和智能化水平，积极推动城市人流、物流、信息流、资金流的协调高效运行，在提升城市运行效率和公共服务水平的同时，推动城市发展转型升级，从而实现城市管理的流程再造，使城市管理由粗放、被动、分散向高效、精细、系统转变。

3.2.4　通过智慧城市建设催生城市精细化管理实践

智慧化的城市管理不仅需要技术上的推进，也需要管理和制度上的完善。

1. 智慧城市精细化管理的应用实践

建设智慧城市，要按照推进城市精细化管理的要求，充分运用信息技术思维和智慧化手段，构建智慧城市管理平台，落实城市管理要素，量化城市管理对象，搭建涵盖城市部件和城市事件的城市精细化管理体系，加快部署城市精细化管理的应用实践。

（1）智慧城市管理平台

智慧城市管理平台建设主要做好以下两方面的工作。

1）深化网格化管理模式。科学划分管理空间，细分管理区域，是实现精细化管理的首要任务。城市网格化管理是以一万平方米为基本单位，以社区行政区为分界，将辖区划分为若干个网格单元，由城市网格监督员对所分管的网格进行全时段监控，同时对静态城市部件与动态城市事件进行定位分类管理服务的一种方式。网格化管理为精细描述管理对象、精确采集管理服务信息、精准处理管理问题提供了技术支撑，可以保证管理服务活动快速灵敏反应。在网格化管理的基础上，应将智慧城市理念运用于城市管理，大力发展智能规划、智能建筑、智能交通、智能园区等智慧化建设，通过信息资源的整合与运用，建立网格化、数字化、智能化和属地化的管理服务模式，做到信息动态掌握、问题及时发现和快速处置，有效实现政府对社会单元的公共管理和服务。目前，上海在网格化管理的技术升级方面已有所探索，可进一步加强与大数据的整合、打通，实现精细化管理。

2）加强互通兼容功能。要综合运用物联网、云计算、大数据等现代信息技术，整合人口、交通、能源、建设等公共设施信息和公共基础服务，建立和完善城市规划、市政、交通、水务、环保、绿化、房屋土地、市容环卫管理等信息子系统，实现双向沟通、信息共享。要整合城市管理相关热线服务平台，形成全国统一的“12319”城市管理服务热线，并实现与“12345”“12316”“110”报警电话等的对接，建成热线综合服务平台。要综合利用各类监测监控手段，强化视频监控、环境监测、桥梁检测、交通运行、供水供气供电、防洪防涝、生命线应急指挥保障等城市运行数据的综合采集和管理分析，形成综合性城市管理数据库，为城市管理决策提供全面精确的信息依据。

（2）四大中心职能

要基于智慧城市建设，完善城市管理的四大中心职能。

1）城市监督管理指挥中心职能。综合运用多种手段，全方位搜集各类城市管理问题，对各类城市管理问题进行分析，确定终端部门及时进行派遣，协调重点、难点的综合治理问题，高效指挥派遣和处置。运用数字化城市管理平台履行对城市管理责任主体的监督、协调和指挥职能，落实问题发现、派遣处置、指挥协调、跟踪督办、考评考核等环节的城市管理流程，实现对相关职能部门和城市管理资源的高效协调指挥，成为城市管理者的有力工具。

2）城市应急指挥中心职能。在整合和利用城市现有资源的基础上，采用先进技术，建立集通信、指挥和调度于一体，高度智能化的城市应急系统，提供对突发事件的分析决策，增强处置突发事件的针对性、有效性。构建平战结合、预防为主的应急指挥平台，实现跨地区、跨部门的统一指挥协调，完善应急预案，提高城市防灾减灾能力，实现公共安全从被动应付型向主动保障型、从传统经验型向现代高科技型的战略转变，促进政府健全体制、创新机制，全面提升城市应急管理水平。

3）社会公共管理信息中心职能。整合相关部门的公共设施信息和公共基础服务，实现城市不同部门异构系统间的资源共享和业务协同，有效整合孤立、分散的公共服务资源，推动信息资源跨层级、跨部门共享，促进政府公共管理和公共服务的系统化和高效化。整合规划、建设、城管、公安、自然资源等部门有关城市管理方面的信息资源，建立统一的城市管理数据库，形成连接市级、区级、市直属部门和单位、街道办事处、居委会的网络信息平台，集数据管理、动态监控、行动指挥、信息发布、投诉受理、便民服务等功能于一体，做到城市管理问题的快速发现、快速反应、快速处置、快速解决。

4）城市运营管理中心职能。开发大数据综合展现和辅助决策，集城市大数据支撑、城市规划、综合管理、应急协同指挥等功能于一体，将技术、业务、数据高度融合，形成城市运行管理中枢，实现对城市运行状态的全面感知、态势预测、事件预警和决策支持，以信息化有力促进城市治理体系和治理能力现代化，促进部门间的协作，最大限度地开发整合各类城市资源，实现各个行业的综合智慧应用。

（3）城市管理部件感知提升

城市管理部件按建设部标准划分为大类和小类，要以新一代信息技术为支撑，实现对城市部件信息的感知、分析、处理和整合，为城市共享服务和精细化管理提供基础的底层资源。具体而言，要做好以下两方面的工作。

1）形成基于物联网的动态感知体系。将物联网主动感知和“互联网+”技术被动感知相融合，深化城市运行和治理动态感知，大幅提升静态视频监控、移动执法记录仪、LBS（基于位置服务）基础设施、城区环境监测等硬件设备的采集、分析、整合效率。拓宽沟通渠道，进一步加强热线服务、网站、微博、微信等终端的多渠道信息融合和挖掘，打造多维度动态城市管理感知体系。

2）构建基于“BIM+GIS”的数据管理系统。探索在政府管理、城市规划、楼宇建设、运维管理等领域推动 BIM 协同工作等应用，将城市运行状态实时精准展现到虚拟网络平台上，提升政府部门城市规划和建设管理效率及精细化水平；深化建设一体化的 GIS 平台，鼓励 3D、GIS、VR、BIM 技术的融合应用，探索将人口数据、违章建筑数据、产业数据等各类政府管理和服务中所需的数据纳入地理信息系统，支撑公共设施选址评估、救灾、施工等工作，以“一张图”的模式为各部门日常管理决策提供有力支持。

（4）多领域应用深化

对不同领域的城市事件进行分类分级管理，深化信息技术应用，利用智慧化手段管理城市事件，将有效改善公共安全监督管理，改进环境保护监测和控制方法，实现各类资源优化配置。具体而言，要做好以下五方面的工作。

1）智慧环保。通过云计算、大数据、物联网等先进技术，对环境要素、污染源排放及环境风险预警决策进行全面感知和动态监控及管理，建设全向互联的新型智慧生态环境监测、监控、监管体系，加强对绿化、湿地、气象、地质、海塘、水源、大气、噪声、废弃物等城市生态环境指标的实时监测，形成覆盖主要生态要素的资源环境承载能力动态监测网络。推动建设环保信息整合平台，在实现环保信息资源全面共享交互的基础上，深化环保业务领域信息化应用，提升环保部门业务能力，在环境质量监测、污染源监控、环境应急管理、排污收费管理、污染投诉处理、环境信息发布、核与辐射管理等方面为环保行政部门提供监管手段，以更加精细和动态的方式实现环境智慧管理和决策，强化信息资源的数据挖掘分析和智能决策支撑。

2）智慧能源监测。以智慧化能耗监测促进节能减排为主要路径，通过在线监测的方式将城市各领域（如工业、交通、建筑等）的能源生产、转换及终端消费信息采集汇总，应用大数据思维和技术对能耗数据信息进行分析挖掘，向政府、用能单位及公众（包括节能服务机构）三类实体提供“一体化”的综合服务，促进城市提升能源管理水平和综合能效水平。智慧能源监测以实际能耗数据为基础对现有用能状况进行分析，可进一步对水、电等能耗进行实时的在线监测，并对能耗系统等进行节能诊断及分析，得出各种形式的报表，并通过数据库对比形成较为科学的各类能源使用报告，从而实现能源数据的可视化管理、能耗成本分析和关键指标分析、节能改造计划和评估体系制订、能耗计划和绩效考核管理、能源计划与预警等，为管理者和决策者提供能源管理和决策支持，使节能管理更加标准化、精细化和量化。

3）智慧地下管网。结合 GIS 技术、数据库技术和三维技术，直观显示地下管线的空间层次和位置，以仿真方式形象展现地下管线的埋深、材质、形状、走向及工井结构和周边环境，建设实时采集、即时交换、共建共享、动态更新的地下管网和综合管廊信息监测及预警体系，面向管线全生命周期管理，集地下管线信息的数据采集、数据建库、动态更新、管线综合分析与处理、业务审批及综合监管于一体，实现城市地下空间、地下管网的信息化管理和智能化运行监控，显著降低管网事故率，大幅提升应急防灾能力。

4）智慧交通管控。建设以 GPS、北斗、RFID、视频监控等为支撑的交通基础信息智能采集网络，构建涵盖交通执法、稽查布控、分析研判、交通诱导、运维监管、指挥调度、态势监控等业务功能的智慧交通管控系统，综合利用多种交通管控资源，提高公安交通管控的快速反应能力和交通指挥中心的工作效能，为交通管理和市民出行提供智能化决策支撑。同时，综合城市道路各大应用系统，整合动态交通信息，强化综合交通监控智能化管理能力，对公交车辆、特种车辆、货运车辆、内河航运船只等进行全方位的状态监控，集聚形成交通大数据资源，通过和各有关部门进行信息共享、开展大数据挖掘，实现多个交通管理和应用部门的充分协作、无缝衔接，以及多个交通应用系统的统一资源配置和优化调度。

5）智慧公共安全管理。发挥城市应急指挥中心及运营管理中心职能，推动大数据在城市公共安全中的深入应用。以发现和预防犯罪、完善社会治安整体防控体系为目标，推广动态指挥调度、高危人员管控、打防一体化管控等实战应用，在现有公安信息平台和系统的基础上，通过共享和整合各类信息资源，对情报平台、警务综合平台、指挥调度平台进行补充和延伸，逐步构建社会公共安全防控体系。进一步强化图像监控和相应传输网建设，深化高清视频卡口建设，完善应急平台和视频会议系统、图像接入系统、IP（互联网协议）电话调度系统等先进的硬件设施功能，充分发挥数据整合再现能力，协助工作人员处理日常工作，在突发事件处置过程中辅助领导决策，提高应急指挥人员、现场执行人员的工作效率，提高各级政府应急工作管理人员的各类突发事件处置效率，减少突发事件造成的损失。

2. 智慧城市精细化管理制度和体系的完善

（1）强化协同高效运行体系

实现精细化管理必须有一个全面具体、迅速有效的机制来保障，才能把工作做精、做细、做实。应进一步强化协同共享、综合执法的智慧城市理念，充分发挥城市管理部门的综合协调服务职能，加强与规划、建设、环保、工商、公安等职能部门的协调，建立和完善协同工作机制，形成资源共享、信息互通、职能互补、力量互动的城市管理运行体系。

（2）界定城市管理部门职责

进一步理顺各城市管理部门的内部关系，合理区分管理与执法的概念，准确界定执法、环卫、绿化等部门在城市管理中的职责，通过深入的调查研究，解决城市管理过程中多头执法和职责交叉的突出问题，科学划分城市管理部门与相关行政主管部门的工作职责，从而推进城市管理事权法律化、规范化。

（3）建立标准化管理体系

应在明确职责、明确标准的基础上，通过量化考核指标、科学设置考核项目、合理分配目标任务，将每一项管理项目和内容如何做、做到什么程度固化为一个明确的规定、规则和机制，建立制度化、规范化、科学化、智能化的城市管理工作机制，促进城市管理水平全面提升。实行城市精细化管理“一把手”负责制，把城市精细化管理责任履行和绩效情况列为各级政府、各部门、各单位，以及领导班子、领导干部年度目标绩效考核的重要内容，制定科学的城市精细化管理考核指标及考核办法，建立科学严格的考核评价体系。建立城市精细化管理奖惩制度，以目标考评结果为依据，对取得突出成绩的部门、单位和个人予以奖励；对城市管理精细化工作不达标的部门、单位，责令其限期整改，并通过简报和新闻媒体向社会公布。

（4）健全城市管理法规

法律制度是各项工作规范高效运行的根本保障。应全面梳理城市管理的法律、法规和规章制度，按照城市管理的内容、范围、对象，分部门建立健全各项管理法律法规，明确城市管理的管理职责、管辖范围、执法程序，使城市管理法律法规更全面、更具体且更有可操作性，切实做到有法可依、有章可循，避免出现“多头执法”“借法执法”的情况，全面实现依法管理。应整合执法资源，建立一支由公检法、职能部门和街道组成的综合执法大队，整合城市经济执法体系、城市建设执法体系、城市管理执法体系、社会公共服务执法体系、公共安全保障执法体系的工作力量，实现联合执法、协同执法，降低执法成本。

（5）优化信息资源应用

应充分应用成熟的信息技术，建设先进的网络信息系统，有效支撑城市精细化管理模式的运行。为最大限度地避免重复投资、交叉建设，应按照信息资源共享的原则，整合各部门信息资源，建立统一的城市管理数据库，形成连接各级政府、各部门、各单位的网络信息平台，集各项功能于一体，做到城市管理问题的高效解决。

（6）鼓励社会组织参与

城市精细化管理的最终目的是让市民生活得更舒适、更健康、更方便。因此，应特别强调在便民、利民基础上的精细化管理，强化社会化导向，倡导公众参与。城市精细化管理的社会化是指以社会需求为导向，鼓励各类社会组织和公众参与城市管理。应推行公共服务社会化，采用服务外包、购买服务等方式，用市场化的方式解决城市管理服务中的难题，降低城市管理服务成本；推行社区管理社会化，提供居家养老服务，加强流动人口和出租房屋管理，拓展社区服务职能。

3.2.5　智能城市管理的典型案例

1. 纽约曼哈顿：基于大数据应用的城市可视化管理

纽约是美国最大的城市及第一大港，是一座国际化大都市，也是世界第一大经济中心。从曼哈顿智慧城区的具体建设情况来看，其更强调基于大数据应用的城市可视化管理。例如，通过构建城区管控综合系统，基于基础地理信息，结合城区运行过程中产生的各种各样的数据信息，推动各类数据信息的对接和共享，将一个完整、鲜活、可视化的城区全景呈现在城区管控综合系统之上。城市管理者可以调取城区的辖区数据，系统会用不同的颜色线条标注出商业、住宅、警务管辖等的位置范围，使用者可以很直观地了解城区的商业及住宅分布详情，以及警务管辖范围；通过调取地标点数据，系统可以清晰呈现所有消防站、地铁站、图书馆、通信基站等的位置信息；系统中的三维向量数据包括电线、通信线路等地下管线的位置信息；系统充分展示了城市各个区块的经济发展 GDP 比例，以及市政投诉、报警数量等，所有数据交互联动，使得城区管理充满了理性与规范。

2. 横滨：基于政企合作的低碳、可持续、智慧之城

横滨是仅次于东京的日本第二大城市。从自然资源贫乏和自然灾害频发的国情出发，横滨在推进智慧城市建设过程中着重以民生为重点，以实现低碳可持续发展为目标，以不动产开发、基础设施、智慧基础设施、生活服务、生活方式与文化艺术五个层面为具体建设内容。例如，在不动产开发上，加强空间信息的获取和利用，通过各类传感器的铺设对不动产进行全面监测监控；在基础设施建设上，加强对燃气、水资源的供给管理，地域能源管控信息化建设，太阳能等新能源的开发和应用，智慧住宅建设等。更值得关注的是，一系列智慧城市建设项目大多采用政府引导下的政企合作推进模式，其中企业包括三井不动产、日建、住友等。

3. 上海浦东：从平面化向立体化管理模式转变

上海市浦东新区以构建更高效有序的城市管理模式为目标，依托物联网、云计算等应用理念及技术成果，在交通管理、环境保护、信息数据库等方面突出创新特色，基本支撑起浦东新区数字化、网络化、移动化、互动化的城市管理新模式，推动城市管理实现从平面化向立体化转变。在智慧城市建设的支撑下，浦东新区的城市承载能力得到了改善。例如，浦东新区瞄准城市化进程中出现的城市交通难题，在智慧城市建设框架下，将智慧公交作为重要内容，以打造环保、便捷、安全、高效、可视、可干预和可预测的交通服务体系为目标，着重关注公交精细化管理、车辆通行效率、交通流畅度、交通流量优化和市民出行体验，在综合交通信息系统平台的基础上，通过建设包含公交地理信息系统和公交智能调度管理系统的智慧公交项目，逐步构建起立体互动的公共交通管理系统。城市发展中的环保问题是当前面临的又一重要挑战。浦东新区结合住房和城乡建设部国家智慧城市试点中对楼宇节能的相关要求，于2012年年底启动区级能耗监测平台建设工作。浦东新区能耗在线监测和管理平台主要定位于采集存储浦东新区范围内机关办公建筑与大型公共建筑的能耗数据，并对数据进行处理、分析，为浦东新区楼宇能耗统计、审计等提供准确数据。

4. 杭州：技术驱动智慧城市

杭州近几年加快人工智能、云计算等新一代信息技术应用，成为全球最大的移动支付之城，是“新型智慧城市”的标杆，是名副其实的中国智慧城市之一。杭州推动数据资源成为城市管理新动能，通过制定城市数据大脑总体建设方案，明确杭州城市数据大脑建设的规划蓝图。杭州通过整合汇集政府、企业和社会数据，在城市治理领域进行融合计算，实现城市运行的生命体征感知、公共资源配置、宏观决策指挥、事件预测预警、“城市病”治理等功能，并结合细分领域的政务服务平台、信用服务平台等，推动人工智能技术在宏观决策、社会治理、制造、教育、环境保护、交通、商业、健康医疗、网络安全等重要领域开展试点示范工作。在人工智能、大数据等技术应用的快速推动下，杭州“互联网+”社会服务总指数全国排名第一，在便民服务新业态、交通运输服务品质、在线医疗新模式等方面全国排名均是第一。2018年，杭州发布全国首个城市数据大脑规划《杭州城市数据大脑规划》，明确了未来5年杭州城市数据大脑建设方向。

5. 无锡：物联网让城市管理更精细化

江苏省无锡市作为长三角城市群的重要组成部分，其智慧城市建设水平一直处于全国前列，多年来在全国多个智慧城市发展水平评估中名列前茅。而近年来，物联网技术应用已经成为无锡智慧城市建设的亮点和名片。以“梯联网”为例，早在2014年，无锡便出台了有关“梯联网”技术及设备应用的标准规范——《无锡市电梯物联网设备技术规范（试行）》和《无锡市电梯物联网设备验收规范（试行）》。目前，无锡已在万达商场、中医院等公共场所推广物联网电梯，通过传感器设备对电梯的承重、承压及电缆的运行速度、温度等进行实时监控，通过健康度算法给电梯打分（以 100 分为满分，分为健康、亚健康、不健康三个等级，60 分以下的需要整改）。当数值低于标准时，就要将异常现象报告给厂商、运营商及物业，相关部门进行及时处理。结合物联网和云计算技术，电梯维护保养、例行检查、安全监管等将化被动为主动，且精细至每分每秒。

3.3　智能汽车

3.3.1　智能汽车的发展

1. 智能汽车的提出

1886 年，卡尔・本茨、戴姆勒等人发明了汽车，人类的交通工具不再单纯地依靠人力、畜力驱动，由此迎来了一个新的时代——汽车时代。汽车的出现改变了人类的时空观念和交通方式的同时，也推动了人们生活方式的转变和社会科技的进步。然而随着车流量的增大、车速的加快，由汽车引发的交通事故也越来越多。据统计，我国每年交通事故的死亡人数达数万人，专家学者分析交通事故的原因时，普遍认为事故原因主要包括人员素质、道路环境、运输车辆、管理法规四个方面。智能汽车能有效降低交通事故的发生。在许多事故中，人类的反应速度是来不及阻止事故发生的，但基于计算机技术、微电子技术及智能自动化技术的智能汽车能在短时间内做出反应。因此，各发达国家早在 20 世纪 70 年代就开始了智能汽车的研究。

2. 各国智能汽车的发展

从 20 世纪 70 年代起，欧美发达国家便开始进行无人驾驶汽车的研究，大致应用于两个环境：军事用途环境和城市高速公路环境。

（1）美国的智能汽车

在军事用途方面，早在 20 世纪 80 年代初期，美国国防部就开始大规模资助自主陆地车辆（ALV）的研究。美国国防部采用无人车去危险地带执行巡逻任务，其中第三代无人车 Demo3 能满足有路和无路情况下的自动驾驶。1995 年 6 月，美国卡内基梅隆大学的 NabLab5 实验智能汽车试车成功。NabLab5 实验智能汽车由运动跑车改装而成，具有便携式计算机、摄像头、GPS、雷达和其他辅助设备。NabLab5 实验智能汽车进行了横穿美国的实验，全程 4 587 公里，自动驾驶部分占 98.2%。美国移动导航子系统能计算出最佳的行驶路径，还能不断地根据现场的最新路况给出连续更新的指令，让智能汽车始终行驶在最佳的路面上。

（2）欧洲国家的智能汽车

欧洲国家的智能汽车构想是通过路边标志或卫星定位信息及车载数字地图进行车辆导航，并自动控制车辆速度。德国慕尼黑联邦国防大学与奔驰汽车公司合作研制开发了 VaMP 试验车，其由一辆奔驰 500SEL 改装而成，视觉系统主要用于道路检测和跟踪。整个实验中，试验车行驶 1 600 公里，其中 95% 的路程是自动驾驶完成的。

（3）中国的智能汽车

中国的智能汽车发展相对较晚，但具有后发优势。从 20 世纪 80 年代开始，中国着手无人驾驶汽车的研制开发，取得了阶段性成果。清华大学、国防科技大学、上海交通大学、西安交通大学、吉林大学、同济大学等都有过无人驾驶汽车的研究项目。1992 年，国防科技大学研制成功了中国第一辆真正意义上的无人驾驶汽车。由计算机及其配套的检测传感器和液压控制系统组成的汽车计算机自动驾驶系统被安装在一辆国产的中型面包车上，使该车既保持了原有的人工驾驶性能，又能够由计算机进行自动驾驶。2000 年 6 月，国防科技大学研制的第四代无人驾驶汽车试验成功，最高速度达 76 千米 / 小时，创下了中国最高纪录。2003 年 7 月，国防科技大学和中国一汽联合研发的红旗无人驾驶轿车成功通过高速公路试验，自动驾驶最高稳定速度为 130 千米 / 小时，其总体技术性能和指标已经达到世界先进水平。

3.3.2 智能汽车的应用

由于智能汽车还没有大规模应用，因此下面主要从智能驾驶、智能交互和智能网联三个方面分析智能汽车的应用。

1. 智能驾驶

（1）车道保持系统

1）系统介绍。大多数的交通事故是由于超速和鲁莽驾驶而引起的。近年来，机器视觉技术的发展促进了其在各种领域（如交通、监测、医学等）的应用，其在智能汽车方面的应用包括车道检测、行车障碍检测、交通监测等。我们需要机器视觉技术在智能汽车领域有更多、更全面的应用，以提高汽车驾驶的安全性。在这方面，最基础的研究是基于视觉的车道保持系统，其目的在于防止车辆偏离当前车道，研究者们应用机器视觉技术对车道检测、道路边界检测等做了许多尝试。

2）国内外应用现状。下面主要介绍奥迪和上汽大众的车道保持系统。

奥迪主动式车道保持系统是奥迪目前正在提供的辅助系统之一，大部分配备电子机械式转向助力的奥迪车型都能配备这一功能。当车速超过 60

千米 / 小时时，奥迪主动式车道保持系统利用安装在车内后视镜前的摄像头检测车道标记。摄像头可覆盖汽车前方超过 50 米的距离及约 40° 视场的道路范围，如图 3—14 所示，每秒提供 25 幅高清晰图像。

图 3—14　奥迪汽车前置摄像头探测范围

奥迪配备的车载软件负责从这些图像中监测出车道标记及在两条车道标记中的车道。如果在没有打转向灯的情况下汽车偏向某一侧车道标记，该系统将通过对电子机械式转向系统进行微小而有效的干预来帮助汽车驶回“正道”。驾驶员可以通过 MMI（多媒体交互）确定这个干预行为的反应速度，以及是否要结合方向盘振动进行警示。如果驾驶员选择早期干预，系统可使汽车一直在车道的中央行驶。主动式车道保持系统让奥迪在竞争中脱颖而出。

大众 CC 同样具备车道保持系统，其车道保持系统的核心是：通过前置摄像头识别车道边界线，在车辆行驶时（最低速度为 65 千米 / 小时），如果系统识别出了车道两侧的边界线，则该系统就处于“时刻准备工作”的状态。与此同时，仪表盘上的黄色指示灯将变为绿色，辅助系统将开启。行驶过程中，依靠反光镜下的探头对地面的车道线进行扫描，并适时对车辆进行修正，修正的时间限制为 100 秒，转向力矩限制为最大 3 牛 · 米。

大众的这套车道保持系统通过操纵转向拨杆的按钮（见图 3—15）启动，并通过组合仪表的指示灯显示其工作状态。在正常的开启情况下，指示灯为绿色，当车辆靠近或者偏离原车道时，方向盘就会发生振动，提示驾驶员。如果在车辆偏离车道以前拨动了转向灯，则系统认为需要变道，便不再提醒。仪表盘上的黄色指示灯亮起，代表该系统暂时无法启用，但系统依然会对道路进行监测，造成这种现象的原因可能是车速低于 65 千米 / 小时或车道模糊而无法识别等。

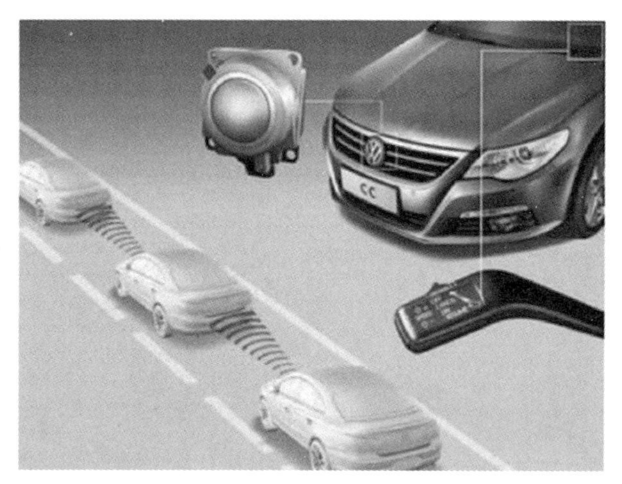

图 3—15 大众 CC 车道保持系统启动按钮

国内车道保持系统的发展比较缓慢，这与国内的路况复杂、路面标记线不清晰等有一定的关系。很多国产汽车还没有配备车道保持系统，吉利博瑞等汽车也只是配备了车道偏离报警系统，这并不是真正意义上的车道保持系统。

（2）自动泊车辅助系统

1）系统介绍。自动泊车辅助系统（APA）利用车载传感器（一般为超声波雷达或摄像头）识别有效的泊车空间，并通过控制单元控制车辆进行泊车。相比于传统的倒车辅助功能，如倒车影像及倒车雷达，自动泊车辅助系统的智能化程度更高，有效地降低了驾驶员的倒车难度。

自动泊车辅助系统主要由信息检测单元、电子控制单元、执行单元等组成，如图 3—16 所示。

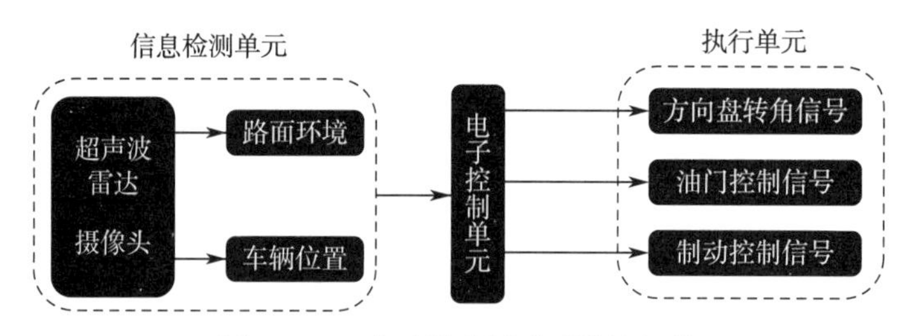

图 3—16 自动泊车辅助系统的组成

自动泊车辅助系统的一般工作过程如图 3—17 所示。

①激活系统。汽车进入停车区域后缓慢行驶，人工开启自动泊车辅助系统或者根据车速自动开启自动泊车辅助系统。

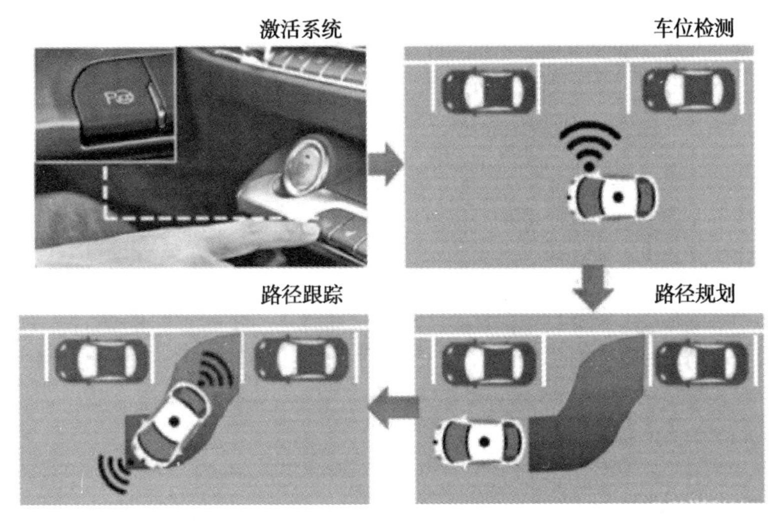

图 3—17　自动泊车辅助系统的一般工作过程

②车位检测。通过车载传感器获取环境信息，然后识别出车位，如超声波雷达识别车位空间、摄像头识别车位线等。

③路径规划。根据所获取的车位信息，APA 控制单元对汽车和环境建模，计算出一条能让汽车安全泊入车位的路径。

④路径跟踪。通过方向盘转角、油门和制动的协调控制，汽车跟踪预先规划的泊车路径，实现泊车入库。

根据智能化程度，自动泊车目前一般分为 3 种类型：半自动泊车辅助、全自动泊车辅助、全自动远程泊车。目前的大多数车辆都配备了半自动泊车辅助，在自动泊车过程中需要驾驶员通过加速、刹车、换挡等操作参与泊车的过程。

2）国内外应用现状。哈弗 H6 配备的就是半自动泊车辅助系统。在启动发动机状态下挂入 D 挡，且满足车速低于 30 千米 / 小时时，驾驶员方可通过点按点火开关近旁的对应功能键来开启半自动泊车辅助系统。

目前，哈弗 H6 支持平行泊车模式和垂直泊车模式，但是需要驾驶员通过操作界面进行泊车模式选择，如图 3—18 所示，默认情况下是只搜索副驾驶员侧的停车位。若需要搜索驾驶员侧的停车位，驾驶员需提前开启驾驶员侧的转向灯。完成以上步骤后，驾驶员便可以适宜的车速控制车辆前行，并与即将停放入位侧的车辆或障碍物之间保持 0.5 ~ 1.5 米的适当距离，以便半自动泊车辅助系统可通过传感器自动识别停车位并测量该停车位空间是否足够停放。

图 3—18 哈弗 H6 泊车模式选择

接下来，当发现合适的停车位后，车辆组合仪表上将出现相应提示，半自动泊车辅助系统将彻底接管方向盘转动。驾驶员便可将双手从方向盘上移开，只需按照仪表盘中央的操作提示一步步执行即可，如图 3—19 所示。由于在接下来的整个泊车过程中，车辆的制动及在 D 挡与 R 挡间的挡位切换工作仍需驾驶员完成，因此谨慎地根据距离来控制泊车车速并及时进行制动就成为了顺利安全泊车的关键。

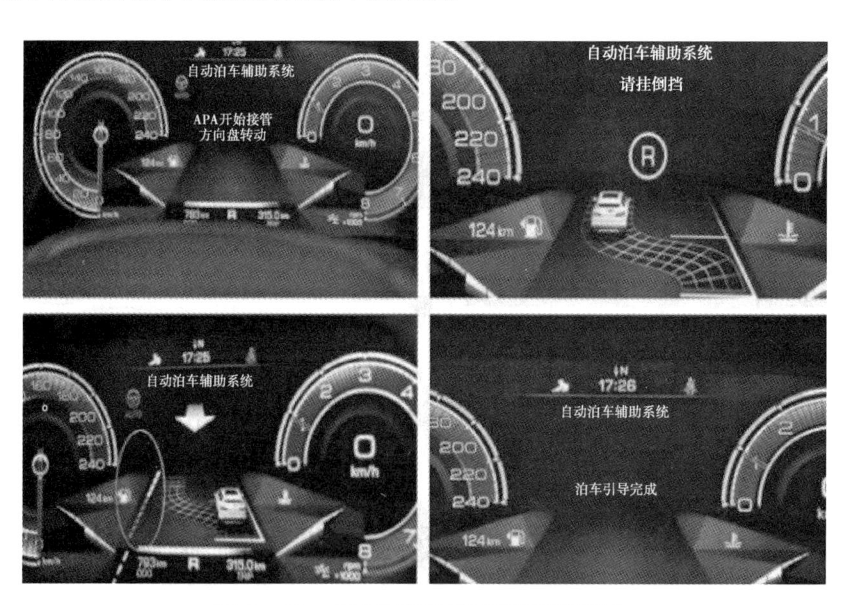

图 3—19 按照仪表盘提示进行后续操作

目前，只有少量车辆配备有全自动泊车辅助系统。这类汽车在泊车过程中无须驾驶员参与，找到车位后，直接由全自动泊车辅助系统接管进行泊车。下面以小鹏 G3 汽车为例简单介绍下全自动泊车辅助系统。

小鹏 G3 通过 12 个超声波雷达、3 个毫米波雷达、5 个视觉传感器来感知外界环境、识别车位，如图 3—20 所示。

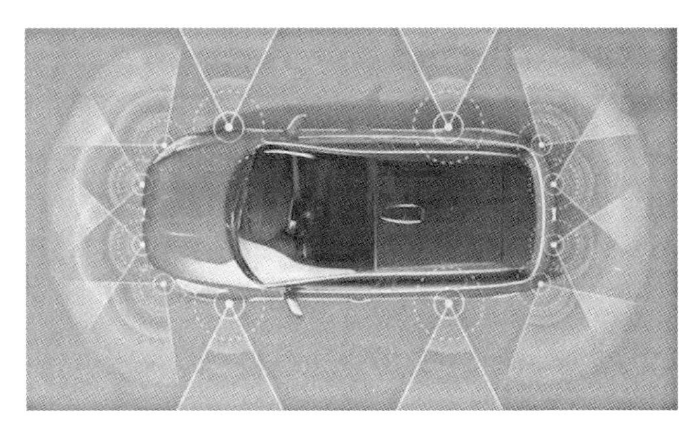

图 3—20　小鹏 G3 汽车环境感知

驾驶员通过屏幕按钮或者语音控制便可以开启倒车操作。倒车过程中，驾驶员无须进行任何操作，小鹏 G3 可以自行完成。驾驶员甚至可以在找到车位后下车，让车辆自动进行泊车。目前，小鹏 G3 能支持平行泊车、垂直泊车、斜方泊车等。

国外很多汽车也同样配备自动泊车辅助系统，如路虎、大众等。其中，路虎揽胜所支持的自动泊车辅助系统的操作和哈弗 H6 基本相似，在扫描车位之前按下中央屏幕左侧的自动泊车启动按钮，之后按照仪表中央多功能显示屏中的提示操作即可，如图 3—21 所示。

图 3—21　路虎自动泊车启动

2007 年，大众在其 MPV（多用途汽车）车型途安上首次安装了自动泊车辅助系统，该系统可通过超声波传感器探测车位并通过自动控制转向进行泊车操作。2008 年，大众汽车公司在汉诺威工业博览会上展示了最新的研究成果——新概念泊车辅助系统（PAV）。该系统适用于垂直泊车，属于全自动泊车辅助系统。该系统采用摄像头和超声波传感器相结合的感知系统，可以在无人驾驶的情况下泊车。驾驶员只需要选择车位并挂入倒挡，离开车后操纵遥控器就可以完成自动泊车。

2011 年，大众第二代自动泊车辅助系统首次安装在了新款的途安、夏朗上，该系统不仅在平行泊车时能够使汽车部分或全部停泊在路沿上，还增加了在平行车位中驶出及垂直泊车的功能。

2013 年，法雷奥在法兰克福车展上推出了一项全新的自动泊车辅助系统——Valet Park4U。该系统整合了 12 个超声波传感器、4 个摄像头和 1 个激光扫描仪来进行车辆周围障碍物的检测，极大地提高了泊车的精确性和安全性。

（3）自动紧急制动系统

1）系统介绍。自动紧急制动（AEB）系统是一种汽车主动安全技术，主要由控制模块、测距模块和制动模块三大模块构成。其中，测距模块的核心包括微波雷达、人脸识别技术、视频系统等，它可以提供前方道路准确、实时的图像和路况信息。

许多事故都是由于制动不及时或制动力不足导致的。驾驶员制动不及时可能有以下几个原因：分神或注意力不集中；能见度差；前方驾驶员紧急制动或行人随意穿行马路而导致非常难以预判的情况。大多数驾驶员在面对危急情况时，无法施加足够的制动力来避免碰撞，或者由于没有足够的反应时间而根本不会采取制动措施。AEB 就是能在这样的危急情况下给予辅助制动帮助的系统。

2）国内外应用现状。作为一项能有效减少意外碰撞事件的安全技术，自动紧急制动系统得到越来越多的重视。Euro NCAP（欧洲新车碰撞测试）、美国 IIHS（公路安全保险协会）等全球主流的安全测试机构已经将 AEB 系统纳入安全评分体系，而 C-NCAP（中国新车碰撞测试）也在 2018 年加入城市专用 AEB 测试。欧盟甚至曾于 2012 年出台规定，要求 2014 年出产的新车必须配备 AEB 系统。与国外 AEB 系统的逐渐普及相比，国内市场大多数品牌出于成本考量，仍只在相对高端的车型上才配置 AEB 系统。

瑞风 S7 搭载的 AEB 系统由江淮汽车自主研发。开发过程中，江淮汽车不仅针对 AEB 系统的两个主要控制器——雷达与 ESC（电子稳定控制）系统进行多轮联合校验，而且自 2018 年 4 月开始，委托中国汽车技术研究中心对瑞风城市专用S7 AEB进行系统测试，各项目均通过测试。此外，江淮汽车还使用瑞风S7量产车在公共道路上对AEB系统进行测试，累计里程达2 200公里，性能表现稳定。瑞风S7提供了性能可靠的AEB系统，不仅为国内消费者提供了高性价比的安全用车选择，而且也引领了国内安全技术升级的趋势。

2. 智能交互

（1）智能语音交互系统

1）系统介绍。随着科技的发展，如今上市的新车都开始标榜“科技感”，智能语音交互就是各大厂商重点推介的功能之一。操控导航、打电话、查找附近美食、操控空调和车窗、讲笑话等，智能语音交互系统能够实现的功能越来越多，呈现出逐渐取代物理按键和多点触控、成为车厢内主流人机交互方式的趋势。

让机器在极短的时间内听懂用户的话并做出相应指令，需要工程师在前期对机器进行大量的学习训练。语音识别技术的原理如图3—22所示。前端模块负责读取输入的声学信号，处理信息畸变和环境干扰，并对声学信号进行特征处理，解码转化为机器能听懂的“语言”。有了足够多的语音和文本数据后，后端模块则负责让机器学习如何阅读，如每个字的读音、连在一起的读法、常用的文字组合等，提取出有用的数据模型构成数据库。最终，机器在糅合统计声学模型及语言模型信息的网络中搜索相应的信息进行解码，输出对应的结果。

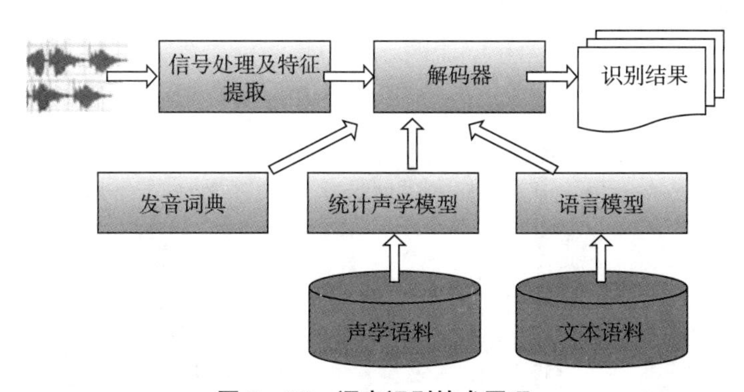

图3—22　语音识别技术原理

当然，上述描述还是极大地简化了语音识别的工作原理和难度。例如，如何在车内嘈杂的环境中提升识别率就是一大难点。高速行驶的车内往往会有胎噪、空调声等干扰音，想要单独识别出驾驶员的声音，尤其是分清主、副驾驶的声音需要额外的技术支持，麦克风阵列技术就是其中之一。麦克风阵列技术能够通过多个麦克风计算声源的角度和距离，从而对目标声源进行定向拾取，再经过去混响技术的过滤得到更加纯净的声学信号，如图 3—23 所示。

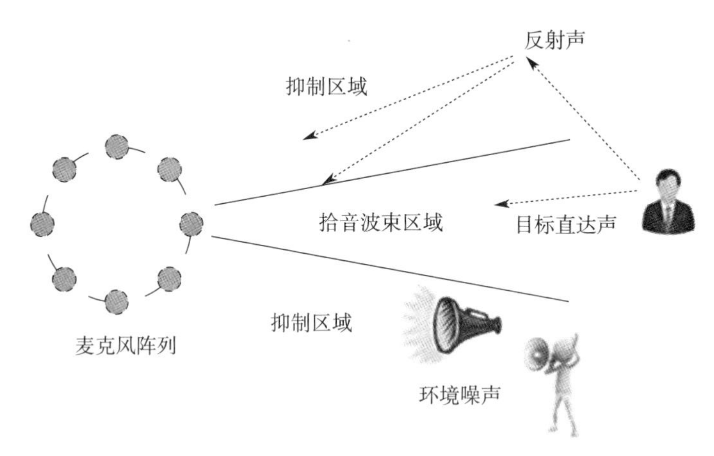

图 3—23 麦克风阵列技术

2）国内外应用现状。亚马逊在 2017 年年底的圣诞节假日期间售出了数千万台内置语音助手 Alexa 的设备。2018 年的国际消费类电子产品展览会（CES）上，亚马逊也设立了专门的 Alexa 展位。作为首家推出家用智能语音产品的科技公司，亚马逊正在力图将 Alexa 带入工作、车载等各个不同的使用场景。目前，丰田汽车已宣布与亚马逊合作，将 Alexa 整合到车载系统中，以进一步提升汽车的智能语音功能。丰田表示，将在美国市场生产部分提供 Alexa 服务的丰田和雷克萨斯汽车，如图 3—24 所示。

图 3—24 整合 Alexa 的丰田车载系统

长安汽车与吉利汽车是国产自主汽车品牌中的代表。得益于本土信息技术行业的迅速发展，国产汽车在语音识别、主动安全配置的普及方面已经做得比合资汽车更好。以吉利博越3.0智能语音交互系统为例，相比于此前的2.0版本，3.0版本接入了更多的互联网信息源，智能语音交互系统功能更加丰富，对语音指令的识别也更加灵敏和准确。吉利博越智能语音交互系统可以直接被语音唤醒而不需要操作任何按键。只要车辆处于通电或着车状态，直接语音输入“你好，博越”便可直接唤醒智能语音交互系统。

除此之外，这套系统还支持自定义名称，除了系统默认的“博越”唤醒名之外，用户还可以按照自己的习惯自定义任何唤醒名，如自定义为“吉利”“小狗”“新出行”等。

对于以往的大部分智能语音交互系统，虽然官方宣称其支持自然语音识别，但对于一些方言还是无法准确识别出来。吉利博越3.0智能语音交互系统能支持湖南话、四川话、广东话、河南话、东北话、中国台湾话6种不同的方言，而且能以相应的方言来跟用户互动。同时，如果用户选择了方言，但仍用普通话输入，系统依然能够识别，并不会因为选择了方言就必须用相应的方言来沟通。

飞鱼2.0是科大讯飞基于飞鱼1.0全新推出的新一代人工智能语音交互系统，它融合了Barge-in全双工语音交互技术、窄波束定向识别技术、自然语义理解技术、免唤醒技术、多轮对话技术等科大讯飞核心技术，为用户打造了一个高颜值、能听、会看、具有联机思考和联机学习能力、懂人、懂车、懂环境的智能系统。同时，该系统以AI为基础，打通车内信息娱乐服务，并以账户为基础实现多场景交互体验，为用户提供更智能化、个性化的服务。

飞鱼2.0为优化语音交互体验应用了很多先进技术。其中，飞鱼对话引擎是面向车厂定制的跨平台软件产品，以全闭环的语音核心能力，为汽车配备了“一双聪慧的耳朵和口齿伶俐的嘴巴”。麦克风阵列技术有效过滤汽车行驶时的胎噪、风噪、空调噪声等，给汽车安装了一个灵敏的耳朵，使其听得更清楚，让用户和汽车的沟通不受环境限制。为避免多人对话中的误操作问题，科大讯飞应用了行业领先的窄波束技术，波束宽度为30°，让汽车能正确地接收命令。

飞鱼2.0将“懂人”的理念聚焦到用户能够感知到的功能上，如通过声纹、人脸等识别技术让汽车能认识人，通过账户同步让汽车能了解用户习惯并主动推荐用户感兴趣的产品。飞鱼2.0通过整合全面的汽车手册、保养知识、交通规则等，基于阅读理解技术构建说明书和汽车知识库，让用户可以快速“懂车”，精准获取任何想知道的汽车知识。

“懂人”“懂车”这些个性化服务的背后离不开强大的数据支撑。飞鱼数据工场的设计初衷是构建汽车的数据应用场景及数据分析能力。随着车内及车外各类采集数据手段与汽车网联化的发展，汽车正在产生越来越多的数据并得到实时传输。而之前这些数据并没有在行业内得到有效的利用，没有为车企及用户产生足够的价值。飞鱼数据工场能让企业通过数据和用户建立直接的服务渠道和反馈渠道，让车企和用户直接交互，使沟通更高效，反馈更及时。

（2）手势识别系统

1）系统介绍。由于驾驶员在驾驶途中拨打或接听电话的行为存在一定的安全隐患，因此国务院在 2004 年公布的《中华人民共和国道路交通安全法实施条例》中明确要求禁止驾驶中拨打、接听电话，以保障安全驾驶。随着科技的发展，汽车企业抓住市场需求，基于计算机视觉研发智能交通系统，以使驾驶员在视线不离开路面的情况下能通过手势等方式使用设备。这样能有效减少因驾驶员分心导致的交通事故发生。除此之外，手势识别系统应用也是无人驾驶汽车研究中的热门，虽目前仍处于研究阶段，但未来能实现的功能值得期待。

手势是指人手或者手和手臂结合产生的各种动作，通常分为静态手势和动态手势。对于静态手势，系统只需要判断某个时间点上的手势外形特征即可。而对于动态手势，系统则需采集一段时间内的持续动作进行分析，增加了时间信息和动作特征。

随着传感器技术的进步，汽车手势识别市场有望实现几何级数增长，不少整车厂商和零部件厂商、科技公司都在积极布局。目前，利用摄像头进行手势识别已经成为部分高端车型的配置之一。宝马、大众、奥迪、奔驰、福特、捷豹路虎等多家整车厂商在量产车或概念车上加入了手势识别系统，德尔福、采埃孚、博世、大陆等零部件厂商，以及谷歌、微软等科技巨头在手势识别领域的实力也不容小觑。

2）国内外应用现状。美国微芯科技公司推出了汽车行业内系统成本较低的全新 3D 手势识别控制器，为高级汽车 HMI（人机界面）设计提供了一套耐用的单芯片解决方案。作为微芯科技简单易用的 3D 手势识别控制器系列的新晋成员，MGC3140 是第一款可用于汽车的 3D 手势识别控制器，如图 3—25 所示。

微芯科技全新的手势识别控制器以电容技术为基础，适用于大量需减少驾驶员分神和提高车辆操作便捷性的应用，是导航信息娱乐系统、遮阳板操作系统、车内照明控制系统等的理想之选。这项技术还支持开启脚控后升车门，并且制造商还希望通过简单的手势集成车内的任何其他功能。MGC3140 获得了美国汽车电子委员会 AEC-Q100 认证，满足汽车系统设计

图 3—25　MGC3140 3D 手势识别控制器

严格的电磁干扰（EMI）和电磁兼容性（EMC）要求。每个 3D 手势识别系统都包含一个传感器和微芯手势控制器，传感器可以由任何导电材料制成，而手势控制器是专为特定应用打造的。

德国 Elmos 公司于 2018 年推出 E909.21 控制器和 E909.22 调节器（见图 3—26），用于汽车应用中的光学接近和手势识别解决方案。该控制器和调节器的设计适用于汽车大屏幕中控显示器，两者的组合为用户提供了完美协调的解决方案，可与 GUI 进行精确的人机互动。

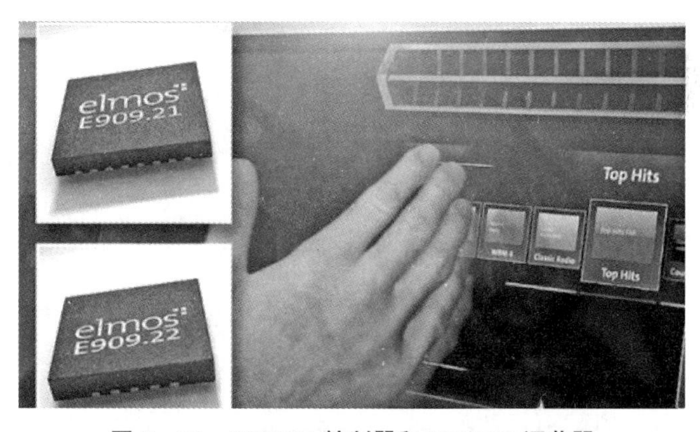

图 3—26　E909.21 控制器和 E909.22 调节器

这两款产品可以检测接近、滑动、空气滑动（手势挥动）等动作，对基于简单的主动式红外光电技术的物体识别和运动分析进行实时处理。在汽车应用中，Elmos 是手势识别的先驱，而在该应用中，Elmos 处于世界第一的位置。原因之一是该产品在市场上具有最佳的抵抗外部环境光能力和自动系统校准功能。此外，为了简化系统和传感器设计，两款产品还集成了许多重要功能，使其适用于即插即用的解决方案。E909.21 控制器已在知名汽车 OEM（原始设备制造商）的各种车型系列中被使用。

华捷艾米公司作为国内首家提供体感技术全套解决方案的科技公司，具备完全成熟的手势识别技术。华捷艾米公司致力于人机交互领域，将体感技术与汽车相结合。据市场调研统计，70% 的消费者对手势识别系统显示出了强烈的兴趣，并认为这比在驾车时通过按钮或触摸屏控制更简单、更便捷。同时，这也方便位于后排的乘客通过不同的手势（如摊开手掌、握拳等）来实现对车载音频功能的控制。

（3）疲劳驾驶检测系统

1）系统介绍。疲劳驾驶的检测方法众多，早期由于技术不够完善，因此检测技术多同医学联系起来，需要同驾驶员有身体接触，通过佩戴检测仪器来完成，属于触摸的检测系统，而且会影响驾驶员驾车，因此应用范围小。随着集成芯片和图像处理技术的迅速发展，非接触类检测系统替代了穿戴式检测仪器在疲劳检测方面的位置。非接触类检测系统不接触驾驶员身体的任何部位，而是使用不同非接触类传感器或摄像头来采集驾驶员的脸部特点和动作。现在的检测方法主要是通过安装摄像头和微型计算机来完成检测，摄像头用来拍摄驾驶员的实时视频，微型计算机嵌入疲劳驾驶检测系统，通过对视频中驾驶员的状态检测来完成疲劳判定，因此非接触类检测装置受到更多驾驶员的青睐。

2）国内外应用现状。米乐视疲劳驾驶预警系统能够在车辆行驶过程中，通过内外双摄（见图 3—27）分别监控驾驶员和前方道路，全天候监测驾驶员的疲劳状态、驾驶行为等。在发现驾驶员出现打哈欠、眯眼睛及其他不良驾驶状态后，预警系统将对此类行为进行及时的分析，并进行语音灯光提示。系统检测到错误驾驶行为时会触发报警声音，提醒驾驶员采取措施；同时，若汽车为营运车辆，报警事件会通过 4G 网络实时上传至云端，实现车队对车辆和驾驶员的远程监管，提升车队驾驶安全。

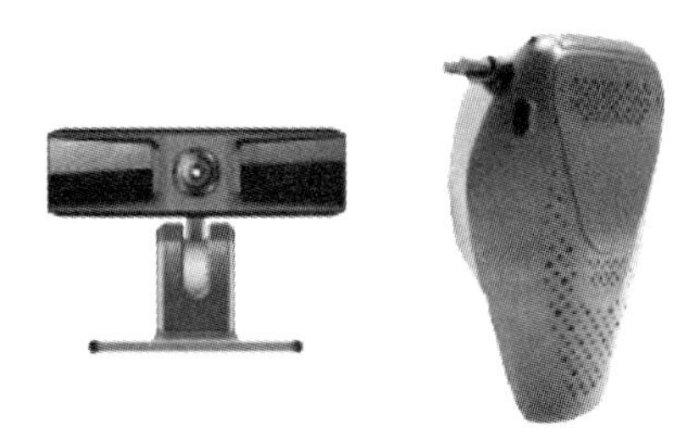

图 3—27　米乐视疲劳驾驶预警系统的内外双摄

大众汽车装备的疲劳驾驶检测系统被称为“疲劳识别系统”，它从驾驶开始时便对驾驶员的操作行为进行记录，并能够通过识别长途旅行中驾驶操作的变化对驾驶员的疲劳程度进行判断。驾驶员转向操作频率变低并伴随轻微但急骤的转向动作以保持行驶方向，是驾驶精力不集中的典型表现。根据以上动作的出现频率，并综合如旅途长度、转向灯使用情况、驾驶时间等其他参数，系统会对驾驶员的疲劳程度进行计算和鉴别。如果计算结果超过某一定值，仪表盘上就会闪烁一个咖啡杯的图案，提示驾驶员休息。此外，只要打开疲劳识别系统，系统便会每隔 4 小时提醒驾驶员进行休息。

3. 智能网联

（1）智能网联汽车介绍

智能网联汽车（ICV）是车联网与智能汽车的有机联合，是搭载先进的车载传感器、控制器、执行器等装置，并融合现代通信与网络技术，实现车与人、车、路、后台等智能信息交换共享，实现安全、舒适、节能、高效行驶，并最终可替代人来操作的新一代汽车。

（2）国内外应用现状

美国将发展智能网联汽车作为发展智能交通系统的一项重点工作内容，通过制定国家战略和法规引导产业发展，2016 年发布的《美国自动驾驶汽车政策指南》引起了行业的广泛关注。日本较早便开始研究智能交通系统，政府积极发挥跨部门协同作用，推动智能网联汽车项目实施，其计划于 2020 年在限定地区解禁无人驾驶汽车，到 2025 年在国内形成完全自动驾驶汽车市场。欧盟支持智能网联汽车的技术创新和成果转化，在世界保持领先优势，其通过发布一系列政策及自动驾驶路线图等，推进智能网联汽车的研发和应用，引导各成员国智能网联汽车产业的发展。

2016 年，我国工业和信息化部组织行业加紧制定智能网联汽车的发展战略、技术路线图和标准体系，交通部在实行“两客一微”车辆管理方面也为智能交通管理积累了丰富经验。2018 年 3 月 1 日，由上海市经信委、上海市公安局和上海市交通委联合制定的《上海市智能网联汽车道路测试管理办法（试行）》正式发布，全国首批智能网联汽车开放道路测试号牌发放。上汽集团和蔚来汽车拿到上海市第一批智能网联汽车开放道路测试号牌，当天下午，两家公司研发的智能网联汽车就从位于嘉定的国家智能网联汽车（上海）试点示范区科普体验区发车，在博园路展开首次道路测试。

3.3.3　智能汽车的发展问题、对策与趋势

1. 智能汽车的发展问题

（1）汽车安全问题

智能汽车在实现无人驾驶的过程中或实现无人驾驶后，一旦出现行车安全或信息安全问题，将会引起社会的广泛关注。车联网技术涵盖汽车、

信息技术、交通、通信等多个行业，如何对人、车、路的信息进行高效收集、分析、利用，将成为重中之重。谷歌无人驾驶汽车目前还离不开人的操控，只能按预定程序行驶，在雾雪天气还会受到干扰，并且在加速、减速及转向时衔接还不太好。全工况的无人驾驶技术仍处于研发阶段，离最终的实用性测试和验证还有很长一段距离。无人驾驶汽车还面临法律和道德两方面的困难。一方面，任何安全都是相对的安全，智能汽车在运行过程中难免会出现故障，对于由此而导致的事故，需要进一步分清责任主体、确定保险赔付等。另一方面，无人驾驶技术永远是将保护车辆和车内人员作为第一要务，可能会伤及其他人，这涉及交通道德问题。

（2）智能汽车发展体系薄弱

我国智能汽车发展体系薄弱体现在以下三个方面。一是基础研究薄弱。虽然汽车产业创新发展联合基金支持的基础研究项目已经开展，但发展时间尚短，还不能指导实际研究开发。二是技术薄弱。虽然我国有些企业拥有展示性自动驾驶样车，但国际大公司都有 20 年左右的 ADAS（高级驾驶辅助系统）和 ITS（智能交通系统）研究历史，我国企业在这方面与国际大公司的差距甚大。三是顶层设计薄弱。由于对智能汽车价值的认知不同，整车企业和互联网企业之间的合作模式还不够清晰；在有人驾驶到无人驾驶的过渡期间，要让驾驶员接纳、信任并愿意使用无人驾驶汽车，还面临不小的挑战。

（3）道路基础设施建设和智能汽车产业之间缺乏协同发展

目前，国内一些领先的汽车企业已有明确的智能汽车发展规划，有的甚至已经开始实施，同时在道路雷达、智能汽车充电桩等公共基础设施的建设上投入巨大的资金，但缺少道路基础设施建设统筹规划，能否最终实现预期目标，还充满未知。从出租车到网约车，再到如今的共享汽车，都只是汽车智能化转型的表象，并不是完全的智能化。只有做到人找车、车找人、车找位全过程的智能化，才是真正的智能汽车。在交通领域，虽然近几年交通管理系统得到了迅速发展，交通安全问题得到了缓解，但拥堵问题依旧严重。这种现象主要是由两个原因导致的：一是道路基础设施建设速度慢，而汽车数量增长速度快，加剧了交通供求矛盾，尽管综合管理水平有所提升，但仍旧无法满足实际需要；二是大数据交通网络平台存在一定的“重建轻用”问题，对现有交通信息的利用率不高。

（4）缺乏智能汽车生态链

仔细研究国际汽车大企业在智能汽车方面的研究开发规划、组织，可以发现智能汽车生态链正在逐步形成。首先，谷歌、特斯拉不断对智能汽车进行投入，使得其他公司都加快了研究开发的步伐。其次，车企组织形成了多个产业联盟，如宝马、英特尔和 Mobileye 组建的自动驾驶研发联盟，奥迪、宝马、奔驰、爱立信、华为、英特尔、诺基亚和高通组建的 5G 汽车联盟，奔驰、宝马、奥迪依托 HERE 地图组建的数据共享联盟，爱立信、英特尔、丰田、日本通信服务商组建的汽车边缘计算联盟等。在汽车总装厂的影响下，相关生态链上下端积极投入研发，智能汽车生态链不断延长，新能源、物联网、增强现实、介导现实（MR）、云技术等行业在生态链中交织、集成，智能汽车生态链上的企业并购和联合也时有发生。我国虽是汽车生产大国，整车企业集团已有相当大的规模，并有相当大的科研设施建设和科技投入，各大企业也已开展针对智能汽车的研究开发工作，但我国汽车大企业的创新模式相对单一，重点还在招聘人才、建设设施、研究开发，依靠外部资源较少，缺乏完善的智能汽车生态链。

（5）标准与法规工作机制有待健全

我国汽车产业的标准工作体系起始于产业跟随发展阶段，其指导思想是采纳国际标准、贯彻国际标准、学习国际技术与经验，从而提升我国汽车产业的水平。在产业跟随发展阶段，由于国际标准已经过大量的研究、验证，我国以翻译和编写标准为主。政府部门相关工作机制仍需改进，需要以科学论证作为决策基础，多部门协商不能代替跨行业的专家科学咨询。在法律、法规方面，中国缺少顶层设计，高度自动驾驶汽车上路面临法律、法规问题，需要深入研究并进行相应调整。

2. 智能汽车的发展对策

（1）建立保障机制，提升信息安全

要做好道路的规划、交通路面标识等基础设施的完善，提高专用通信系统的覆盖率，实现车、路、人、云主机之间的互联互通。要加强海量异构的车辆数据采集、存储、发布技术研发，特别是要在车辆动态信息网、状态实时获取、环境智能感知、车路信息交互等前沿技术领域取得重大超越。要持续加强汽车内通信的安全研究，最大限度避免因控制信息被泄露或被篡改而造成安全威胁；通过车车通信、人车通信及汽车与交通设施之间的互联，获取汽车在行驶过程中的位置信息、周围其他车辆及行人路况信息、交通信号灯等交通信息，综合处理这些信息并给出正确判断，实现安全驾驶。要建立智能汽车国家安全与公共安全保障机制，加强对智能汽车网络安全的监管，保护好用户的个人信息，加强数据跨境流动管理，加大对跨行业资源整合的力度，促进产业协同发展。

（2）强化整体结构设计，制定总体战略布局

政府在加大对智能交通的基础性、公益性系统投入的同时，要鼓励和引导社会与民营资本参与智能汽车的研发，要发挥资本市场的力量，来引

导业态健康规范发展，创造智能交通系统建设运营新模式。同时，要完善政策措施和管理规范，有计划、有步骤、有重点地推动技术创新、产业培育、环境建设和规模化应用，创造有利于智能汽车发展的大环境，统筹推进智能汽车与智能交通系统融合发展。我国已组织相关人员起草国家智能汽车创新发展战略，通过制定战略规划，明确国家中长期汽车战略方向、保障措施、重点任务，使其成为引领我国智能汽车产业的宏伟蓝图和行动纲领，同时提出的还有近期行动计划、路线图和时间表，以确保创新发展战略尽早启动、有序实施。另外，鼓励我国保险业推出自动驾驶汽车路测险种，发挥保险业对自动驾驶技术发展的推动作用。

（3）推动政、产、学、研、用协同创新，构建智能交通技术创新体系

政府有关部门应加快组织跨行业、跨部门的政、产、学、研、用合作，统筹规划道路和通信基础设施建设，完善配套管理机制。同时，要加强智能汽车跨行业产业链的构建，建立第三方测试评价服务平台，推进产、学、研、用的协同创新，促进智能汽车科技创新成果的转移和产业化。要加快建设智能交通系统，建立开放型大数据平台和公共服务与测试平台，建立测试评价体系，为测试和应用提供技术基础，按规定开展实际道路使用测试，支持具备条件的区域超前规划布局。企业作为创新的主体，要充分发挥在创新发展中的能动作用，面向市场需求，积极探索各种新的运作模式，力争在全球新一轮产业变革中抢占制高点、培育新优势，从而增强国家智能汽车产业的硬实力。

（4）突破关键技术，构建产业生态

应在国家统筹指导下，以市场化运作模式凝聚汽车骨干企业、网络通信领军企业、重点科研单位等多方力量，统筹利用国家研发计划和重大专项，支持关键技术的研发和产业化，加快智能汽车创新中心的建设，加快推进智能汽车试点示范，探索智能汽车新市场与新业态。要抓住发展的关键环节，突破核心技术，要以新技术、新服务作为依托，来推动产业和资本的有机结合，来创造智能交通建设运营的新模式。许多厂商将采集到的车辆运行工况数据和交通路况等信息融合后作为服务提供给用户，生态驾驶、安全驾驶、经济驾驶等一系列智能驾驶服务已成为汽车服务领域的新业态，吸引了汽车企业、互联网企业及其他众多资本的加入。要尽快将关键技术和技术攻关项目纳入国家重大计划，突破激光雷达、高精度传感器、汽车芯片、云技术平台等核心技术，满足智能汽车的应用要求。同时，要深入挖掘智能汽车的四个基础，即基础材料、基础工艺、基础零部件、基础技术，把基础打好。

（5）制定合理的行业发展标准，完善法律、法规

要制定出台国家层面的智能汽车车载环境感知传感器、网络通信、网络安全与信息服务及协议等技术标准。要注重标准的实践性，在创新发展阶段，制定标准需要大量的研究、实验和生产实践等做基础。要注重吸收国际经验，有些标准涉及实验方法和技术路线，在指导科研生产实践的同时也具有商业竞争壁垒的作用，但前者的重要性远大于后者，因此一定要注重学习、吸收国际经验，同时要积极参与国际标准制定，规范引导产业发展。同时，要加快我国智能汽车领域立法，对公共道路测试和驾驶人的责任划分做出明确规定，在智能交通设施方面加快建设我国自主标准体系，对车辆安全和信息安全的核心环节建立强制性的标准规范。应开展智能汽车标准法规、共性技术、规划政策、测试示范等方面的国际交流与合作，通过中德智能制造、中美百人计划等桥梁寻求产业合作的契机。

3. 智能汽车的发展趋势

未来，智能汽车将是跨学科、跨领域的高新技术载体。随着高速无线局域网的发展和成熟，智能汽车技术将朝着可感知、可连接、标准化、个性化等方向发展。

（1）智能汽车双系统的形成

为了保证安全，飞机上采用双系统。目前，汽车上还不允许使用双系统，但为了解决无人驾驶的安全问题，双系统可能成为未来的一个发展方向。然而，双系统必然会导致代码量成倍增加，网联化的数据量巨大，如何解决其对车载智能系统软件及硬件设备的压力将是亟待解决的问题。

（2）新兴技术的应用与发展

智能汽车是汽车技术与信息技术、智能技术等新兴技术的融合。发展智能汽车能够带动大数据、云计算、通信、人工智能、移动互联网等技术的发展。车联网技术最终实用性测试和无人驾驶实用化技术开发的进行，以及相应通信、道路基础设施的逐步建设，将为协调式辅助驾驶技术和无人驾驶技术的大规模推广应用奠定基础。通过依靠自我研发或使用其他算法平台，结合大量的相关技术储备，智能驾驶系统将进一步优化升级，无人驾驶将逐渐成为现实。

（3）相关基础设施的建设

真正实现汽车的网联化发展需要政府在基础设施方面的大力支持。我国已经制定了《推进“互联网+”便捷交通　促进智能交通发展的实施方案》。该方案指出，未来我国将加强交通基础设施网络基本状态、交通工具运行、运输组织调度的信息采集，形成动态感知、全面覆盖、互联的交通运输运行监控体系；推广应用集成短程通信、电子标识、高精度定位、

主动控制等功能的智能车载设施；建设智能路侧设施，提供网络接入、行驶引导、安全警告等服务；加强车路协同技术应用，推进自主感知全自动驾驶车辆研发，根据技术成熟程度逐步推动应用。只有在真正实现“车内联网”“车车通信”“车路通信”等网联化之后，才能真正实现无人驾驶。未来，车载式和网联式将走向技术融合，通过优势互补，提供安全性更好、自动化程度更高、使用成本更低的解决方案。

总之，汽车的智能化、网联化发展趋势锐不可当。智能汽车创新战略的发布应该把路网设施、网络服务等环境优势与汽车相结合，形成汽车产业的智能化整合。智能移动空间和智能生活的发展潜力巨大，充分挖掘发挥这些潜力，将使我国成为智能汽车强国。同时，在全球能源危机加重及汽车排放物引发环境问题的时代背景下，新能源化也将成为未来全球智能汽车行业发展的必然趋势。

3.3.4 智能汽车的典型案例

1.“智能驾驶舱”概念兴起

随着智能汽车的兴起，“智能驾驶舱”概念成为汽车行业新宠。在 2018 年北京车展上，各大企业纷纷发布智能驾驶舱，吸引了不少观众的眼球。

这次车展上，哈曼公司展示了一辆独一无二的玛莎拉蒂汽车，该汽车的独特之处是采用搭载了最新英特尔创新技术的哈曼“智能驾驶舱”解决方案。在交互逻辑的设计上，其位于中控台中央位置的三枚操作旋钮均配备嵌入式 OLED（有机发光二极管）屏幕，分别用于控制温度、显示时间及访问语音助理。此外，新一代“智能驾驶舱”搭载了英特尔凌动车载处理器 Apollo Lake 和虚拟化软件 ACRN。在具体的驾驶场景中，驾驶员和副驾驶员可以分别使用单独的屏幕而互不影响。例如，当驾驶员正在使用导航功能的时候，副驾驶员完全可以用另外一块屏幕来进行一些娱乐活动，如看电影、玩游戏等，不会出现占用同一屏幕的现象。图 3—28 所示为哈曼新一代“智能驾驶舱”。

红旗发布了首台智能概念驾驶舱，体现了红旗品牌在未来智能出行方面的理念。红旗这款智能概念驾驶舱并没有设计方向盘和油门踏板，且采用全语音操控，取消了全部的物理按键，中控台大尺寸液晶显示屏将提供车内的全部信息。据了解，该驾驶舱还将拥有 AI 车载系统，能够根据乘坐者的衣着主动变换内饰氛围灯，并且根据喜好推荐音乐等。根据未来出行的设计理念，红旗智能概念驾驶舱将拥有脸部识别功能，可以通过每位用户的个人账户来进行数据互通，达到体验的无缝衔接。图 3—29 所示为红旗智能概念驾驶舱。

图 3—28　哈曼新一代“智能驾驶舱”

图 3—29　红旗智能概念驾驶舱

2. 无锡市车联网建设

2017 年 9 月 10 日，国家智能交通综合测试基地在无锡揭牌，这是我国首个面向自动驾驶汽车上路行驶考试和安全评估的测试场。测试基地建成后，将用于对自动驾驶汽车的功能符合性、性能可靠性和稳定性等进行测试评估，同时面向国内外研发和生产自动驾驶汽车企业，对需上公共道路测试的自动驾驶汽车颁发“试验用临时行驶车号牌”，并提供第三方权威测试和认证。无论是奔驰、宝马、大众、长安、奇瑞、吉利等车企，还是华为、小米、百度等通信与网络科技公司，以及与车联网相关的电子元件、感应器材等上下游生产企业，都有在该基地设立研发中心、事业部的需求。车联网的相关行业主管部门和行业协会也有在该基地周边设立行业检测中心、信息服务平台、公共技术应用平台等的需求。未来通过在基地内建设国家级车联网产品检测中心，基地在车联网产业高端要素集聚的极核地位将更加凸显，辐射范围覆盖全国。

2018 年 5 月 3 日，无锡车联网（LTE-V2X）城市级示范应用项目的正式签约标志着全球第一个城市级的车路协同平台进入全面实施阶段。相比传统的 V2X 技术，LTE-V2X 一方面拥有更远的传播距离、更短的时延及更大的通信能力，尤其是高密度场景下多车通信的可靠性将得到大幅提升，解决了传统方式多车场景容量受限的问题；另一方面借助优化了的移动宽带网络，能随时随地自由连接互联网，提供云网协同的数据开放，实现更多需要大带宽、远距离的应用，如路况监控、远距离告警、信息推送等。该项目建成后将成就多个“全球第一”：全球第一个开放道路的车路协同应用场景示范区，全球第一个规模化真实用户的 V2X 应用示范区，全球第一个快速优质的 LTE-V2X 网络覆盖城市，全球第一个车联网应用商业示范城市。

3. 长安汽车智能化实践

（1）智能驾驶

长安智能驾驶以“安全为基础”“渐进式开发”“实现产业化”为总体开发原则，目前已完成停走式自适应巡航、自动紧急制动等 15 项（0～1 级）功能的应用，且完成集成式自适应巡航、全自动泊车的工程化开发（2 级），即将量产。其中，并线辅助、360° 全景（标清、高清）、追尾预警、限速标识识别、自动远光灯做到中国首发，其余功能的总体性能达到国内领先水平。

长安汽车基于美国研发中心，整合北美优势资源，深入顶层设计、环境感知、中央决策、功能安全、人机交互、测试评价、控制执行 7 大领域研究，目前已掌握关键核心技术 27 项，还有 59 项在开发中，实现了智能化三级八大核心功能，将在 2020 年前量产。

2016 年 4 月 12 日，长安自动驾驶汽车（3 级）从重庆到北京历经近 2 000 公里，完成中国首次长距离自动驾驶测试，为长安在远距离自动驾驶方面积累了大量数据、开发经验。长安现已构建智能化三级的体系化开发能力，自动驾驶需通过系统性的测试验证，其中包括系统仿真、单项功能测试、功能集成场地测试、实际道路测试等。

（2）智能交互

为提高智能汽车的交互功能，长安汽车加快大屏、高清屏、多屏交互、HUD（平视显示器）等高体验智能座舱技术投产，积极探索增强现实、虚拟现实等未来技术在汽车上的应用。

（3）智能网联

目前，长安汽车在智能网联方面已实现车联网产品的规模应用，正推进车际网的开发及远程刷写系统的完善。

在车内网领域，2017 年长安 In-Call 智能终端累计搭载规模达到 150 万辆左右，在国内率先搭载在线地图，并于 2018 年实现接近 100% 的搭载率。另外，长安车际网将实现产业化，车云网将开始应用。其中，针对车际网的开发，已形成包括系统仿真、功能集成场地测试、示范区实路测试的测试体系。

此外，长安汽车借助美国 MTC（移动交通中心）测试基地，至 2017 年已开发完成了 9 大典型场景的应用功能，并在 2018 年完成了 17 个场景功能量产状态开发，达到美国同期水平。

（4）智能驾驶、智能交互与智能网联的深度融合

目前，长安汽车正联合国内外公司及科研机构，通过突破环境感知、车联网信息融合、云端一体化、高精地图 / 定位应用、人工智能、信息安全防护等关键技术路径研究，实现四级自动驾驶中城市自动驾驶、代客一键式全自动泊车、车路协同运行等九大核心功能，预计 2025 年完成产业化应用。

4. 京东无人送货车

2017 年 6 月 18 日，京东无人送货车在中国人民大学完成全球首单配送。2017 年 9 月 28 日，京东无人黑科技家族新成员——京东无人轻型货车（见图 3—30）上路了。

这也是国内电商及物流领域首次推出无人轻型货车产品，并且在交管部门指定的固定路段内完成了路试。这些结合无人驾驶、感知系统、新能源等前沿技术的全新智能产品旨在解决未来城市内的物流运输需求。无人货车不仅对京东无人车物流网络的形成起到至关重要的作用，而且将成为中国自动驾驶应用推进征程中一个重要的里程碑。

京东与上汽大通合作的 EV80 新能源无人轻型货车搭载了雷达、传感器、高精地图及定位系统，在行进过程中，即使是 150 米外的障碍物也可以被提前探知，并且有足够的时间重新进行道路规划与障碍规避。当遇到信号灯时，前视摄像头可以准确感知，保障无人轻型货车安全有序地平稳前行。

强大的技术实力和优质硬件的保障使京东无人轻型货车可以自主完成运行路线规划，实现主动换道、躲避障碍、车位识别、自主泊车等诸多功能。虽然无人货车能够实现自动驾驶，但在进行路试时，依然在车上配备了驾驶员，以应对可能发生的突发事件，确保路试安全进行。

据透露，京东与上汽集团将针对无人车的发展与生态建设开展战略合作。事实上，京东近年来一直致力于发展人工智能技术，并结合多年的电

图 3—30 京东无人轻型货车

商运营经验，为无人轻型货车提供强大的技术支持和丰富的应用场景。未来，京东还将倡导技术的开放与共享，促进无人车物流网络的完善与整个智慧物流体系的建设。

5. 谷歌无人驾驶汽车

谷歌无人驾驶汽车（见图 3—31）具有 GPS、摄像头、雷达和激光传感器，可以 360° 的视角从周围环境中获取信息。从 2009 年开始，谷歌无人驾驶汽车在自主模式下已经行驶了 190 多万公里，无人驾驶软件已经知道了很多应对不同情况的方法。图 3—32 所示就是谷歌无人驾驶汽车眼中的世界。

谷歌无人驾驶汽车的各种传感器可以检测到远达两个足球场范围内的各种各样的存在，包括行人、机动车、建筑、禽类、自行车等。系统用不

图 3—31　谷歌无人驾驶汽车

图 3—32　谷歌无人驾驶汽车眼中的世界

同的颜色、图形等标示不同的物体，车辆用紫色标示，骑自行车的人用红色标示，左上角转角的地方会用橙色的圆锥来标示。当信号灯不起作用时，谷歌无人驾驶汽车甚至可以识别交警的手势。

6. 特斯拉自动驾驶汽车

特斯拉是一家特别沉迷于自动驾驶技术的企业。为实现 Autopilot 辅助驾驶技术，特斯拉调用了 12 个超声波传感器，分布在车身周围的 12 个不同位置，有效减少了驾驶盲点，并能有效识别周围环境。车身前方放置了能辨别前方物体的雷达，其雷达波可以穿越雨、雾、灰尘，甚至前方车辆。特斯拉自动驾驶汽车还有基于长时间路试经验研制的高精度卫星地图，如图 3—33 所示。特斯拉自动驾驶汽车实现了表 3—1 中的部分自动驾驶（L1 ~ L4）功能。

图 3—33 特斯拉自动驾驶汽车的高精度卫星地图

表 3—1 自动驾驶等级分类

等级	名称	转向、加减速控制	对环境的观察	激烈驾驶的应付	应付工况
L0	人工驾驶	驾驶员	驾驶员	驾驶员	—
L1	辅助驾驶	驾驶员 + 系统	驾驶员	驾驶员	部分
L2	半自动驾驶	系统	驾驶员	驾驶员	部分
L3	高度自动驾驶	系统	系统	驾驶员	部分
L4	超高度自动驾驶	系统	系统	系统	部分
L5	全自动驾驶	系统	系统	系统	全部

7. 百度无人驾驶汽车

百度无人驾驶汽车（见图 3—34）项目于 2013 年起步，由百度研究院主导研发，其技术核心是“百度汽车大脑”，包括高精度地图、定位、感知、智能决策与控制四大模块。其中，百度自主采集和制作的高精度地图记录完整的三维道路信息，能在厘米级精度实现车辆定位。同时，百度无人驾驶汽车依托国际领先的交通场景物体识别技术和环境感知技术，能实现高精度车辆探测识别、跟踪、距离和速度估计、路面分割、车道线检测，做出自动驾驶的智能决策。

百度将把现有的大数据、人工智能、百度大脑等一系列技术应用到未来的无人驾驶汽车中。为了增加百度地图的准确性，百度还收购了芬兰的一家技术公司，来增强其大数据方面的表现。

百度大脑基于计算机和人工智能，模拟人脑的思维模式，拥有 200 亿

图 3—34　百度无人驾驶汽车

个参数，通过模拟人脑神经元的工作原理进行存储及“思考”。可以说，百度在无人驾驶领域已经做足了准备。

2015 年 12 月，百度公司宣布，百度无人驾驶汽车实现国内首次城市、环路及高速道路混合路况下的自动驾驶。百度公布的路测路线显示，百度无人驾驶汽车从位于北京中关村软件园的百度大厦附近出发，驶入 G7 京新高速公路，经五环路抵达奥林匹克森林公园，随后按原路线返回。百度无人驾驶汽车往返全程均为自动驾驶，实现了多次跟车减速、变道、超车、上下匝道、掉头等复杂驾驶动作，完成了进入高速（汇入车流）到驶出高速（离开车流）的不同道路场景切换。测试时，最高速度达到 100 千米 / 小时。

2016 年 7 月 3 日，百度与乌镇旅游举行战略签约仪式，宣布双方将在景区道路上实现 L4 的无人驾驶。这是继和芜湖、上海汽车城签约之后，百度首次与国内景区进行战略合作。

2016 年，在百度世界大会无人车分论坛上，百度自动驾驶事业部负责人宣布，百度无人驾驶汽车获得美国加州政府颁发的全球第 15 张无人车上路测试牌照。

2017 年 4 月 17 日，百度宣布与博世正式签署基于高精地图的自动驾驶战略合作，开发更加精准实时的自动驾驶定位系统，同时展示了与博世的合作成果——高速公路辅助功能增强版演示车。

2018 年 2 月 15 日，百度无人车 Apollo（阿波罗）（见图 3—35）亮相央视春晚，在港珠澳大桥开跑，并在无人驾驶模式下完成“8”字交叉跑的高难度动作。

图 3—35 百度无人车 Apollo

8. 阿里巴巴 AliOS 助力智能汽车

2017 年 9 月 27 日，阿里巴巴发布全新的 AliOS 品牌及其口号，面向汽车、IoT 终端、IoT 芯片和工业领域研发物联网操作系统，并整合原 YunOS 移动端业务。在此之后，AliOS 成为众多汽车首选的操作系统。

AliOS 的斑马智行全新版本实现了全面优化——界面全面优化、语音和地图两大功能升级、支持 5 种智能设备接入、64 项体验优化、393 项细节功能优化。它能轻松区分主、副驾驶员发出的指令；能理解“下雨了”“我想看星星”“有点热”等情景语意，而不再是只接收开关天窗、调控空调温度等机械化命令。同时，它的场景化服务体验也更好，能在用户预订了电影票之后，帮用户规划好行驶路线，提供周边餐厅、停车位信息等。

AliOS 甚至还可以控制无人机，只要将无人机的信号中继器通过 USB（通用串行总线）与汽车连在一起，汽车屏幕就能显示操控界面，从而控制无人机的起降与旋转，还能实时接收无人机的拍摄画面。

AliOS 作为一个在线汽车系统，就像是车辆的智能大脑，让汽车不单单只是代步工具。AliOS 可以随时更新最新版本，这意味着用户的汽车系统将常用常新，无论什么时候都能拥有最新的车机功能。AliOS 实现了全球最大规模的 40 万辆汽车 OTA（空中下载）技术升级，如最新 AliOS 推出的 AR 仪表盘，就可以帮助驾驶员规避驾驶中的各种问题，及时预警车距过近等状况，准确提示驾驶方向。这种采用 AR 表现行车道路信息的形式，是传统汽车无法实现的。

9. 优步自动驾驶车祸

2018 年 3 月 18 日，优步的一辆自动驾驶测试车在行驶中发生事故，直接导致一名女性路人死亡。这是全球首例无人驾驶汽车致死事故。美国国家安全运输委员会发布了关于优步自动驾驶汽车致死事故的检测报告。根据报告可知，优步自动驾驶系统存在严重问题，事故发生前，系统没有准确识别前方的物体，并且在撞击的前6秒，系统虽然发现了前方物体但并没有做出制动命令。这本是一场可以避免的事故，如果是人类驾驶员驾驶汽车，在接近人行横道时一般都会做出减速让行和鸣笛示警的操作，而机器系统并不会。

一方面，无人驾驶技术利用车载传感器来感知车辆周围环境，并根据感知所获得的道路、车辆位置和障碍物信息控制车辆的转向和速度，从而使车辆在道路上行驶有一定的安全性，并且避免了疲劳驾驶、驾驶中接听电话等一系列问题引发事故的可能性。但另一方面，无人驾驶却没有，至少目前没有人类的判断能力。人类能对交通状况做出明确反应，避免大损失，但无人驾驶技术永远是以保护车辆和车内人员为第一要务。

这次无人驾驶事故再次给人们拉响警钟。理想中的无人驾驶技术是智能完美的，但从现阶段来看，真正的无人驾驶还远没有实现，还需要技术领域的不断突破发展。

第四章　人工智能的其他应用

4.1　智 能 金 融

4.1.1　智能金融简介

智能金融是以人工智能为代表的新技术与金融服务深度融合的产物，它依托无处不在的数据信息和不断增强的计算模型，提前洞察并实时满足用户的各类金融需求，真正做到以用户为中心，重塑金融价值链和金融生态。智能金融拓展了金融服务的广度和深度，践行了普惠金融梦想。

科技与金融的融合大致经历了三个阶段：

第一阶段是电子金融，金融业务如票据等以电子形式实现，提升了中后台处理效率，金融服务的提供从孤立的“点”转向经由计算机存储的有结构、有组织的“线”；

第二阶段是线上金融，互联网技术与场景的结合改变了用户行为，创新了服务渠道，使金融服务在覆盖面上得以扩大，是由“线”及“面”的过程；

第三阶段是智能金融，这个阶段注重回归金融本质，人工智能等技术的引入使行业逻辑深入，服务深度下钻，金融服务由“面”纵向延展，转为“立体”。

1. 智能金融的特点

区别于线上金融，智能金融从本质上来说有四大特点。

（1）自主学习的智能技术

以人工智能为代表的智能技术在新阶段呈现出自主学习的特征。人工智能将实现“感知—认知—自主决策—自主学习”的实时正循环；数据传输速度将实现质的飞跃，云端将无缝融合；介入式芯片等新的硬件形式将出现，甚至实现人机共融。人工智能可以更灵活地自主学习和管理知识，支持知识的“产生—存储—应用—优化”体系化管理，更准确地提前感知外界环境动态变化，理解用户需求，做出判断和决策。

（2）数据闭环的生态合作

数据是人工智能时代最宝贵的资产。智能金融企业的战略重点从互联网时代的业务闭环转向数据闭环，不再局限于满足当前用户需求的合作，而是更加注重企业间数据结果回传对合作各方未来可持续满足用户需求能力的提升。

（3）技术驱动的商业创新

智能技术将不仅仅在“效率”上发挥价值，而是通过与产业链的深度结合，在“效能”上有所作为。移动互联网时代对金融的影响更多体现在渠道迁移，人工智能时代则使得技术在金融的核心，即风险定价上发挥更大的想象力。在智能金融时代，技术将真正成为核心驱动力，技术驱动商业创新的范围会进一步扩大。“技术+”成为终极演进规律，会在一定程度上颠覆原有的商业创新逻辑，使之从模式创新演进为应用创新，使技术在应用层面上实现进一步价值深挖。技术和产业链全面深入结合将带来应用层终极变革。

（4）单客专享的产品服务

个性化不再仅限于客群层面。基于海量的用户信息数据、精细的产品模型和实时反馈的决策引擎，每一个用户的个性化数据将被全面捕获并一一反映到产品配置参数和定价中。所有的产品不再是为了“某些”用户提前设计，而是针对“某个”用户实时设计，实现产品服务的终极个性化。

2. 智能金融的优势

从金融产品服务用户的角度来说，智能金融把“以用户为中心”提上了新的标准。在人工智能等技术的驱动下，商业模式创新最终将把金融服务推向新的高度，“真正实现以用户为中心，随人、随需、随时、随地”成为未来金融服务的新标准。

（1）随人：“理解”再“匹配”，“千人”有“千面”

随着时代的发展，用户需求逐渐由基础、单一向高阶、多元升级，而人工智能和大数据技术使捕捉、积累各类数据成为可能，也为挖掘、满足多样化需求创造了条件。例如，“O2O”模式的推广使得更多的消费足迹得以数字化，将真正理解用户变为可能，这使得服务向“千人千面”演进成为必然。此外，差异化的服务还能使用户“被重视”的感受得到进一步加强，从而给用户带来额外的满足感。通过用户画像等手段对用户进行分析，有机会使得企业比用户更了解其需求点，对于“低频”“隐性”的金融服务而言，这其中蕴藏着巨大的价值挖掘空间。

（2）随需：想用户所想，急用户所急

对用户画像的获取不仅要全面，而且要精准。事实上，一味的狂轰滥炸式营销在增加成本的同时不但不能吸引用户，还可能使其产生逆反和抵触心理，使连符合用户潜在需求的服务也被一并拒之门外。应利用智能技术识别用户的真正需求，避免对用户的打扰，通过需求与服务的匹配减少无效的推广。另外，需要根据产生效用的情况对用户需求做进一步的细分，抓住并转化用户的碎片化需求、弹性需求，把适当的产品和服务推荐给需要的用户，从而在成本固定的基础上获取更多的消费者剩余。例如，目前大部分平台的广告投放都注重利用大数据精准营销，降低获客成本。

（3）随时：服务不停，随时响应

科技的发展为满足碎片化的金融需求带来机会。全天候的服务理念便是为了加快这类需求向真实交易行为的转化，通过减少用户等待服务的时间，及时且自动化地响应用户需求，进而达到充分挖掘用户消费潜能的目的。智能客服和智能投顾（智能投资顾问）代替朝九晚五的人工服务将在不久的将来成为现实，实现二十四小时为用户提供自动化服务。

（4）随地：触达无界，随手可及

以互联网的兴起为代表，智能金融时代的典型特征是对空间界限的突破。一方面，这是提升用户服务便捷性的重要途径，通过消除空间上的阻碍，实现对用户弹性需求的捕捉转化；另一方面，这也意味着服务边界的拓展，依托智能金融技术，用户拥有了比原先更多的消费选择。例如，各商业银行通过推广掌上终端，让用户无须再去固定网点办理业务（但根据某些监管政策，在某些业务上仍有出于风险考虑的限制）。

3. 智能金融带来的改变

在金融行业的价值链上，智能金融正促成四方面的重构：重构用户连接和服务、重构风险评估和管理体系、重构服务的边界、重构基础设施的建设标准和运行逻辑。

（1）重构用户连接和服务

1）用户触达无缝化。在智能金融时代，每个智能设备都是用户获取金融服务的入口，可实现智能手机、电视、汽车等多渠道全面触达。此外，对银行网点的重塑和改造，如银行网点云端化，也有助于实现金融服务无缝化，为用户带来真正的直接金融。

2）用户交互人性化。智能金融将全面改善用户交互水平，实现实时的智能化服务，使交互模式自然贴心。例如，语音识别使得用户反馈过程的效率更高，自然语言处理和知识图谱实现了多轮对话，协助系统理解复杂产品或解决标准的客服问题，在此基础上，每个人都能够有属于自己的智能投资顾问及智能客服，做到投资建议定制化，服务更贴心。

3）用户经营立体化。智能金融使得用户能够被更好地理解、更好地满足，以往低频的需求不因低频而被遗忘，以往隐性的需求不因隐性而被忽视，真正实现了低频需求被捕捉、隐性需求被挖掘。

4）产品设计灵活化。智能金融让“因你而不同”成为现实，金融要素在最小层面形成灵活可配置的产品形态，让保险费率、贷款利率等皆能因人而异。

（2）重构风险评估和管理体系

在通常情况下，风险表现是滞后的。智能金融用以大数据和智能算法为基础的反欺诈和风控体系，实现了风险管理从滞后、被动、局部，到实时、主动、全面的转变。

1）实时性。智能金融化身为永远在岗的“线上福尔摩斯”，无论是商业合作的信用风险还是用户交易的支付欺诈风险，都将在实时监控之下无所遁形。

2）主动性。关联网络和在此基础上构建的稳健性更强的风险评价体系使得批量反欺诈得到应用推广，在风险水平基线上，去挖掘用户未被满足的诉求，风险不仅仅是基于“防御”和“控制”的概念，更成为“用户经营机会”和“业务管理机会”的关键决策输入，使金融机构中后端先用户一步了解其金融需求和信用状况。

3）全面性。互联网金融时期催生了大量“新金融数据”，如电商交易、网络借贷、网络理财等互联网金融数据，搜索、社交、阅读等互联网行为数据。这些“新金融数据”与传统金融数据结合能形成互补，帮助金融机构找到更准确、更全面的“因”，让决策更加全面客观。

（3）重构服务的边界

智能金融能更为立体和鲜活地刻画个人，使群体化的用户成为鲜活的个体，可以更好地了解每一个用户的行为习惯、兴趣爱好等，使得每个用户平等地享有金融服务的机会，将“看不见”转变为“看无限”，将过去的“小公平”进阶为一种“大公平”。此外，智能金融能实现金融服务的广覆盖。

（4）重构基础设施的建设标准和运行逻辑

人工智能在算力、算法和数据的推动下，在用户画像、计算机视觉、声音识别、自然语言处理及辅助决策上都得到了更多的发展。高效、安全的专有云和区块链技术使得IT基础设施的底层架构得以重构，区块链将经由中介进行的交易转为点对点的直接交易，让金融的基础——信用的传递更加简单，运行逻辑得以公开和透明化；云计算引入微服务架构的灵活部署形式，使得以往可能被闲置浪费的计算资源得到充分利用，扫清了阻碍人工智能技术取得突破性进展的算力障碍，基础设施的建设标准不再居高不下，从而使门槛被大大放宽，人工智能得以迅速融入金融领域。

智能金融通过对金融服务进行四方面的重构，使得金融服务变得更易获得，推动金融服务朝着“随人、随需、随时、随地”不断进步，实现零距离、大公平、低成本，践行普惠金融。

4.1.2 智能金融的应用

人工智能未来会重构金融服务的生态，成为普惠金融的基石，驱动着金融的个性化、场景化服务成为主要创新方向。

1. 国内智能金融的应用

智能金融的创新带动了新型的商业模式，也促使了大批创业企业涌现。据清华大学五道口金融学院的中国金融科技企业数据库的数据显示，2016 年 1 月 1 日至 2019 年 2 月 27 日成立的金融科技创业公司达 2 077 家，创新方向从金融服务的互联网化逐步深入到金融服务的技术重构、流程变革、服务升级、模式创新等，几乎渗透了传统金融业务的方方面面，从通用技术应用的语音识别、活体识别、区块链、云等，到细分场景应用的信贷、理财、保险、资管等，无一不包。

从地域上来看，国内人工智能企业主要集中于北京、广东及长三角地区，这些地区的人工智能企业占中国人工智能企业总数的 84.95%。中国金融服务业数字化转型的速度在全球范围内领先，金融科技发展的规模和前景都不容小觑。伴随着基于大数据的机器学习算法的发展及语音识别、人脸识别、自然语言处理技术的日趋成熟，人工智能技术已经应用于贷款、投资、保险、征信、风险控制、用户服务等多个领域。随着市场接受度及技术成熟度的提高，各领域竞争格局初现。

专注于垂直领域的专业技术公司在通用技术领域依靠先发优势占得先机。活体识别领域的北京旷视科技有限公司（以下简称旷视科技）和语音识别领域的科大讯飞股份有限公司（以下简称科大讯飞）在 MIT 最聪明公司 50 强榜单中领跑中国企业，依靠技术构筑竞争优势。通过与场景方合作拓展市场，旷视科技在安防、金融、地产、政务、娱乐、零售、出行等多领域与 600 多家企业用户合作，日调用次数超过 2 000 万次。

在信贷、理财、支付等平台型业务中，把握流量入口、以规模制胜的 BATJ（百度、阿里巴巴、腾讯、京东）、陆金所等大平台优势明显，经过长期的业务积累，逐步形成人工智能应用对外输出合作。探索型的业务如保险科技、区块链等，需寻找产品突破点，创造新需求。例如，蚂蚁金融服务集团（以下简称蚂蚁金服）通过机器学习技术把蚂蚁微贷和花呗的虚假交易率降低了 90%；为支付宝的证件审核系统开发的 OCR 系统使证件校核时间从1天缩短到1秒，同时提升了30%的通过率。2015年“双11”期间，蚂蚁金服95%的远程用户服务已经由智能机器人完成，同时实现了100%的自动语音识别。蚂蚁金服与保险公司合作的“航空退票险”上线之后，赔付率一度高达190%，保险公司面临巨大的亏损压力，引入机器学习技术建模、优化后，有效地降低了赔付率，并成功扭亏为盈，满足了保险公司的核保要求。

众安在线财产保险股份有限公司（以下简称众安保险）以互联网场景、数据为依托，创新地开发互联网特色产品，如儿童走失计划、有关电话诈骗的产品等。同时，众安信息技术服务有限公司（以下简称众安科技）也在区块链、智能客服、精准营销等领域进行科技创新。虽然互联网特色的保险产品规模难与传统保险产品规模相媲美，但众安保险成立5年就在香港IPO（首次公开募股）上市，市值冲破千亿港币，足见资本市场对保险科技高增长潜力的认可。

资管领域是对人工智能而言最具挑战的金融领域，多变的因子和开放的环境使得新技术的应用有很大的空间。当前，人工智能在资管领域的应用主要以系统服务商为主，市场尚未出现头部机构，新的资产服务商需具备“软硬结合”的能力——“硬”的系统服务，结合“软”的持续数据、人工智能技术服务及收托资产管理能力，形成专业的投资逻辑应用。

智能客服、智能理财、智能图像定损、VR支付、物联网支付等人工智能领域现在已经为大多数互联网金融机构所认可，同时也成为一些传统金融机构互联网转型的先锋和利器。具体来说，目前智能金融技术在以下应用场景大有可为。

（1）支付：智能创新最前沿

支付作为与消费者连接最紧密的环节，受智能金融的影响最早、最广、最深。随着智能技术的进一步成熟，支付将进入“万物皆载体”的新阶段。以人脸识别、声纹识别、虹膜识别等为代表的生物识别技术正在极大地简化支付流程，还在安防、商业、娱乐等场景得到广泛实践。

人工智能将极大减少支付流程中的人工处理环节，大大提升交易速度，削弱交易流程中的中介机构作用，提高资金流动性，实现实时确认和监控，有效降低交易各环节中的直接成本和间接成本。

（2）个人信贷：全链条智能化

针对不同类型的用户开发适合的信贷产品、提升用户体验，是金融业未来的努力方向。

继移动时代的场景流量后，从智能获客到智能反欺诈，再到大数据风控，全链条智能化的技术能力将成为个人信贷企业新的竞争力。在通过智能获客获取具有信贷需求的用户的基础上，借助人工智能技术构建强有力的风控体系，准确评估用户信用风险，成为促进个人信贷健康发展的重要环节。

此外，在智能反欺诈层面，领先企业也已有所行动。2017 年，百度推出“磐石”反欺诈工程平台，运用人工智能与大数据分析，提供高效稳定的反欺诈服务。

（3）企业信贷：新技术应用初显成效

在贸易融资、供应链金融、企业信用贷款等对公信贷业务方面，智能金融将起到完善企业信用体系、补充企业经营状况信息和降低放贷机构单据确权难度的作用。

大数据可以改善用户与金融机构之间信息不对称的情况，改变传统的信用评级方法，有效解决小微企业融资难问题。在大数据采集过程中会出现很多不可控的因素，因而真实性的有效验证十分重要。物联网可以获取企业的动产与不动产数据，补充企业经营状况信息。在大数据采集的基础上，人工智能能够高效处理大量信息，并通过不同维度的数据分析识别人脑难以直接关联的风险点，进而对企业信用情况进行分析报告，在提供更完整、更多维信息的同时，大大降低了分析成本。

（4）财富管理：智能匹配初具雏形

智能技术在投资偏好洞察和投资资产匹配环节能极大地降本提效，使财富管理逐渐走出高费率、高门槛，走向中低净值人群，实现高效、低费、覆盖更广泛的目标。

互联网多维的行为特征大数据可用于低成本而深刻地理解用户投资需求，立体刻画用户特征，包括其人生阶段、消费能力、风险偏好等。此外，利用行为特征大数据，通过响应模型和主动、适时、多次的多渠道智能触达策略，财富管理公司可以大大提高获客效率。

（5）资产管理：穿透资产底层试水期

资产管理产品多样、结构复杂，资产方、资金方具有较多痛点。智能技术将解决跨期资源配置中的信息不对称问题，全面提升资金和资产流通效率。

一方面，国内的资产证券化市场并未实现本质上的“主体信用和债项信用的分离”，传统尽调方式尚难规避资产包识别风险，而智能金融通过反欺诈、大数据风控能力的积累，可穿透到资产，提供详尽实时的资产信息和资产评估。

另一方面，区块链技术可应用于资产证券化全流程，通过引入“联盟链”“智能合约”“穿透式监管”等技术，增强交易和资产信息的透明度，做到资产全景跟踪和交易全环节可追溯，减少人为操作风险和效率低下的问题，更可大大提高存续期信息交互的频次与质量。

同时，基于"OCR+NLP"（NLP即自然语言处理）技术的智能研报读取工具能够替代人工进行金融信息收集与整合，大幅提升投研效率。

（6）保险：行业变革的开启

智能技术在保险业的应用不断深化，逐渐涉足核心的产品设计和精算定价领域，真正开启了保险业的全面变革。

物联网技术的应用和普及拓展了保险公司的数据广度和厚度，使更多基于用户数据的保险产品创新成为可能，并能精确识别用户风险，基于风险进行个性化定价和动态定价，更好地服务消费者。

智能核保基于大规模数据训练，以图像识别技术为驱动，可智能分类并自动化评估，最终输出定损报告。一键式的自动化操作流程大大节约了用户的时间和沟通成本。智能客服实现了自动化服务和销售，降低了人工成本。

2. 国外智能金融的应用

随着Fintech（金融科技）越来越受到关注，全球Fintech领域投资持续走高，2016年达到131亿美元，相比2012年增长了424%。

由于欧美传统金融体系相对稳定完善，环境应变和金融创新能力较强，创业和融资环境成熟，科技业盈利模式成熟且利润率高，因此金融与科技巨头跨界合作的动力不足。智能金融的变革呈现出中小金融科技企业推动创新，金融机构主要通过投资并购参与、以科技提高自身金融产品服务能力的特征。与国内金融科技领域的投资不同，国外更侧重对技术的投资。资本伴随产业链细分而逐渐注入产业链的各个环节。

自2012年起，美国管理资产规模前十的银行总共参与了56家Fintech公司的72轮风险投资，共投36亿美元，目前脱颖而出的杰出Fintech公司背后都有美国银行巨头的身影。从美国金融科技数年来的投资分类统计看，支付清算、数据分析和监管科技是资本关注的焦点。大型金融机构通过投资初创公司进行多方布局。例如，高盛集团及摩根大通的投资集中于信贷及支付领域，大型信用卡公司如万事达卡国际组织、美国运通国际股份有限公司、威士国际组织等则重点布局支付及其相关领域。

2015年6月，世界经济论坛将现有金融服务划分为六大板块：支付、保险、存贷、筹资、投资管理和市场资讯供给。每个板块都有较强的推力促成业务创新和技术落地。

支付向无现金时代迈进。目前，亚马逊公司（以下简称亚马逊）的"一键支付"、Uber（优步）的"无键支付"、Apple Pay（苹果支付）、NFC

（近场通信）支付等大大简化了用户操作流程。

新硬件设备融入保险领域。例如，Progressive 公司是美国最早引入 UBI（基于驾驶行为定价的车险）模式的汽车保险公司。UBI 模式车险是指通过车载设备收集车主驾驶行为和习惯数据，通过车联网传输至云端，保险公司通过这些数据对车主的驾驶风险进行比较精确的度量，通过大数据技术处理评估车主驾车行为的风险等级，从而实现保费的个性化定价。

交易模式转向以用户为中心。德意志银行（以下简称德银）、高盛等一些大型金融机构正开始认可并推出智能投顾业务。Rizm 交易平台允许不懂编程的散户自己设计算法程序，利用这些程序自动选股和进行股票交易。这样的程序和量化基金与高频交易公司使用的交易程序类似。只需每月付 99 美元，投资者就可以迅速通过云得到设计算法的复杂工具，而且能够事后回测采用的交易策略。

借贷审核机制引进技术基因。Upstart 平台瞄准年轻人的潜力，Inventure 公司则把目光伸向发展中国家的微贷服务。Upstart 平台于 2014 年 5 月上线，2014 年促成了超过 8 700 笔贷款，共计 1.025 亿美元，良好的运营业绩使之成为 P2P 行业新参与者中的佼佼者。该平台的借款对象为千禧一代，借款人平均年收入将近 10 万美元，平均 FICO 信用分（美国个人信用评级法）为 692 分。将近 97% 的借款人拥有大学学历，而 71% 的借款人申请贷款的主要用途为信用卡债务再融资。考虑到定位于千禧一代，大多数的贷款额度在 35 000 美元以下。Upstart 平台的申请贷款利率在 6%～17.5%，借款人需要付给 Upstart 平台的中介服务费是 1%～6%。

基础设施更为简化。各类金融机构如 Ethereum（以太坊）、Ripple（瑞波）等正在积极探索优化金融交易过程的契约要素，并推动区块链的研发和应用。

人工智能对美国金融系统的影响主要体现在数据处理与分析的效率和质量的双重提升上，突破了人脑数据管理广度及数据分析深度方面的瓶颈，从而进一步夯实了金融行业数据化运营的基础。在投资策略生产模式方面，传统的投资策略生产模式将被彻底颠覆，由“大规模人力”转向“大规模机器”，投资分析师的大部分工作可以被智能投顾取代，而且智能投顾可能会做得更好更快。在行业结构方面，随着智能投顾设计开发能力的提升，新的业态将可能产生，如人工智能投资基金，其投资广度比之前有了大幅提升。在市场资源配置效率方面，人工智能可以在“交易机会空间”中以人工操作无法企及的速度、效率和计算量持续地搜索和学习，并成功捕捉任何可能存在的交易机会。例如，智能投顾为美国用户节省了管理费用，能用机器取代“昂贵”的基金经理是近年来人工智能在美国金融业中快速发展的原因之一。美国两家公司EquBot LLC、ETF Managers Group于2017年10月合作推出的全球首只应用人工智能进行投资的交易所交易基金——AIEQ，就是运用人工智能算法代替基金经理进行资产动态配置与交易。

3. 上海智能金融的应用

上海在金融领域的技术发展方面一直走在全国前列，不乏众安科技、陆金所、蚂蚁金服这样的大型金融科技企业、平台，而一些传统金融机构也在积极探索金融领域的人工智能应用。

人工智能在银行类业务中主要应用于风控方面。面对用户风险不一、用户信用信息不全、恶意欺诈或用户违约成本低、债务收回成本较高等诸多挑战，银行业必须利用大数据风控，丰富传统风控的数据维度，利用多维度数据、算法和模型来实现快速识别借款人风险。

人工智能对保险公司的影响路径为“无纸化—自动化—智能化”。过去单证全部需要人工录入、操作，现在能用机器的全部用机器录入。过去核保依赖人的经验进行判断，现在很多简单件只要通过计算机自动分析就能实现智能化核保。

人工智能对证券行业的影响近期主要体现为智能投顾。智能投顾通过大数据获得用户个性化的风险偏好及其变化规律，根据用户个性化的风险偏好，结合算法模型定制个性化的资产配置方案，利用互联网对用户个性化的资产配置方案进行实时跟踪调整，不追求不顾风险的高收益，在用户可以承受的风险范围内实现收益最大化。

在互联网金融行业，除了与上述三类传统业务近似的业务领域会探索和采用人工智能外，由于行业面向大量最终用户，一些偏向消费者的人工智能应用也成为主要发展方向。这些应用利用人工智能技术，通过对用户的各种结构化数据的分析、非结构化信息的自然语言分析、关系网络分析等手段，进行用户画像和建立大数据模型，找到精准用户，实现精准营销。

此外，一些新兴的探索及人工智能的技术输出也在进行中。

2016年10月，蚂蚁金服和清华大学联合成立数字金融科技联合实验室，将实验室打造成全球金融科技研究领域的重要阵地。之后，蚂蚁金服成为美国加州大学伯克利分校RISE实验室合作伙伴，共同致力于为AI提供安全实时的智能决策计算平台。目前，蚂蚁金服面向用户开放的技术有智能客服、智能理财、智能图像定损、VR支付、物联网支付等。

2016年11月，众安保险在成立三周年前夕正式宣布成立全资子公司众安科技。众安科技已孵化了一系列创新型产品，主要聚焦于保险、消费金融、第三方理财、资产管理、健康医疗等领域。众安科技通过自身研发的人工智能、大数据等自动化处理技术，已实现 99% 的业务自动化交易。而这项成熟技术一旦向保险行业输出，保险行业的人工投入会大幅缩减，每笔交易的边际成本也将更低。

无论是监管机构的鼓励还是互联网金融的需要，都促使上海的银行、保险、证券等金融机构积极探索人工智能在金融领域各个方面的应用场景和业务价值。上海还有大量的人工智能创业公司，其中接近 1/3 都与金融相关，主要聚焦于智能客服机器人、智能投顾、精准营销等方面。

4.1.3 智能金融的发展问题与趋势

1. 智能金融的发展问题

作为一项新兴事物，人工智能在金融领域的应用过程中还存在很多的问题和挑战，在此对其中几个关键点进行总结并给出一些解决方案。

（1）人员和资源

在中国，人工智能相关人才总数超过 5 万人，位居全球第七。但是，从人才结构上来看，中国资深人工智能人才数量与美国差距明显，仅为美国的三十分之一，占从业者的 38.7%，远低于美国的 71.5%。[以上数据来自 2017 年 LinkedIn（领英）《全球 AI 领域人才报告》。]

随着人工智能时代的到来，高科技互联网企业势必掀起一场人才争夺战，该行业人才的薪酬溢价将进一步扩大。这意味着传统金融企业按照现有的人才招聘方式将较难吸引人工智能领域的专业人才。人工智能人才供需矛盾显著，主要是因为现在的人工智能人才存量较少，且人工智能人才培养周期长达 6～10 年，人才缺口在短期内难以得到有效填补。

人工智能的实践过程同样需要大量的数据工作，尤其是数据标注工作。当金融企业越过大数据直接进入人工智能领域时，将会面临数据不足的问题。此外，由于目前深度学习还主要集中在监督式学习，因此还需要大量的一定专业领域的初级人员进行标注。

从目前的情况来看，一些已经得到行业验证的人工智能领域可以依赖大型互联网企业提供相关服务，而不再进行重复开发。而大型互联网企业在商业利益的驱动下也通过各种手段，如云服务，将这部分技术对外进行输出。例如，智能客服本身所依赖的语音转文本技术已由阿里巴巴集团通过其阿里云平台输出。企业只需要进行简单的接入即可直接使用，从而节省了研发成本。而对文本的分析工作也可以通过阿里云的大数据开发平台、自然语言处理平台等进行定制，快速产生业务价值。

（2）时间和周期

人工智能投资周期长，需要厚积薄发。人工智能和移动互联网、物联网是不同赛道上的事物，对人工智能的投入可能面临很长时间没有收获的风险。

在金融领域，尤其是传统金融企业，对人工智能的投入往往得到高层的密切关注，但是人工智能投入结果的不确定性又让企业面临ROI（投资回报率）的压力。

当前人工智能的数据积累量并不多，而且数据的积累比较分散，金融领域的数据能让人工智能发挥最大能量还需要一定时间。人工智能要想真正发展还必须在应用上下功夫，当前人工智能应用场景并不少，但深度不够，人工智能在很多领域的应用都可以说是可有可无的，只有将人工智能与金融行业刚需联系起来才能使其应用真正落地。

（3）模型和硬件算力

由于人工智能在金融领域是新兴事物，因此各金融机构在人工智能的模型、硬件算力等方面几乎没有积累。尤其是很多公司的大数据战略尚在验证和落地过程中，要大步跨越到人工智能领域会遇到模型和硬件算力欠缺的问题。

算法、数据和硬件算力是人工智能高速发展的三要素。人工智能发展所需要具备的基础，其一是优秀的人工智能算法；其二是被收集的大量数据，数据是驱动人工智能取得更好的识别率和精准度的核心因素；其三是大量高性能硬件的算力，以前的硬件算力并不能满足人工智能的需求，当GPU和人工智能结合后，人工智能才迎来了真正的高速发展。

而算法、数据和硬件算力在大部分金融企业的现有架构下都存在缺口，尤其体现在没有适合于所需场景的相关算法，以及没有适合于人工智能技术的相关硬件算力，如GPU服务器。

（4）效果和验证

虽然人工智能技术在其他领域展现了明显的效果，但是这些效果都针对特定领域。而在金融领域，目前人工智能技术展现出比较理想效果的是在征信、风控等领域。但是在其他金融领域，如智能投顾，人工智能的实践并没有达到预期效果。

由于互联网金融市场变化快，相关因素多，因此人工智能使用场景的真正效果往往有可能淹没在各种各样的其他因素中。效果好，未必是人工智能的判断结果；效果差，也未必就是人工智能的判断出现了问题。

在经历过一些投资泡沫和行业探索后，人工智能行业有一个理性的回归。行业内对于人工智能能做什么、不能做什么，对比前几次人工智能浪潮时期，期望有所降低，这也有利于人工智能自身的发展。人工智能只是代替人类完成一些基础性、重复性的工作，如简单的文字处理、简单的法律服务等，从而让人类去做更有创造性的事情，它不是万能的。

（5）合规和公平

AI 和自动化的过程通常都是在幕后进行。缺少了人类的参与，机器可能做出有失公允或不恰当的决定。随着人工智能应用的进一步发展，对人工智能处理结果的判断和纠错将变得更加重要，也更加困难。

人工智能在高风险决策领域越来越重要，例如，在信贷系统中决策是否对特定贷款人授信、能够授信的额度，在投保过程中确定保费的多少。人工智能将代替人决定谁会获得重要机遇，而谁又将被抛弃，由此将会引发一系列关于权利、自由及社会公正的问题。

有些人认为，人工智能的应用有助于克服人类主观偏见带来的一系列问题，而有些人则担心人工智能将会放大这些偏见，扩大机会的不均等。在这场讨论中，数据将会起到至关重要的作用。人工智能系统的运行往往取决于其所获得的数据，是这些数据的直观反映。这些数据的来源及收集过程中的偏差同样也会反映在人工智能系统的运行中。从这方面来讲，人工智能的影响是与相应的大数据技术密切相关的。

（6）期待与实际

人工智能的迅速崛起难免导致其在行业内应用水平参差不齐。人工智能在互联网金融领域的“伪应用”日益增多。例如，一家人脸识别机构宣称可以为消费金融平台开展远程面签，人脸识别成功率超过 90%，但不少平台测试后发现，借款人所处场景的灯光角度对人脸识别准确性影响较大，导致平台只能重新采取线下面签方式。

人工智能是否能很好地实现金融领域对此项技术的预期，还存在不确定性。例如，黑中介针对一些人工智能的面签、风控流程，会专门制作培训教材教导借款人如何通过风控审核，若消费金融平台完全依赖人工智能风控技术，很可能会遭遇大量坏账。此外，人工智能风控模型有时会得出和传统观点截然相反的结论，这些结论往往与输入的数据和算法模型的局限性相关，因而需要人对人工智能模型的结果进行一定的复审和干预。

因此，虽然金融领域对人工智能的未来有极高的预期，但是面对现实层面的具体应用，人工智能的实际效果仍然有待检验。

2. 智能金融的发展趋势

展望未来，人工智能在金融领域有以下明显的发展趋势。

（1）从替代客户服务到个性化助理

客户服务是很多金融领域普遍的服务场景，过往主要依靠自建或者租用呼叫中心，雇佣大量的客服人员提供服务，而大部分企业的客户服务中心都是企业的成本中心。

随着基于人工智能技术的智能客服的出现和发展，客服人员可能会在不远的将来被机器所替代。Gartner（高德纳咨询公司）最新报告预测，2020 年智能机器人客服能满足 40% 的客服市场需求。未来，基于人工智能技术的智能机器人客服不仅能理解用户语言的上下文语义，还具备自主学习能力，可以理解口语化问题、分辨问题焦点，大大提升服务效率和水平，同时能够给用户提供更好的个性化体验。

基于人工智能的虚拟机器人融合更深入的语音识别、自然语言处理等技术，未来将可能在很多场景下成为用户的个性化助理，依据个性化需求为不同的用户提供不同的服务，能真正和人进行深入沟通，且交流更加自然、亲切和具人情味，如家庭服务、医疗服务、购物助手等。

（2）计算机视觉应用广泛

计算机视觉技术是人工智能的核心技术之一。计算机视觉技术在互联网金融场景中应用广泛，如身份识别、图片搜索、违规图片识别。而作为计算机视觉技术中的关键技术，指纹识别、人脸识别等生物识别技术目前已经开始应用在身份识别的多个领域，如支付宝钱包已经能够支持指纹识别和人脸识别的身份认证，刷脸支付成为了现实。

OCR 一直是计算机视觉领域的难点。在金融领域中，用户上传的相关业务图片造假比例相当大，而传统监控手段多以人的肉眼来审核，费时费力，尤其是随着图片数量越来越多，这几乎已成为不可能完成的任务。因此，利用 OCR 技术进行各类图片鉴别成为了一个主要的人工智能应用场景。

（3）智能风控

传统金融风控往往是基于评分卡体系对强征信数据如银行借贷记录等进行建模，而新金融业务下，客群进一步“下沉”，覆盖更多收入群体，新增群体的强征信数据往往大量缺失，金融机构不得不使用更多弱金融数据，如消费数据、运营商数据、互联网行为数据等。

针对数据繁杂的问题，基于深度学习的特征生成框架已被成熟运用于大型风控场景中，对诸如时序、文本、影像等互联网行为数据、运营商非结构化数据实现了深层特征加工提取，显现出对模型效果的超出想象的提升。

（4）解放初级劳动

人工智能技术发展至今，用户数字助手已能识别人脸和声音，机器在倾听指令和告诉用户该做什么方面比真人表现更好。建立在语音识别和自然语言处理技术基础上的人工智能应用场景非常丰富，未来一些金融领域的初级劳动将会被人工智能取代。

4.1.4 智能金融的典型案例

1. 汇付天下人脸识别系统

汇付天下有限公司（以下简称汇付天下）创造性地使用人脸识别、工商执照查询、IP 定位和上传店铺照片等技术手段，实现了平台入网秒开，更好地为服务商提供专业化的业务平台与服务支持。

其中，汇付天下人脸识别系统主要有公安人脸实名验证和存档人脸对比验证两方面应用。

（1）公安人脸实名验证

对未验证用户，系统通过将活体识别的人脸图片、身份证号和姓名传入公安部身份验证系统，与该系统进行数据一致性比对，完成一致性验证。

（2）存档人脸对比验证

对已有存档信息的用户，系统利用其存档图片进行存档身份证人脸验证：先在存档中验证身份证和姓名，再比对存档人像照片与活体人脸截图。

目前，汇付天下自主研发了活体识别技术和人像比对技术，后续将进一步将技术应用于登录、大额交易等流程中。汇付天下自主研发的人像比对技术在万分之一误识率下的准确率超过 97%，大大降低了收单业务的调单率，有效防范了风险事故的发生。汇付天下正努力通过在身份认证阶段应用人脸识别等技术，不断提高用户鉴权的真实性和有效性，真正做到风险事前防范。

2. 国泰君安证券推动 APP 发展和零售业务转型升级

国泰君安证券股份有限公司（以下简称国泰君安证券）以金融科技为引领，通过应用移动互联、大数据、人工智能、云计算、区块链等新技术持续推动 APP 发展和零售业务转型升级，成效已经逐步显现。

（1）构建线上智能化服务体系，提升业务核心竞争力

国泰君安证券线上智能化服务体系是由“智能客服、智能投资、智能理财”三驾马车构建而成的完整体系，以语义分析、智能匹配、机器学习、大数据分析、量化引擎为基础，为海量用户提供智能化辅助投资决策服务。

（2）打造数字化的精细运营体系，驱动业务链高效运转

国泰君安证券构建了 3A3R 数字化运营体系，全面加强用户数据处理和反应能力，从贯穿用户全生命周期的感知（Awareness）、获客（Acquisition）、活跃（Activation）、留存（Retention）、收入（Revenue）、传播（Refer）等业务闭环全面评估产品功能及用户体验，监测投放渠道和活

动效果。与此同时，国泰君安证券还引入承载跨屏多渠道数据整合管理的DMP（数据管理平台）等平台，采集用户行为、设备、地理位置等信息，进一步丰富和完善用户画像（超过500个指标），精细化用户分群。目前，大数据平台已具备服务千万级用户的实时数据分析挖掘能力。国泰君安证券还应用大数据云服务进行实时在线反欺诈防控，有效识别互联网营销过程中的“水军”或“羊毛党”，保障营销活动效果。

（3）应用云计算和区块链，提升线上业务安全性和交付效率

国泰君安证券建立了涵盖两地三中心的新一代异构云平台，实现了SDN（软件定义网络）技术，大幅提升了各关键交易系统的测试效率，缩短了需求交付周期。位于上海外高桥的同城灾备中心云计算平台和位于广东东莞的异地灾备中心云计算平台正在按计划推进构建，以提升灾备系统的交付能力，君弘APP及核心交易系统等的灾备能力将迈上新台阶。

3. 浦发银行手机银行智能金融创新实践

上海浦东发展银行（以下简称浦发银行）手机银行贯彻数字化战略，践行金融科技创新，运用大数据、人工智能、生物识别、移动互联、音视频等新一代技术，打造一站式金融服务平台，为移动互联人群提供安全、便捷、智能、周到的财富管理服务和互联网场景下的金融解决方案。

2016年以来，浦发银行大力推进数字化战略，不断提升智能金融服务水平，相继推出了数字化安全工具、财智机器人服务、社交营销新模式等一系列新服务并不断升级个人手机银行，践行金融科技新技术运用，持续打造移动金融领先银行，取得了显著成效。

（1）创新数字化安全工具，加强金融风险防控力

2017年年初，浦发银行手机银行在业内首创推出手机SIM（用户身份识别模块）盾和“云语音”两项数字化安全认证工具。手机SIM盾是浦发银行与中国移动联合创新研发的。基于SIM卡的数字证书服务创新研究，它们提出了基于SIM卡的数据短信安全认证方案，将SIM卡转变成可以随身携带、安全性更高的移动身份认证工具。用户交易信息通过SIM卡应用进行签名确认，手机SIM盾独立于手机操作系统和应用，防止信息被截取和篡改，使用方便，提高了交易的安全性。“云语音”是在用户交易过程中，通过语音电话的方式确认当前交易人身份的真实性。为了规避动态交易密码短信被病毒、木马劫持的风险，浦发银行“云语音”服务根据用户交易场景、交易安全等级等条件自动触发，通过IVR（互动式语音应答）电话自动外呼的方式与用户实时确认动态校验要素，并应用了防转接技术，确保接听者为用户本人。

同时，浦发银行不断探索生物识别技术的应用转化，在登录转账等交

易场景中综合应用人脸识别、指纹识别等生物识别技术。生物识别技术具有非接触性、非强制性、低误报率等优点，在极大保障用户资金安全的同时提升了用户操作的便捷性和趣味性。

（2）全新升级财智机器人服务，构建数据经营驱动力

2016年11月，浦发银行运用大数据引擎，在业内领先推出“财智机器人”智能理财服务，对用户的等级、资产、交易等业务和行为数据进行归并整合和加工，结合自身长期以来在财富业务领域的专业化优势，构建和优化算法模型。用户只需一键选择“智能理财”，手机银行即可根据用户历史上的财富类产品交易数据，从收益性、流动性、安全性等角度，为用户进行财富健康状况评分，并能够根据用户的历史交易行为特征、当前市场走势等维度，为用户智能化地提供理财、基金、保险等跨产品的专业投资组合策略。用户可以通过一键购买，便捷快速地对自己的资产进行合理配置。

（3）建立用户全景画像，开展个性化精准营销

浦发银行通过集数据、算法、服务和治理于一体的数据实验室环境，逐步还原用户全景画像，同时研发了基于混合学习的精准营销模型；通过手机银行页面埋点的方式采集用户线上足迹，多维度获取用户信息，为深入洞察用户需求提供了基础，并在此基础之上实现向不同的用户差异化展现产品推荐；基于对用户所处的场景、任务、动机触发条件的判断及预测，提供个性化页面展示、产品服务推荐、主动消息推送营销、交易场景触发式营销，提高对用户销售服务的精准度，以最无感的个性化展现形式，以不干扰和阻断用户正常交易为前提，确保最佳的营销推荐体验。

（4）打造全新社交化营销服务模式，深度融入互联网场景

2017年，浦发银行手机银行推出基于H5/二维码的互动式营销工具，无论行员还是普通用户，在手机银行或微信银行一键点击即可将银行理财、基金产品生成为二维码或H5网页链接，通过微信分享功能推荐给其他用户或发布至朋友圈，其他用户点击网页链接即可进入理财产品的详情页面进行购买。二维码和H5网页链接包含推荐人和被推荐人信息，自动记录推荐业绩，形成“行员推荐用户、用户推荐用户”的金融产品互联网裂变式传播营销模式。

4. 众安科技在人工智能、大数据领域的实践

众安科技是一家专注于区块链、人工智能、大数据、云计算等前沿技术研究的金融科技类公司，向普惠金融和健康医疗领域输出科技产品和行业解决方案，助力众安保险内部及外部合作伙伴创新、创业孵化。

众安科技数据科学实验室是国内领先的数据科学领域前沿课题研究和

开发基地，致力于将众安科技在人工智能领域积累的技术对外共享，形成定制化模型搭建服务和行业解决方案，包括图像识别、NLP、智能保险等领域行业解决方案，在保险行业形成核保碎屏识别、航旅险投放策略、医疗发票OCR、车险用户信用评估、精准营销数据挖掘、理赔反欺诈、用户画像和数据价值解决方案、反薅羊毛风控、运营大屏、智能客服等数十个人工智能解决方案。

（1）“碎屏险”案例

手机屏幕一旦破碎，换一块屏幕少则几百元，多则上千元，占整机价格的三分之一至二分之一。换屏幕费用高昂、行业标准不统一，已成为困扰用户的一大难题，用户往往需要在“维修换屏”和“更换手机”之间进行痛苦抉择。基于众安科技开发的远程身份识别、智能碎屏识别等人工智能技术，众安保险推出了新旧手机均可投保的碎屏险产品。用户成功投保以后，无论手机新旧，一旦发生屏幕碎裂现象，均可获得一次免费换屏服务。众安保险通过引入人工智能技术与创新的风险控制流程，提高了碎屏险投保过程中的风险控制能力和投保效率，大大降低了投保过程对人工的依赖，提高了用户体验。

对于碎屏险这种细分场景，在线自助投保既方便了用户又避免了保险公司投入巨大人力成本，是一种理想的方式。而在线销售手机碎屏险需要解决如何核保的问题，即如何远程确定投保手机的身份和如何远程确认屏幕是否完好。

为了解决在线自助投保的验机问题，让用户在线提交验机凭证是必要的环节。在互联网保险场景中，通过拍照的方式上传凭证是一个被用户广泛接受的常规操作，因此众安保险也想到让用户通过上传待投保手机照片的方式进行自助投保。

确定这一点之后，又带来两个新的问题：一是如何确保用户上传的照片属于待投保手机（例如，用户完全可以上传一张其他手机的照片来冒充自己实际可能已经损坏的手机），二是能否自动识别上传照片中手机屏幕是否完好。对此，系统处理流程如图4—1所示。

1）识别码生成和更新。系统需要将待投保手机的唯一身份识别码加上时间戳加密生成一个一次性的识别码返回给待投保手机用于生成验证标识图像。同时，该识别码与原始的手机唯一身份识别码将被存储在数据库中，以备未来使用。

待投保手机进入待验证状态之后，一旦出现超时或者用户异常操作的情况，则会向服务器端再次发送识别码更新请求，系统将再次生成一次性识别码返回给待投保手机。

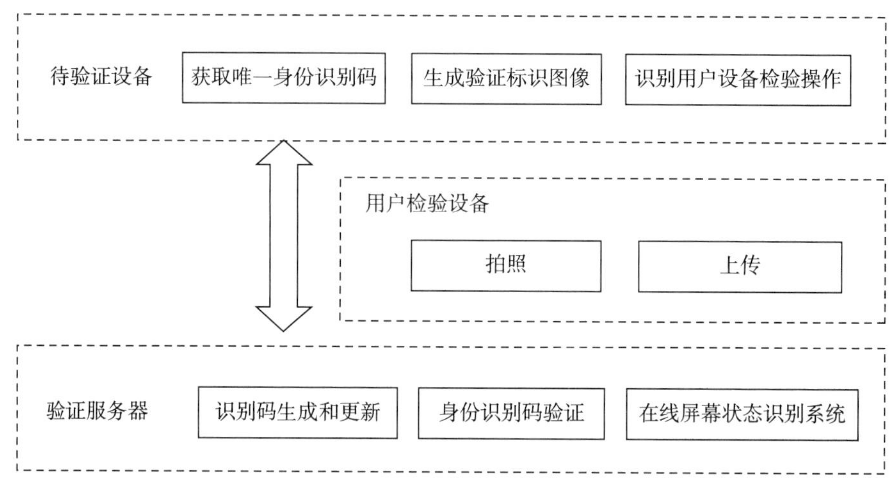

图 4—1 系统处理流程

2）验证标识图像生成。待投保手机收到服务器端返回的一次性识别码后，将会把识别码嵌入一个可以启动摄像头的链接之中，生成对应的二维码图像，置于白色背景之上形成验证标识图像。验证标识图像的生命周期与识别码相同。

3）设备身份识别。用户上传了待投保手机待验证状态的照片后，系统首先会识别其中的二维码信息并提取出一次性识别码，根据该识别码在数据库中检索手机原始的唯一身份识别码。当且仅当照片中的识别码有效时，设备原始的唯一身份识别码才能被正确获得并继续验机流程。

4）屏幕状态识别。基于深度学习的图像识别模型能够通过用户上传的图片来判断手机屏幕是否破碎。

①基于深度学习训练模型。对于状态检测图像集合中的每一幅图像，系统都将训练一个模型。训练集包含两部分的照片。

第一部分为多种设备正常显示该检测图像的正面无畸变照片。

第二部分为多种设备非正常显示该检测图像的正面无畸变照片，非正常显示包括图像本身显示不正常（如花屏、黑屏等）及屏幕外观破损导致的不正常。

基于以上训练集训练出来的深度学习模型能够对一幅状态检测图像进行识别，并给出设备是否正常显示的评估分值。

②在线屏幕状态评分。对于设备的正面无畸变照片，扣除身份标识图像部分之后的图像被送入对应的评分器中，得到屏幕显示状态的评分，并结合根据实际经验设置的接受或拒绝的评分阈值得到最终的屏幕状态是否正常的判定结果。

（2）应用创新的天然优势

众安科技在金融领域做人工智能相关的应用和创新有自身的天然优势。

首先，有丰富的应用场景。从保险流程的自动化到智能决策支持，人工智能模型在服务业务系统的同时，也经过业务的不断验证在不断提升自身识别率。

其次，有海量的行业数据。众安保险是一家互联网保险公司，有别于传统保险公司，其所有的数据都是以信息化的方式保存下来的，因此积累了海量的数据，这些数据经过了不同业务的交叉验证。

最后，有领先的技术优势。作为国内领先的数据科学领域前沿课题研究和开发基地，众安科技数据科学实验室将众安科技在人工智能领域积累的技术对外共享。

4.2　智 能 医 疗

近几年来，数据资源、计算能力、算法模型等人工智能发展的基础条件日益成熟，在跨学科、跨领域发展的趋势下，人工智能技术与医疗领域有许多融合，在医学影像、临床决策支持、语音识别、药物挖掘、健康管理、病理学等众多领域都有了长足的发展。近几年来，全球针对医疗照护应用纷纷推出物联网概念下的试行计划。美国早在2009年就将IBM提出的Smart Earth（“智慧地球”）计划视为国家战略，投入300亿美元在信息化医疗与智能电网项目上；日本在e-Japan和u-Japan计划的基础上再次提出i-Japan计划，希望借远程医疗与电子病历的发展带动全面的医疗发展；韩国于2010年扩大U-Health（U指Ubiquitous，意为无所不在，Health意为健康，U-Health即提供使用者随时随地获取数字资料的装置和环境）与SmartCare（智慧医疗）的试行地点，投入300亿韩元针对慢性病患者提供远程医疗等智慧化医疗照护服务。

在全球人工智能浪潮的新形势下，我国人工智能与医疗产业的发展面临着机遇和挑战，技术能力不断增强，但产品和服务仍需完善。本节梳理和研究人工智能医疗的发展状况，总结国内、国外智能医疗行业及基础设施领域相关技术的发展特点和趋势，同时也分析我国智能医疗行业面临的问题，为专注于智能医疗的人员与机构提供参考。

4.2.1　智能医疗的发展

1. 智能医疗发展的三个关键技术

智能医疗发展过程中最关键的技术有三个：计算机运算能力、计算机运算方法和大数据库建立。

（1）计算机运算能力

GPU 显著提升了计算机的性能，拥有远超 CPU（中央处理器）的并行计算能力。这两种处理器的计算方式不同，CPU 擅长处理面向操作系统和应用程序的通用计算任务，而 GPU 擅长完成与显示相关的数据处理。CPU 计算使用基于 x86 指令集的串行架构，适合快速完成计算任务。GPU 拥有多内核，可处理并行计算，适合处理 3D 图像中上百万的图像像素。此外，FPGA（现场可编程门阵列）也越来越多地应用在人工智能领域。FPGA 是 PAL（可编程阵列逻辑）、GAL（通用阵列逻辑）、CPLD（复杂可编程逻辑器件）等进一步发展的产物。它是作为专用集成电路领域中的一种半定制电路而出现的，既弥补了全定制电路的不足，又解决了原有可编程逻辑器件门电路数有限的问题。

一方面，FPGA 是可编程重构的硬件，相比 GPU 有更强大的可调控能力；另一方面，与日俱增的门资源和内存带宽使得它有更大的设计空间。由于深层神经网络包含多个隐藏层，大量神经元之间的联系计算具有高并行性的特点，能够支持大规模并行计算的 FPGA 和 GPU 架构已成为现阶段深度学习的主流硬件平台。FPGA 和 GPU 架构能够根据应用的特点定制计算和存储的结构，方便算法进行微调和优化，实现硬件与算法的最佳匹配，获得较高的性能功耗比。

（2）计算机运算方法

深度学习是当前研究和应用的热点算法，也是人工智能的重要领域。深度学习通过构建多隐层模型和学习海量训练数据，可以获取数据有用的特征，通过数据挖掘进行海量数据处理，自动学习数据特征，尤其适用于包含少量未标识数据的大数据集。深度学习采用层次网络结构进行逐层特征变换，将样本的特征表示变换到一个新的特征空间，从而使分类或预测更加容易。

深度学习驱动图像识别精度大幅度提升。2012 年，深度学习模型首次被应用于 ImageNet 大规模视觉识别挑战赛，将错误率降至 16.4%，一举夺冠。2015 年，微软通过 152 层的深度网络，将图像识别错误率降至 3.57%，而人眼的辨识错误率约为 5.1%，深度学习模型的识别能力已经超过了人眼。在 2017 年的 ImageNet 大规模视觉识别挑战赛中，Momenta 团队利用 SENet 架构夺魁，他们的融合模型在测试集上获得了 2.251% 错误率的结果，对比前一年第一名的结果 2.991%，有了将近 25% 的精度提升。

自辛顿提出 DBN（深度置信网络）以来，深度学习的发展经历了一个快速迭代的周期，其中 CNN 目前已成为图像识别领域应用最广泛的算法模型。在利用CNN进行图像理解的过程中，图像以像素矩阵形式作为原始输入，第一层神经网络的学习功能通常是检测特定方向和形状的边缘存在与否，以及这些边缘在图像中的位置；第二层往往会检测多种边缘的特定布局，同时忽略边缘位置的微小变化；第三层可以把特定的边缘布局组合成为实际物体的某个部分；后续的层次将会通过全连接层把这些部分组合起来，实现物体的识别。目前，CNN已广泛应用于医疗健康行业，特别是医疗影像辅助诊断，用以实现病变检测和特定疾病的早期筛查。

（3）大数据库建立

机器学习是人工智能的核心和基础，而数据和以往的经验是优化计算机程序性能的基础。随着大数据时代的到来，来自全球的海量数据为人工智能的发展提供了良好的条件。据IDC（互联网数据中心）统计，2011年全球数据总量已经达到1.8ZB，并以每两年翻一番的速度增长，预计到2020年，全球将总共拥有35ZB的数据量，数据量增长近20倍；在数据产业规模方面，预计到2020年，全球数据产业规模将达到2 047亿美元。

随着电子病历的采用，以及CT（电子计算机断层扫描）影像、MRI（磁共振成像）等的普及，医疗行业的数据量已呈现指数级增长。据统计，2013年全球医疗健康数据量为153EB，预计年增长率为48%。通过自然语言理解、机器学习等技术，大量文本、视频、图像等非结构化数据得以被分析利用。三甲医院的电子病历数据库、基层医院和体检机构的健康档案数据库、国家各统计部门的人口数据库通过大数据技术可以实现互联互通，形成个人完整生命周期的医疗健康大数据，为人工智能技术在医疗健康行业的应用提供了有力的支撑。

2. 智能医疗的发展趋势

过去几年的智能医疗发展方向和主题最初多是聚焦在如何通过电子化方案，促使医疗及诊断数据从纸本转向数字化，接着研发焦点慢慢地横跨到电子病历应用、远程视讯及遥控、数字语音等，并进一步探讨物联网与医疗设备的整合，医疗场域通过联网功能，创造了新形态的生理监测、临床诊疗、远程照护等。

云运算、大数据分析的普及，诸多人工智能技术的发展，促使了客制化医疗解决方案的出炉，同时也改变了传统医疗行业的诊断及营运决策。近几年，智能医疗更进一步聚焦5G网络通信与人工智能的整合，借由高速通信技术，推动新一代远程医疗、人机协同诊疗方式、精准医疗的发展与新药研发，促进新一代医疗服务体系和智慧医院建设。调研机构Markets and Markets 2017年的报告显示，未来5年人工智能在医疗领域的应用将以每年高于52%的成长率扩张，创造80亿美元的商机。

随着近些年深度学习技术的不断进步，人工智能逐步从前沿技术转变为现实应用，而且在医疗行业内的应用越来越广泛，逐渐成为促进医疗行业进步和提升医疗质量的重要推手，尤其使得优质医生资源分配不均，误诊漏诊率较高，医疗成本过高，放射科、病理科等科室医生培养周期长，医生资源供需缺口大等问题有所改善。人工智能在医疗领域的应用可以提高医疗诊断准确率与效率；提高患者自诊比例，降低患者对医生的需求量；辅助医生进行病变检测，实现疾病早期筛查；大幅提高新药研发效率，降低制药时间与成本。

3. 疾病实时监测与早期预警

实现疾病早期风险预测，以及疾病发生后的干预治疗效果监测，是医疗健康可穿戴设备开发与人工智能整合的刚性需求。很多的疾病现在都是可以预防的，但是由于疾病在病发之前的表征并不是很容易被观察或检测到，而且早期预防的观念尚未普及，因此患者通常等到身体不舒服才去看医生。如果可以借由可穿戴设备进行实时监控，将能够降低患者的医疗成本。人体的复杂性及疾病表征的多样性常会影响疾病预测的准确程度，结合人工智能的可穿戴设备能够实时监测人体情况，当达到疾病危险指标时，可以提醒患者注意身体保健或是去医院检查，早发现早治疗，减少医疗开销。此外，智能医疗具有大数据库整合的优点，当样本数够多的时候，可以将数据提供给公共卫生机构，为流行病的监测或政策制定提供可靠的数据支撑。

4.2.2 智能医疗的应用与分析

1. 市场规模及发展趋势

2017 年的数据显示，每个月都有资金流入智能医疗领域，累计融资额已超过 250 亿元人民币。国内有多家科技企业已布局智能医疗。例如，腾讯在 2017 年 8 月推出“腾讯觅影”，可对食管癌进行筛查；阿里健康重点建立医学影像智能诊断平台；2016 年 7 月，图玛深维医疗科技有限公司完成 30 万美元种子轮融资，2017 年 11 月又获投 2 亿元人民币，其正在把深度学习引入计算机辅助诊断系统中；晶泰科技（XtalPi）近期也融资 1 500 万美元，用于新一代的智能药物研发技术，以解决药物临床前研究中的效率与成功率问题。

据分析，到 2025 年人工智能应用市场总值将达到 1 270 亿美元，其中智能医疗将占市场规模的五分之一。我国正处于智能医疗的风口：中国智能医疗市场规模 2016 年达到 96.61 亿元，增长 37.9%；2017 年超过 130 亿元，增长 40.7%；2018 年，资本对智能医疗市场的热情依旧不减，仅

2018年上半年就有18家公司获投。在投资方面，据IDC发布的报告显示，2020年全球对人工智能和认知计算领域的投资将达到460亿美元，其中，针对智能医疗行业的投资将呈现逐年增长的趋势。

2. 国内外行业布局

IBM在2006年启动Watson项目，将散落在各处的知识片段连接起来，进行推理、分析、对比、归纳、总结和论证，获取深入的洞察及决策的证据。在2015年，Watson Health（沃森健康）成立，专注于利用认知计算系统为医疗健康行业提供解决方案，并与癌症中心合作，建立临床辅助决策支持系统。目前，该系统已应用于肿瘤、心血管疾病、糖尿病等领域的诊断治疗，并于2016年进入中国市场，在国内众多医院进行了推广。

2014年，谷歌公司旗下的DeepMind Health和英国NHS（国民健康服务体系）展开合作，训练有关脑部癌症的识别模型。而微软公司发展医疗健康计划，寻找最有效的药物和治疗方案，并利用机器学习从医学文献和电子病历中挖掘有效信息，结合患者基因信息，研发用于辅助医生进行诊疗的推荐决策系统。

国内科技巨头也纷纷开始在智能医疗领域布局。例如，阿里健康以云平台为依托，构建了坚实而完善的基础技术支撑，同时也与医院建立了合作伙伴关系，重点打造医学影像智能诊断平台，提供三维影像重建、远程智能诊断等服务。此外，阿里云举办了天池医疗AI大赛，以肺部小结节病变的智能识别、诊断为课题，向早期肺癌诊断发起挑战。

腾讯在人工智能领域的布局涵盖基础研究、产品研发、投资与孵化等多个方面，在2016年建立了人工智能实验室，专注基础研究和应用探索，建立人工智能的内核模型，并对健康风险进行预警，进行精准诊疗和个性化医疗，把图像识别、深度学习等领先的技术与医学跨界融合，辅助医生对食管癌、早期肺癌、糖尿病性视网膜病变、乳腺癌等病种进行早期筛查。

3. 虚拟医疗助理系统的发展

智能问诊是虚拟医疗助理广泛应用的场景之一，可以将患者的病症描述与标准的医学指南做对比，为用户提供医疗咨询及自诊、导诊、诊疗建议。在偏远地区，基层医疗机构的全科医生数量不足，医疗设备欠缺，而智能问诊可以辅助医生诊断。在用户端，虚拟医疗助理可以提供轻问诊服务和用药指导。

预问诊系统是基于自然语言理解、医疗知识图谱、自然语言生成等技术的问诊系统。患者在就诊前使用预问诊系统填写病情相关信息，由系统生成规范、详细的门诊电子病历发送给医生。2017年，北京康夫子科技有限公司、北京大数医达科技有限公司（以下简称大数医达）等研发的“智能预问诊系统”在多家医院落地应用。

此外，语音识别技术为医生书写病历提供了极大的便利。当放射科医生、外科医生、口腔科医生双手无法空闲出来去书写病历时，智能语音录入可以解放医生的双手，帮助医生通过语音输入完成资料查阅等工作，并将医生口述的医嘱形成结构化的电子病历，大幅提升了医生的工作效率。科大讯飞的智能语音产品“云医声”可将医生口述的内容转换成文字，语音转录准确率已超过 97%，同时推出了 22 种方言版本，并已在北大口腔、瑞金医院等 20 多家医院落地使用。科大讯飞的另一款产品“晓医”导诊机器人能够实现智能院内导诊，进一步助力分诊。“晓医”导诊机器人目前已在安徽省立医院、北京 301 医院等多家医院投入使用。

4. 病历与文献的智能分析

人工智能可以自动抓取来源于异构系统的病历与文献数据，并形成结构化的医疗数据库，对电子病历及医学文献中的海量医疗数据进行分析，有利于促进医学研究。大数医达、惠每医疗管理咨询（北京）有限公司、上海森亿医疗科技有限公司等企业正是基于自己构建的知识图谱，形成了供医生使用的临床决策支持产品，为医生的诊断提供辅助，包括病情评估、诊疗建议、药物禁忌等。

构建医疗知识图谱需经过医学知识抽取、医学知识融合的过程。近年来，深度学习开始被广泛应用于医学实体识别，目前实验结果表明，基于 BiLSTM-CRF 的模型能够达到最好的识别效果。由于数据来源的多样性，在医学知识融合的过程中需对近义词进行归类，目前分类回归树算法、SVM（支持向量机）分类方法在实体对齐的过程中可以达到良好的效果。

对电子病历的结构化和数据挖掘可以帮助一线人员及科研人员发掘疾病规律，进行疾病相关性分析、患病原因分析、疾病谱分析等，并建立新的研究课题。例如，新华三集团在协助医院进行关于卵巢癌的课题研究时，发现血小板与淋巴细胞的关系对卵巢癌诊断具有重要价值。

5. 智能医疗影像辅助诊断

医疗影像数据是医疗数据的重要组成部分，占医疗数据的 90% 以上，CT、X 光、MRI、PET 等都不断地在检测过程中产生关于疾病的影像数据。据统计，医疗影像数据年增长率为 63%，而放射科医生数量年增长率仅为 2%，能够判断医疗影像的专业放射科医生缺口很大。我国每千人平均医生拥有量仅为 2.1 人，医生缺口问题较为严重，影像科、病理科尤为严重。中华医学会数据资料显示，中国临床医疗每年的误诊人数约为 5 700 万人，总误诊率为 27.8%，器官异位误诊率为 60%。

在传统医疗中，超过 90% 的病理检测是基于医疗影像判别，容易发生误判的情况。人工智能的图像识别技术通过自主学习大量医疗影像，可以辅助医生进行病灶区域定位，分析从病人身上得到的影像，进而判断出疾病，并给出治疗方案，其可以提高工作效率，并减少判断错误，降低不必要的医疗支出。

6. 新型药物研发与基因测序

在新药开发的过程中，传统的方法要经过大量的测试，耗时又耗钱，而且新药制作出来后，在试验时失败率也高。因此，现在大型药厂在开发新药时，以人工智能的方式预先仿真出药物分子模型，找到符合理论的化学合成方式，制作出新药，也把一些不符合理论的药物分子模型剔除，提高潜在药物的筛选速度和成功率。

（1）靶点药物筛选

靶点是指药物与机体生物大分子的结合部位，通常涉及受体、酶、离子通道、转运体、基因等。人工智能可以从海量医学文献、论文、专利、临床试验信息等非结构化数据中寻找到可用的信息，并提取生物学知识，进行生物化学预测。据预测，该方法有望将药物研发时间和成本各减少约 50%。

（2）化学药物挖掘

化学药物挖掘是将制药行业积累的数以百万计的小分子化合物进行组合实验，寻找具有某种生物活性和化学结构的化合物，用于进一步的结构改造和修饰。人工智能在该过程中的应用有两种方案，一是开发虚拟筛选技术以取代高通量筛选，二是利用图像识别技术优化高通量筛选过程。人工智能可以评估不同疾病的细胞模型在给药后的特征与给药效果，预测有效的候选药物。

（3）药物晶型预测

药物晶型对于制药企业十分重要，熔点、溶解度等因素决定了药物临床效果，同时药物晶型具有巨大的专利价值。人工智能可以高效地动态配置药物晶型，防止漏掉重要晶型，缩短晶型开发周期，减少成本。

在基因测序方面，单个人类基因组拥有 30 亿个碱基对，编码约 23 000 个功能基因，基因检测就是通过解码从海量数据中挖掘有效信息。人工智能技术通过建立初始数学模型，将健康人的全基因组序列和 RNA（核糖核酸）序列导入模型进行训练，让模型学习到健康人的 RNA 剪接模式，之后通过其他分子生物学方法对训练后的模型进行修正，最后对照病例数据检验模型的准确性。

目前，国内的华大基因、博奥生物、金域检验等龙头企业均已开始自己的人工智能布局。以金域检验为例，其临床基因组检测中心拥有全基因组扫描、荧光原位杂交、细胞遗传学、传统 PCR（聚合酶链式反应）信息平台，依托覆盖全国不同地区、不同民族、不同年龄的海量医疗检测样本数据，创建了具有广州特色的“精准医疗”检验检测大数据研究院。

4.2.3 智能医疗的发展问题

1. 大数据共享是发展瓶颈

以医疗影像辅助诊断公司为例，其训练模型的数据来源通常是公开数据集，或者是企业与个别医院合作获取的医疗影像数据。这种模式在企业创业初期可以维持，但是当企业发展到一定规模时会出现瓶颈。例如，对于肺结节 CT 筛查，企业通常与个别医院展开合作，获取该医院 CT 设备的数据。但是，目前市面上广泛流通的 CT 设备的制造商有七八家，机型则达到了上百种，模型会因层厚、电流、电压、扫描时间等参数的不同而出现差异，病人受测的姿势也会影响人工智能医疗机器人的学习。

尽管政府亮了绿灯，企业投了人力、财力，但人工智能却并没有在医疗领域出现爆发式应用。其困境在于人工智能需要大量共享数据，而医院和患者的数据并不容易共享，这是人工智能在质与量的发展上急需克服的瓶颈，目前急需有高度的政府或企业来将这些资源做有效的整合。

2. 临床应用需规范化

目前，业内针对肺结节、糖尿病检查等场景的智能医疗产品诊断准确率普遍很高，但是企业在训练模型时通常都有自己的数据库，各自按照自己的数据和算法进行训练，然后以自己的数据来验证准确性。在没有得到临床验证前，基于标准或特定数据集的实验室测试结果并不具备较大的意义，因为实际临床应用的情况是非常复杂的，具体体现在以下几个方面。

（1）数据采样不规范

以糖尿病筛查为例，瞳孔较小、晶状体混浊等人群的免散瞳眼底彩照的图像质量往往达不到筛查的要求。此外，受限于成本因素，很多基层医疗机构使用的是手持眼底相机，成像质量不佳，需要有能够整合数据采样的规范，才能够使得影像辨识与筛选的效率提高。

（2）数据格式不统一

在病理方面，数据缺少通用的国际标准。各医院使用的病理切片扫描仪的生产厂商也并不一致，各病理切片扫描仪生产厂商的扫描文件数据格式多为私有格式。要达到数据的标准化，需要各病理切片扫描仪生产厂商与医院积极配合，开放自己的数据存储格式。

（3）诊断标准各不同

目前，图像识别技术在医疗影像辅助诊断上已经取得了比较好的应用，技术上也取得了较大的突破，但是医疗影像辅助诊断产品下一步应当完善自己的算法，避免“就图论图”。以甲状腺结节诊断为例，医生的诊断并非只依据彩超的拍片结果，还要结合甲状腺功能化验，查看抗体的相关表现。因此，将临床表征信息、患者基本信息、LIS（实验室信息系统）指标、随访记录等都作为预测模型的因子，实现多模态的诊断体系，将是医疗影像辅助诊断产品下一步重点突破的方向。

3. 商业模式急需建立

现在的智能医疗企业多数依靠单点医疗机构开展工作，合作方式较为单一，数据作为医院资产也难以供院外企业使用。此外，智能医疗企业想以软件的形式让医院付费使用智能医疗产品，不论是在计费方式还是在软件资质等方面都存在较多困难。企业应与政府、医院开展合作，向医疗机构提供服务或解决方案。例如，四川大学华西医院（以下简称华西医院）与四川希氏异构医疗科技有限公司（以下简称希氏异构）联合成立华西－希氏医学人工智能研发中心，在消化内镜人工智能技术研发方面开展了合作。

华西医院院长李为民表示：“华西－希氏医学人工智能研发中心既是四川大学华西医院产学研用协同创新的重大科技转化平台，也是华西医院以开放姿态释放医院资源的重要标志。”目前，华西医院与希氏异构的合作已取得了进展，医生可以上传胃镜图像，通过在云端进行数据分析，对胃癌、静脉曲张、息肉等常见胃镜检查结果进行筛查，目前准确率超过90%。基于人工智能的消化胃镜智能系统可以提供高质量的检测结果，提高医生诊断效率，提升基层医疗机构的服务水平。这就是医院与企业合作，建立纵向资源统整与横向应用的范例。

4. 医疗责任不易划分

人工智能进行辅助诊断，在医疗责任认定方面也存在问题和挑战。例如，用户在使用医疗虚拟助手表达主诉时，可能会漏掉症状描述甚至错误地进行描述，导致医疗虚拟助手提供的建议不符合用户原本的疾病情况。因此，目前监管部门禁止虚拟助手软件提供任何疾病的诊断建议，只允许提供用户健康轻问诊咨询服务。

我国监管部门对利用人工智能技术提供诊断功能方面的审核要求非常严格。2017 年，CFDA（国家食品药品监督管理总局）发布的新版《医疗器械分类目录》规定，若诊断软件通过算法提供诊断建议，仅有辅助诊断功能不直接给出诊断结论，则按照二类医疗器械申报认证；如果对病变部位进行自动识别并提供明确诊断提示，则必须按照三类医疗器械进行临床试验认证管理。未来，应进一步明确针对人工智能诊断进入临床应用的法律法规，明确做出人工智能诊断的主体在法律上是医生还是医疗器械、人工智能诊断出现缺陷或医疗过失的判断依据等问题。

5. 人才培养的急迫性

人才专业水平是影响人工智能发展的关键因素之一。目前，我国人工智能行业人才缺口较大，资深人才数量与美国差距明显，同时掌握医疗与人工智能知识的复合型人才更是匮乏。只有解决人才问题，我国才能突破智能医疗行业发展的瓶颈。基于此背景，我国高度重视人工智能人才培养，并制定《新一代人工智能发展规划》，指出要把高端人才队伍建设作为人工智能发展的重中之重。

4.2.4 智能医疗的典型案例

1. 智能手术机器人

智能手术机器人是一种计算机辅助的新型人机外科手术平台，主要利用空间导航控制技术，将医学影像处理辅助诊断系统、机器人及外科医师进行有效的结合。随着机器人产业的不断发展，医疗机器人逐渐受到全球高度关注，关于机器人在医疗领域的应用的研究主要集中在外科手术机器人、康复机器人、护理机器人和服务机器人四个方面。美国已经把手术治疗机器人、假肢机器人、康复机器人、心理康复辅助机器人、个人护理机器人、智能健康监控系统定为六大研究方向。而欧洲也计划建立“Robotics for Health-care”网络，促进医疗机器人在欧洲的发展和应用。

根据 WinterGreen Research 公司的报告，智能手术机器人市场规模在 2014 年为 32 亿美元，北美市场目前为最大市场，而由于政府医疗投入加大、医疗系统重组和人们对微创手术的意识加强，未来市场重心将逐渐往亚洲转移。同时，伴随着新一代设备、系统和器械的发布，智能手术机器人的应用范围将从目前的大型开放手术覆盖到身体微小部分的手术。据估计，智能手术机器人市场规模在 2021 年将达到 200 亿美元。

1994 年出现的第一代智能手术机器人“伊索”被设计用以接受手术医生的指示，并控制腹腔镜摄像头。该机器人可以模仿人手臂的功能，实现声控设置，其应用取消了对辅助人员手动控制内窥镜的需要，能够提供比人为控制更精确一致的摄像头运动，为医生提供直接、稳定的视野。至 2014 年，外科医生应用“伊索”已在全球做了超过 7.5 万例次微创手术。

结合人工智能的达·芬奇机器人手术系统又称“内窥镜手术器械控制系统”，是世界上最为先进的微创外科手术系统之一，集成了三维高清视野、可转腕手术器械和直觉式动作控制三大特性，使微创技术能够更广泛地应用于复杂的外科手术中。与 1996 年推出的第一代达·芬奇机器人相比，2006 年推出的第二代达・芬奇机器人机械手臂活动范围更大，允许医生在不离开控制台的情况下进行多图观察。2009 年推出的第三代达・芬奇 Si 系统在第二代达・芬奇机器人的基础上增加了双控制台、模拟控制器、术中荧光显影技术等。第四代达・芬奇 Xi 系统在 2014 年推出，其在灵活度、精准度、成像清晰度等方面有了质的提高。

达・芬奇机器人主要由三个部分组成：医生控制系统，三维成像视频影像平台，机械臂、摄像臂和手术器械组成的移动平台。实施手术时，主刀医师不与病人直接接触，通过三维视觉系统和动作定标系统操作控制，由机械臂及手术器械模拟完成医生的技术动作和手术操作。

从患者角度来看，达・芬奇机器人的智能操作有以下优点：与腹腔镜（二维视觉）相比，三维视觉可放大 10～15 倍，使手术精确度大大增加；术后恢复快，愈合好；曲线较腹腔镜短；创伤小，使微创手术指征扩大，减少术后疼痛，缩短住院时间，减少失血量，减少术中的组织创伤和炎性反应导致的术后粘连；术中对机体的损伤大大减小。

从医生角度来看，达・芬奇机器人的智能操作有以下优点：增加手术视野角度，减少人为的手部颤动，而且机器人“内腕”较腹腔镜更为灵活；能以不同角度在目标器官周围操作，能够在有限狭窄空间工作，精准度更高；能使医生在轻松的工作环境中工作，减少疲劳，更集中精力；减少参加手术的人员，提高效率，降低人力成本。

目前，美国已经有 2 000 多台达・芬奇机器人，欧洲有 600 多台，亚洲有 400 多台。

目前，在中国等新兴市场，由于装机数量的局限，手术渗透率还很低。截至 2015 年 12 月，分布在中国各地的几十台达・芬奇机器人共完成手术 11 445 例。在仅有 62 台达・芬奇机器人的情况下，中国 2016 年的达・芬奇机器人手术量已经攀升到了 17 979 例，单台完成手术数量最多达到了 888 例。而根据国家卫生健康委员会发布的《大型医用设备配置许可管理目录（2018 年）》，达・芬奇机器人将从目录中的甲类设备（国家卫生健康委员会负责配置管理）降为乙类设备（省级卫生健康委员会负责配置管理）。随着国家审批的放开，未来中国达・芬奇机器人手术量面临井喷，在追赶发展手术机器人技术的同时，相关的安全标准也急需推出。

2. 医疗影像诊断机器人

2018 年 12 月，在 CCTV（中国中央电视台）首档人工智能挑战类节目《机智过人》中，中国科技大学、中科曙光、杭州健培科技有限公司联手打造的“医学影像阅片机器人”（又名“医学影像机器人医生”），以极快的速度在胸部 CT 诊断上得到与主任医师们完全一致的判断。在医疗影像大数据方面，“机器人医生”输入了一万多张高质量的人工标注的 CT 影像；在计算力方面，系统建构 HPC（高性能计算）设备；在算法方面，系统对用于影像识别的 3D 卷积神经网络算法进行了优化，可快速识别图片中病灶的位置。这些优势使医疗影像诊断机器人能够在社区、乡镇等医疗条件不高的地方帮助基层医生获得“顶级专家看病的本事”。

随着人工智能在医疗领域的深度落地，医疗影像诊断机器人在大数据和算法技术的支撑之下，能够对 MRI 图像、CT 图像、超声图像等医疗影像进行识别和处理，并且通过自主学习不断提高处理的能力和效率，从而能够辅助医生进行阅片诊断。

一般来说，医疗影像诊断机器人的运行会经过图像输入、图像分割与识别、图像分析和信息输出四个步骤。图像输入是指将张数不等的医疗影像输入医疗影像诊断机器人，一整套 CT 图像大概由 200 ~ 600 张切片组成；图像分割与识别是指医疗影像诊断机器人会对输入的序列图像进行算法分割与识别，标注病灶等；图像分析是指对病灶进行相关分析，包括磨玻璃密度、实性成分占比等，发掘病灶的内在规律；信息输出是指将得出的数据进行汇总，得出报告。

不过，尽管医疗影像诊断机器人有着强大的科学和技术支撑，但要全面进入医疗应用阶段，让所有人都不用再去排队苦等医生诊断，还需要一点时间。目前主要的三大不确定因素是：程序设定上的失误可能导致误诊的大规模发生；急需更多有质有量的案例，提升机器人的学习能力；对医疗数据监管的力度不足，个人隐私需保护。国内医疗影像诊断机器人所取得的成就标志着我国在人工智能部分细分领域的突破性发展。尽管有些问题待解决，但我们依然期待医疗影像诊断机器人能缩短我们看病排队的时长。

3. 智能穿戴医疗设备

随着智能移动技术的飞速发展，市场对智能穿戴设备的需求也逐渐呈现多样化。健康领域的智能穿戴设备被市场看好，据估计，2019 年近 20% 的高端智能手机用户将购买智能手表或智能穿戴设备。

智能穿戴设备通过传感器与人体进行信息传输和交流，应用领域广泛，可根据用户需求不断升级。智能穿戴设备将对提高人们的生活质量和促进智能生活方式的发展起到重要作用。

目前，智能穿戴设备大致可分为运动保健、体感、信息、医疗、综合等类别。不同的设备有不同的市场和用户。医疗和运动健康方面的智能穿戴设备受到大多数人的青睐。

随着技术的进步，智能穿戴设备越来越小、越来越软。这一趋势也延伸到了医疗领域。科学家正在开发新的更小巧、柔软、智能的医疗设备。由于能与人体很好地融为一体，这些柔软又有弹性的医疗设备在被植入或使用后，从外面看起来不会有任何异样。

（1）皮肤传感器

美国加州大学纳米工程学教授约瑟夫·王研发了一款极具未来气息的传感器。这种传感器能通过检测汗液、唾液和眼泪，提供有价值的健身和医疗信息。

（2）纳米药物贴片

韩国首尔国立大学化学和生物工程学副教授金大贤和他的同事试图用纳米技术打造下一代生物医学系统。他们已经开发出一种能够携带一天药量的纳米药物贴片。2014 年，金大贤的研究小组提出了包含数据存储、诊断工具及药物在内的具有柔性和延展性的柔性电子贴片。这种贴片能够检测出帕金森病独特的抖动模式，并将收集到的数据存储起来备用。

（3）注射式大脑监测系统

尽管目前已有监测癫痫和脑损伤患者的植入技术，但这些设备较硬和尖锐，不便于长期监测。美国哈佛大学专注于纳米技术的化学教授查尔斯·利伯将大脑组织比喻成一碗在不断运动的豆腐，而人们需要的是一种能监测大脑、刺激大脑，也能和大脑互动，但没有任何机械应力和载荷的装置。利伯的研究小组开发出的注射式大脑检测系统小到可以通过注射器直接注射到脑组织中。

（4）柔性植入装置

瑞士洛桑联邦理工学院工程学院的斯蒂芬妮·拉科和格雷·库尔蒂纳在 2015 年年初宣布，他们已经开发出用于治疗脊髓损伤的植入物，能大幅降低炎症和损害组织的可能性。与此同时，复制人类触觉的技术也越来越成熟。美国斯坦福大学化学工程教授鲍哲南还开发出了能感知压力和温度并具有自愈功能的人造皮肤。她的研究小组最新开发的电子皮肤包含一个传感器阵列，已经能够识别出握手时的力度。

（5）外骨骼机器人

2018 年，电子科技大学机器人研究中心执行主任程洪带领团队研发出第四代外骨骼机器人，能帮助脊髓损伤的截瘫患者像正常人一样站立行走。程洪说："我国是继美国、以色列、日本之后，第四个成功研发外骨骼机器人的国家。"外骨骼机器人的研发不是某一学科的"单兵作战"，而是多学科领域的高度交叉融合。"第四代外骨骼机器人技术已跻身世界前列。"研发团队成员侯磊说。相较于前几代外骨骼机器人，第四代外骨骼机器人可以通过智能鞋及其他传感器自动识别并规划步态，完成楼梯的上下，行走更快、更流畅。同时，借助人工智能算法，外骨骼机器人能自动识别穿戴者意图，人机交互更连贯、自然。

4. 智能移动医疗应用

中国智能移动医疗领域方兴未艾，主要分为四大应用场景：一是问诊类服务，二是智能穿戴设备，三是垂直领域整合，四是快速送药服务。

（1）问诊类服务

春雨医生、微医和丁香医生是目前问诊服务类 APP 中的典型，并且都获得了亿元级别的投资。

春雨医生 APP 主要向用户提供线上问诊服务，并通过这种方式积累用户和用户数据。其中，“自我诊断”业务包含了药品库及附近的医院和药店的推荐。春雨医生 APP 还和好药师合作，在“自我诊断”页面中嵌入了好药师购物入口。

微医 APP 的产品结构和功能比春雨医生 APP 简单，除了指导用户在线上完成挂号外，还提供在线咨询服务，用图文的方式给用户解答。和春雨医生 APP 类似的是，微医 APP 会根据用户搜索的疾病向用户推荐相应的营养品。

而丁香医生 APP 则主要帮助用户对症找药、推荐附近的线下药店，同时指导用户购药和服药，管理用户及家人的服药行为。其功能较为单一，用户不可以直接通过该应用购药。

（2）智能穿戴设备

通过智能穿戴设备布局智能移动医疗是另外一条发展思路。艾瑞咨询的数据显示，2012 年中国可穿戴便携移动医疗设备的市场规模为 4.2 亿，到 2017 年，这一数字逼近 50 亿，增长约 10 倍。移动医疗和智能穿戴设备的结合是未来不可扭转的方向，也是众多医药电商汇集用户数据的重要手段。

如何有效利用数据是目前该模式继续发展的瓶颈。若只是收集数据不能处理数据，则不能给予用户真正的医疗健康指导，这些数据是无效的。现在几乎没有任何智能穿戴设备的平台能够处理这些数据。

中国目前的医疗健康行业中，医院仍然是医患资源、处方资源最丰富的机构，只有医院和医生的经营体系进行改革、和外界开展更深入的合作，才能进一步促进智能移动医疗、医药电商的发展。

（3）垂直领域整合

中国有大量的慢性病人群，但是在目前的医疗环境中难以得到持续、专业的护理。因此，为不同种类的慢性病患者提供服务的移动应用也逐渐发展起来。其中，糖尿病护理类的 APP 由于患者数量巨大而最先发展起来，目前有微糖、微糖医生、糖护士、糖医生、掌握糖尿病等众多相关 APP。

微糖、糖护士、掌握糖尿病等 APP 基本都是通过帮助用户记录血糖数据和用药情况来帮助用户管理糖尿病。不同的是，糖护士不仅有 APP，还有配套的智能血糖仪，而且 APP 中还设有销售血糖仪产品的网上商城。而微糖除了帮助用户记录数据，还拥有博医帮医疗团队及一些专家医生资源，用户可以在线咨询，医生也可以通过该 APP 对糖尿病病人进行管理。

虽然这些垂直领域的医疗 APP 也存在医生、医疗资源不足等问题，但是仍有不少业内人士看好专业、垂直的发展模式。而针对某一种慢性病的重度垂直的医疗 APP 则刚刚开始发展，在众多垂直领域都存在机会。针对某种单一疾病的 APP 因为足够细分垂直，所以能够为用户提供更细致深入的服务，以此获得足够的用户黏性。

（4）快速送药服务

有一种移动医药电商的思路更加简单直接，集中突出快速送药这一点，如药给力 APP 和好药师 APP 中的药急送业务。药给力 APP 的宣传口号是 1 小时送药上门，而好药师 APP 的药急送业务也承诺 24 小时送药及 1 小时送达服务。APP 直接按照药品类目向用户提供药品列表，方便用户选购。同时，两个平台都没有向用户收取配送费用。

目前，药给力 APP 和好药师 APP 都是采取和线下药店合作，然后将线上订单分配给线下药店配送的模式。然而，两者在分配逻辑上却并不相同。药给力 APP 自建了一套向药店分配订单的逻辑：同一区域内相对平均分配，优先考虑药品更全、配送速度更快、咨询服务更好的药店，打造药店积分系统。而且，药给力 APP 有自建的物流配送队伍，可以满足用户夜间送药的需求。而好药师 APP 则采用类似于滴滴打车的“抢单模式”，当用户在网上下单后，由附近的药店抢单送药。不过，与打车软件高额的抢单补贴不同，好药师 APP 目前并没有补贴措施。

也有部分业内人士认为，1 小时送货模式只是吸引消费者的噱头，在现实中很难操作。曾有报道指出，好药师药急送业务的用户体验不佳，难以保证药品及时送到。而更早之前进行尝试的金象网 APP 的 1 小时送药业务也已不再运行。

5. 人工智能远程医疗服务

我国的医疗资源分布不均衡，人口的 80% 分布在县以下医疗卫生资源欠发达地区，而国内医疗卫生资源 80% 分布在大、中城市。政府投入大量资金，在二、三线城市买了大量的医疗设备，但很多设备是闲置的，甚至连能够操作的医生都没有。随着“互联网 +”的发展，人工智能大数据技术与健康医疗服务深度融合，远程医疗服务也在不断扩展。人工智能可以帮助一个技术水平不是那么好的医生完成一台高质量的手术，或者把一个好医生的能力复制和放大，提升医疗资源的使用效果。

例如，2018 年 1 月，北京的航天中心医院眼科借由“远程会诊中心”这一平台，让多位身处其他县市的眼科患者享受到了“不出远门，看北京名医”的远程医疗服务。从 2012 年起，航天中心医院便成立了“远程医疗中心”，为航天基地提供远程医疗保障服务，为航天企业提供远程健康管理服务。2017 年，航天中心医院远程医疗中心独立成科并正式更名为“航天中心医院远程医学部”，开展了大量远程临床会诊、远程影像诊断、远程病理诊断、远程医学教育、双向转诊等远程医疗和培训服务。

传统的远程医疗是医疗机构自身提供远程服务，可以说是自产自销。但是，面对众多的基层医院和社区医院的需求，医疗机构单凭自身实力，不能提供高效一体化的服务，因此必须寻求与第三方机构合作，结成战略联盟。第三方机构在整个过程中扮演着服务传递者的角色，其核心业务是实现远程医疗的专业化运营，整合资源，为整个远程医疗提供保障性服务，实现与医院的联动发展。

据了解，航天中心医院远程医学部的运营模式分为三种：向上是对接北京及全国其他省市的三甲医院；向下是对接医联体单位、对口支援单位、基层医疗机构、第三方公司；向外则对接国际，如梅奥医学中心、麻省总医院、克利夫兰医学中心、安德森癌症中心等。这种模式看似点多面广，十分复杂，实际上其利用互联网、大数据等手段，参与的单位只需要配备一套设备，选用一条线路，就可以得到多个医院专家的远程医疗服务。

目前，中国科学院自动化研究所已经与航天中心医院联合建立了“中科航天远程医学共享实验室”，进一步探索大众对远程医疗的刚性需求。在国家人工智能规划的引导下，健康全流程管理的各个环节将会越来越智能化。医疗传感、知识处理与问答、模拟手术等人工智能前沿技术必将有效破解远程医疗在现阶段的瓶颈，人工智能在医疗领域的运用必将切实解决看病难、看病贵问题。

4.3 智 能 教 育

4.3.1 智能教育的发展现状

“人工智能”这一说法最早在 20 世纪 50 年代被提出，其发展过程跌宕起伏，教育的智能化也随着人工智能的发展起起落落。随着近几年深度学习算法的兴起，机器越来越智能，这也让人陷入了对“机器代替人”这一问题的思考，甚至有些人担心将来机器完全取代人类后，人类将成为落后的物种进而被智能机器人取代。当人们讨论哪个行业的从业者会被人工智能取代的时候，通常认为教师是较难被人工智能取代的职业之一。教育即教书育人，它不仅仅是传授知识，更为重要的是育人。所谓“十年树木，百年树人”，育人也是教育最难的部分。中国的教育讲究言传身教，而且每个人有每个人的特质，这些特质无所谓好坏，用在了合适的地方就是优点，用在不合适的地方就是缺点。人的这些特质与人的生活经历有很大关系，机器能模仿人的声音动作，但是难以复制人的经历。就目前来看，育人这部分工作是人工智能无法代替的。人工智能与教育的结合可以在传授知识方面做些工作。

目前，将人工智能与教育结合的主要是一些私立的教育机构，其中真正有技术含量的智能教育并不多。而中小学及高等院校的教育中采用人工智能的也并不多见，其原因有很多。其一，人工智能在很多方面还不成熟，对软硬件的要求相对较高，应用周期也较长，入门门槛高；其二，人工智能兴起时间尚短，相关人才的培养不到位导致人才不足，而教育界在与企业争夺人工智能方面的人才时竞争力不足，进入学校任教的相关人才少之又少；其三，学校教育体制有局限，目前的教学改革大多是自上而下的——教育部提出改革方案，形成文件，然后由学校教师学习文件后实施教学改革，普通教师如果提出教学改革，需要教研室、教务处等学校相关管理部门层层审批，加之教学大纲、教材等因素的限制，实施难度非常大。

学校的教学改革在近几年经常被提及，经过多年的变革，教学手段有了一些变化，如板书变成了投影，融入了一些可视化的内容，计算机辅助教师阅卷并帮助学校管理学生。其间也提出了一些教学模式的变革，如翻转课堂、微课、慕课等较为新颖的教学模式，但是没有哪种模式是十全十美的，这些模式能解决一些问题，但又会导致新问题的出现。传统的教学模式已经应用多年，相对比较完善，学校面对这些新的教学模式大多采取比较保守的态度，并没有全面推行。目前，人工智能较多地被用于代替教师完成烦琐的重复性工作，如帮助教师批改试卷，帮助分析和统计学生各学习环节的数据进而推荐下一步工作计划，针对各个学生的学习情况和特点分别推荐个性化的练习题和复习方案。2017 年，我国研发的高考机器人参加了当年的数学高考，输入试卷电子版后，机器人在 10 分钟内完成答题，得到了 134 分。该研究项目为国家“863”计划中的“超脑计划”项目，计划在 2020 年使机器人考上北大、清华。如果该目标可以实现，那么就意味着每个学生都可以有一名“学霸”伴读，其能随时随地帮助学生解答学习中遇到的各种问题。

人工智能在考试方面有较多的应用成果。早在 2009 年，江苏省就采用人机对话方式进行初中英语听力考试，随后的几年，北京、广州、沈阳、重庆、宁波、长沙等地先后在英语考试中不同程度地采用了人机对话的考试方式。2017 年 1 月起，上海高三学生的外语考试听说测试部分全部采用人机对话方式，评分采用机器评分与阅卷教师评分相结合的方法，成绩计入高考总成绩。

2017 年湖北襄阳的中考试卷评阅工作中除了有阅卷教师，还有机器人参与（这里提到的机器人是指智能评卷系统）。这是教育部考试中心和科大讯飞成立的联合实验室的研究成果。该项技术已经在全国多个省份通过了多次多范围的试点验证，不仅可以对客观题、主观题进行评阅，而且可以检测出评阅教师异常给分、雷同试卷、作文疑似抄袭等情况，其评阅效果得到了认可。该成果除了可在考试中使用，也可用于日常教学。

4.3.2　人工智能在教育领域的应用价值

2016 年 3 月谷歌公司的 AlphaGo 机器人战胜人类围棋世界冠军，表明机器的智能已经可以在某些方面超过人类。2017 年 10 月 18 日，DeepMind 公布了代号为 AlphaGo Zero 的机器人，其采用摒弃人类棋谱的自我博弈的算法进行训练，并以 100：0 的成绩完胜之前战胜人类围棋世界冠军的 AlphaGo。其创新性地开发出很多人类历史上从未出现过的围棋定式，打破了机器人不能突破人类认知的观点，使得越来越多的人认识到，人类受到知识水平、固有学习习惯等因素的限制而未曾想到和做到的事情也许会由机器探索完成。那么在教育领域，也许可以由人工智能提出创新性的、启发式的教育模式及教学方法。

美国教育部门公布的 2017—2021 年人工智能市场报告指出，预计在 2017—2021 年，人工智能在教育方面的应用将增长 47.50%。人工智能会在以下几个方面提供帮助。

1. 自动评分

自动评分系统其实很早就有，如大学英语四、六级考试中的选择题就是由机器来评分。随着近几年文字识别和图像识别技术的进步，对主观题进行评分的系统也不断涌现。

2. 辅助教师管理班级

教学当中的一些常规任务可以交给人工智能处理，如统计学生出勤率、回答学生问题等。某位大学教授已经成功地使用聊天机器人作为教学助理，与学生在整个学期内进行交流，且没有学生发现同他们交谈的不是人类而是机器人。

3. 学习伴侣

以后的学生将与人工智能伙伴一起成长，人工智能伙伴可以帮助学生了解和记忆自己的学习经历和在校历史，帮助每个学生分析和了解个人的优势和劣势。

4. 为特殊的学生提供教学服务

人工智能将能够通过调整学习资料来适应有特殊需求的学生，使他们可以和大多数人一样学习知识。目前已有研究表明，人工智能教学在自闭症学生的社交能力培养上取得了积极的成果。

5. 提供个性化的教学服务

人工智能将为学生提供个性化的课外辅导。当学生在考试前需要强化学习时，人工智能将能够根据学生的学习情况，给出他们需要掌握的技能和知识点，并帮助他们强化。

6. 识别课堂教学中的不足

人工智能还将帮助教师认识到课堂教学的不足。例如，人工智能将帮助教师分析学生们容易错过的知识点，让教师知道什么时候进行重复讲解。通过这种方式，人工智能可以使教师的教学效果提高并达到最佳。

4.3.3 智能教育的应用

随着人工智能的发展，人类在社会经济中的位置会不断变化。北京师范大学何克抗教授在《当代教育技术的研究内容与发展趋势》中提到，当代教育技术的五大发展趋势之一就是“愈来愈重视人工智能在教育中应用的研究”。人工智能对于弥补当前教育存在的种种缺陷和不足，推动教育发展改革和教学现代化进程起着越来越重要的作用。技术改变教育，人工智能促进了教育的发展。要让我们的下一代适应时代变化并在其中游刃有余，教育就必须跟上科技的发展，甚至需要比科技的进步更超前。毕竟，教育的效果是滞后的，孩子们学到的东西要在几年甚至十几年之后才能真正用到。

最近十几年来，人工智能的发展也促进了人们对教育改革的思考。教育科技领域在一大批创业者的推动下，正在经历着巨大的进步。这些创业者相信，人工智能不是用来替代人类的。他们从不同的角度运用人工智能，推动教育创新，使孩子们接受到的教育不仅更加人性化、有趣，而且更加个性化地和科技的发展接轨，帮助孩子们在未来社会中发挥独一无二的作用做好准备。

目前，人工智能及其相关技术在教育领域的应用主要有五个方面：自适应学习系统、虚拟导师、教育机器人、基于编程和机器人的科技教育、基于虚拟现实/增强现实的场景式教育。

1. 自适应学习系统

每一个人，无论是孩子还是成年人，都有独特的思维方式和学习方式。自适应学习因人而异。例如，有的人喜欢听别人讲述或者和其他人讨论，有的人则喜欢自己默默地读书。再如，有的人喜欢用逻辑和数字来解释现象，有的人则可能习惯用文字和故事来阐释。用适合自己的方式学习，不仅效率会很高，而且会使学习者保持长时间的兴趣。反之，学习者则会学得很慢，甚至产生对学习的厌倦和抵触。同时，每个人学习不同的知识和技能的节奏也不同，一旦打破了自然的节奏，学习就会变得枯燥或难以消化。

在学校里几十人的课堂上，教师只能用一种方法、一个节奏教学。传统的课堂教学方法是不可能做到适应每个孩子的学习方式和节奏的。近几年来，一些创业公司开发出了基于人工智能的自适应学习系统，帮助学校和教师提供个性化的教学，同时帮助学生提高学习效率，激发学习兴趣。

什么是自适应学习系统？简单地说，自适应学习系统就是通过收集和分析学生的学习数据，用人工智能逐渐总结出每个学生的学习方式和特点，然后自动调整教学内容、方式和节奏，使每个学生都能得到最适合自己的教育。随着时间的推移，数据逐渐积累增多，人工智能也就更“聪明”，对学生学习的适应也就更精准，从而使学生的学习效率越来越高，效果越来越好，学生的信心也随之增强，这样便形成良性循环。

位于美国和澳大利亚的 Smart Sparrow 公司自 2011 年成立以来，就致力于为学校和教师开发自适应教学的工具。其产品是一个集课程设计、在线学习、实时反馈、自适应学习、大数据分析、在线合作学习、智能辅导等功能于一体的平台。

教师可以使用平台上的工具和内容库设计课程，教学过程中的每一个环节都可以加入和学生互动的元素，让学生通过完成课程中的一些“任务”来掌握所学的知识。通过这些互动，系统就可以随时收集学生的学习数据，追踪学生的学习进度，发现学生学习的瓶颈和困难，从而给予实时反馈和强化。例如，系统在一些互动练习中发现一名学生对概念 A 和概念 B 有些混淆，于是立即跳出讲解概念的页面，并指出学生可能没有理解的要点。学生表示理解后，系统会给出更多不同形式的互动帮助其强化理解，直至其完全理解为止。同时，教师也可以随时观察学生的学习轨迹，调整学习进度。对于学得快的学生，教师可以加入更深的学习内容，或者加快其学习进度；对于有困难的学生，教师可以给予特别辅导，并适当调整学习内容，让学生不会感到力不从心。

这个平台不仅让教师能够轻松地为学生提供个性化的教学，而且通过实时数据和自动分析向教师提供了大量的资料，使他们对每个学生的了解大大加深。同时，平台可以指导教师不断改进教学内容，根据班级整体的特点和每个学生的情况做出更精准的教学规划，使教学更有针对性，也节省了大量的宝贵时间。

开发类似的自适应学习系统的公司还有很多家，每家切入的角度略有不同，但目的都是一致的：让教育更高效、更有趣、更个性化。针对年龄偏小的孩子，一些公司还在自适应学习系统中加入了游戏元素，让原本枯燥的学习变得好玩。美国的 DreamBox Learning 公司就是从小学数学课程的游戏化切入，设计了一个在游戏中学数学的平台。这个平台根据学生在游戏中的互动及练习中的表现，逐渐推进学生的学习，根据学生的进度调整学习和练习内容，使学生不知不觉中就学习了所在年级要求掌握的所有数学课程。

2. 虚拟导师

课外一对一辅导在很多国家都是一个不小的市场。由于没有时间和精力辅导孩子在学校之外的学习，越来越多的父母不得不请家教或者将孩子送到一对一辅导学校去。但是这些一对一的真人辅导价格昂贵，同时由于个人差异，找到最适合孩子的教师也不是一件容易的事情。最近几年，一些创业者开始尝试为学生提供虚拟导师，利用人工智能辅导孩子学习。

伦敦的 Whizz Education 公司的产品“Maths Whizz”就是一款在线辅导数学的软件。公司设计了一套和学校进度相吻合的课后学习课程，学生可以在学习的过程中随时提出问题，虚拟导师会为学生一步一步解答，并且根据学生的反馈调整解答方式，直到学生掌握为止。同时，系统的家长端向家长提供实时汇报，使他们能够随时掌握孩子的学习情况，了解孩子是否跟得上学校的进度、有哪些困难等，同时还可以通过在线互动的方式鼓励甚至奖励孩子，使家长对孩子的监督也变得有趣。

虚拟导师其实也是一种自适应学习系统，只不过聚焦于学生的课后自学和答疑，而不是课堂教学。国内也有高校对虚拟导师系统进行研究与设计，该系统具有非常大的教学意义。这个领域目前还处在早期发展阶段，进一步的推动则依赖于一些关键技术的发展，如语音语意的识别，以及数据的进一步采集和分析。虚拟导师也许几年内还不能代替真人辅导，但一定会在课后辅导领域中逐渐占有一席之地。

3. 教育机器人

让机器人充当教育者的角色直接和孩子交流，已经不只存在于科幻小说中了。目前，一些新兴的公司正在开发可以成为孩子的老师和朋友的机器人。位于纽约的 CogniToys 公司在 2015 年推出了一款叫“Dino”的机器人，其可以直接和孩子对话。这个机器人在听到孩子的问题后，可以自动连接网络寻找答案，并且通过和孩子的交流逐渐学习和了解孩子的情绪和个性。机器人和孩子交流得越多，对孩子的了解就越深，和孩子的对话也就越个性化，越贴近孩子的喜好。当然，这些对话都是被严格监控的，以避免出现误导孩子的情况。

目前，这款机器人能够流畅交流的话题还是相对有限的。不过，这款机器人的背后一直都有强大的团队在不断对其更新优化，相信其会变得越来越人性化，真正成为孩子的良师益友。

4. 基于编程和机器人的科技教育

随着时代的发展，计算机编程、算法设计、机器人设计等科技方面的教育变得越来越重要。一些人甚至宣称不久的将来不会编程就等于文盲。但是，目前主流的学校教育并没有对这类科技教育引起足够重视，一些国家的学校课程体系中甚至完全没有计算机编程类的课程。

既然编程这么重要，而且会越来越重要，这方面的教育就要从娃娃抓起，越早越好。

一家位于伦敦的年轻公司 Primo Toys 就决定面向 3 岁的幼儿进行编程教育。他们设计了一款名叫“Cubetto”的木制机器人。这款集教育和娱乐于一体的玩具带有一个模块拼板、一些地图、一本故事书和一些代表不同指令的木制模块。孩子根据故事书中的描述，通过在拼板上组合木制模块来控制机器人，使其在地图上游历故事中描述的不同地方。孩子自己动手“创造”机器人在故事中的旅行，在游戏中学会了动手，并且接受了编程启蒙教育。

加拿大的 EZ-Robot 公司则把注意力放在了大孩子甚至成人对机器人的兴趣上。其出售的机器人产品高度模块化，并且配有详细的教程。无论是学校教师还是校外教育机构，甚至是学生自己，都可以用该产品学习编程和机器人设计。即使是完全没有编程基础的人，也可以使用产品配套的可视化操作系统来设计自己想要的机器人。

5. 基于虚拟现实 / 增强现实的场景式教育

将虚拟现实和增强现实运用在教育中，其发展空间是不可估量的，益处也是显而易见的。场景式教育可以提高孩子的学习兴趣和学习热情。课堂不再局限于小小的教室、白板和 PPT（演示文稿软件），而是整个宇宙。

很多公司，包括互联网巨头谷歌公司和 Facebook，都倾注了不小的精力研究如何将 VR/AR 应用到教育中。

爱尔兰的 Immersive VR Education 公司是一家专注于开发 VR/AR 教学内容的公司。其有一款产品名为“阿波罗 11 号 VR”，用户只要戴上 VR 眼镜，就可以“亲身”体验阿波罗 11 号登月的整个过程。这样的学习经历一定比教师在课堂上苦口婆心说几个小时的效果要好得多。

Alchemy VR 公司为了将 VR 场景做得尽可能逼真，选择和三星、谷歌、索尼、BBC（英国广播公司）、英国国家自然博物馆、澳大利亚悉尼博物馆等多家机构合作制作 VR 教学内容。这家公司制作的“大堡礁之旅”就是和 BBC 纪录片团队合作的产物，其让全世界各地的学生都有机会潜入澳大利亚湛蓝的海水中学习珊瑚礁的生态环境知识。

4.3.4　智能教育的发展问题、机遇与趋势

1. 教育领域当前面临的问题

教育随着时代的变迁也在不断变革，一些老的问题解决了，新的问题又出现了。随着网络和人工智能的发展，教育手段也丰富了起来，除了传统的人与人面对面的教育方式，还有目前较为火热的网络教育和处在萌芽阶段的智能教育。但即使在教育手段如此丰富的今天，教育也还是存在许多问题。

（1）教育公平问题

目前的教育主要可分为两大块：学校教育和培训机构教育。学校主要还是采用面对面的教育方式，培训机构的教育手段相对丰富许多，除了面对面的教育方式，还较多采用网络教育方式，师生通过网络完成授课、答疑等过程。智能教育还处在萌芽阶段，主要用于代替教师完成一些管理工作，目前还不是很成熟，应用较少。

学校教育中的中小学教育的一个重要目标是使学生通过高考。高考是选拔类的考试，前些年有很多学校利用课外时间进行补课，延长学生学习时间以提高学生的考试成绩。近几年，教育部发出了严禁在编教师参与任何形式的有偿补课的规定，但是学生补习的需求并没有减少，因此许多培训机构犹如雨后春笋般发展起来。当然，并不是所有的培训机构都服务于高考，也有许多是以培养学生兴趣爱好为主的。这些培训机构是学校教育的一个补充。培训机构的教育水平参差不齐，收费也有高有低。家长为了让孩子可以得到更好的教育，想尽一切办法让孩子进入好的学校，找名师培训、辅导。培训机构是市场化运作的，一些较为出名的培训机构的课程价格不菲，工薪家庭较难承受。学校教育是国家统一管理的，但不同学校

的教学效果是有差异的。家长都希望孩子进入教学效果好的学校，但是学校的招生人数有限，因此有些学校就想出各种方法筛选生源，最初是通过考试选拔学生，后来在教育部的统筹安排下，在义务教育阶段，中小学生开始免试就近入学。但是不管如何调整，不同学校间的教学差异仍然存在，教育公平问题依然没有得到解决。

（2）理论与实践脱节

中小学学校教育的目标是让学生考上一个好的大学，而高考是一个笔试为主的考试，因此中小学教育一切向成绩看齐，变成了应试教育。而随着时代的进步，学生的见识和认知水平逐步提高，以前的题目已经难以拉开学生的分数差距，因此高考题目就变得越来越刁钻。高校的教育不是应试教育，理论与实践的脱节没有中小学那么严重，但是也在一定程度上存在。出现这种情况的原因是多方面的，主要是教育体制和教材的问题，两者都普遍偏重理论。实践环节不如理论教学便于管理，也难以约束和考核教师，且需要大量的设备，有些设备还面临大量耗材和更新换代的问题。另外，许多教师也是一路由学校培养出来的，出了校门进校门，同样缺乏实践经验。企业中当然不乏有实践经验的人才，但其理论知识水平和学历层次不一定能够达到学校的要求，而那些有经验、懂理论、有学历的人才以学校的薪资条件较难争取到。目前，针对大学生的各类竞赛很多，高校也会从企业请人到学校做讲座，可以在一定程度上增加学生的实践经验，但参与竞赛有一定的门槛，讲座的数量和时间也有限，并不能从根本上解决问题。

（3）终身教育问题

人需要不断学习，一方面是因为随着人类的进步，人可以触及的知识面越来越广，知识量在不断地膨胀；另一方面是因为时代在进步，旧的事物在不断被打破，新鲜的事物在不断涌现，甚至连最基本的生活技能都在悄然变化。比较典型的是网络消费的兴起，其已经打破了传统零售业的模式，支付方式也随着微信、支付宝等的兴起发生了改变。有些老人已经学会了网络购物和手机支付，有些则表示自己学不会。像这种关于生活技能的教育也很难由学校和培训机构来完成。

2. 智能教育的发展机遇

随着深度学习的兴起，人工智能开始受到越来越多的关注。目前，深度学习在文字、图像、视频的识别和理解方面取得了不错的成果，无人驾驶汽车也已经开始进入人们的生活，各行各业都不同程度地依靠人工智能获得发展。人工智能在教育领域的应用虽然取得了一定的成果，但还是远远不够的。智能教育的发展面临机遇，谁能够将人工智能及早地应用于教育，谁就会取得先机，在将来的教育领域处于领先。

对于教育领域当前面临的问题，人工智能可以结合其他教育手段给予一定程度的解决。

（1）利用网络和人工智能，分析并模拟优秀教师的讲解方法，记录和分析每个学生的学习习惯和对知识的掌握程度，订制个性化的学习方案，帮助学生完成学业，缩小教学的差异。

（2）用现有的 AR、VR 技术模拟实践场景，让学生利用自己所学的理论知识在模拟的场景中进行实践操作。学生可以在指定的地点完成大多数的实践操作环节，减少了大量材料损耗，解决了大量贵重设备的购买和更新换代问题。人工智能虽然对硬件设备有要求，但是更主要的更新是在算法上的，购买设备往往只是一次性投资。

（3）人工智能技术中的语音语义识别技术逐步地应用于人们的生活中。科大讯飞的语音识别技术的识别率已经能满足日常对话的需要，除了普通话和英语，还可以对我国部分地区的方言进行识别。现在很多智能手机都内置了语音对话系统，很多操作都可以通过语音来完成。相信在不久的将来，学生可以有一个无所不知的学习伴侣，学习中遇到的问题都可以由智能设备来解答。

（4）人工智能可以代替教师进行记录和评判工作，可以统计出勤率，记录和分析每个学生的学习情况，帮助教师合理安排教学进度，针对学生的普遍薄弱环节给出教学指导意见，让教师可以把更多的精力倾注在学生身上。

（5）教学软件能够为学生创造个性化的学习环境，可以根据学生的问题推荐定制的学习计划并给出合适的练习题帮助其巩固和提高，还可以随时随地回答学生的问题，帮助和启迪学生探索未知的领域。

（6）不同阶段、不同需求的学习者对同一门学科往往只需要掌握不同部分内容，面面俱到的学习会浪费大量的精力。人工智能可以根据需求定制符合学习者需求的学习材料。

（7）学校的资源是有限的，人工智能可以对资源的使用情况进行统计分析，给师生推荐使用相关资源的合适的时间、地点，避免资源使用时发生冲突、浪费，让有限的资源被充分利用。

3. 智能教育的发展趋势

人工智能的发展给人们的生活带来了巨大的好处，但是随之而来的是对人的知识储备的要求的提高。从计算机的普及到智能手机的普及，人工智能为人类做了很多贡献，帮助人类完成了很多以前不可能完成的任务，但是很多事情还是需要人来进行决策操控。人工智能代替教师的可能性相当小。教学应该还是以教师为主导，网络和人工智能只起到辅助的作用。

随着智能化程度的提高，教师的日常教学工作会减少很多，上课点名、作业批改、考试阅卷等重复烦琐的工作将会由机器来完成，甚至辅导答疑也可由机器来进行。教师更多地承担专业的指导者的角色，当机器的智能不能解决问题的时候由教师来解决。这样教师可以从繁重的低智能工作中脱离出来，从而把更多的精力倾注于探索知识、研究教育。学生在个性化的人工智能的帮助下，可以更好地了解自己的才能，更高效地学习。

4.3.5 智能教育的典型案例

人工智能在教育领域的应用目前已经取得了一定的成果。

1. 人工智能英语口语学习

目前，国内人工智能在教育领域应用得较好的一款产品是英语口语学习应用——英语流利说。英语流利说是一款面向个人和企业用户，运用人工智能进行个性化、碎片化、陪伴式教学的移动英语学习软件，由王翌、胡哲人、林晖在 2012 年 9 月共同创立。其公司拥有一支特殊的人工智能科学家团队，致力于用人工智能技术和大数据提升学习效率，实现教育的个性化和公平性。英语流利说拥有庞大的中国人英语语音数据库和英语口语评测引擎，以及活跃的语言学习社区。2016 年 7 月，推出人工智能老师“懂你英语”，为每个用户提供个性化的学习内容和计划，被业界称为是一次语言学习的革命。

英语流利说的产品设计乃至运营体系都是紧紧围绕用户画像来做解决方案的。如何为用户提供英语学习的语境？如何在产品层面确立一个好的机制，让尽量多的用户坚持下去？如何针对核心用户，设计符合他们特点的产品？这是人工智能在英语口语学习领域必须解决的三个核心问题。英语流利说是这么解决的：引入人工智能教学，用户说得好或不好都会有反馈，给用户提供一个良好的听和读的语境；设立明确的反馈机制，系统会对用户读的每一句英语打分，对一句中的每一个单词都会通过标出绿 / 黑 / 红三种颜色给出反馈；人工智能教学积累了学习数据并能最终可视化呈现，用户能时刻看到自己的学习情况；设立班级群，大家一起学，还有语伴小组的相互激励和班主任的指导；针对用户时间碎片化的特点，推出移动课堂，使用户可以随时学习；用户对价格敏感，就使用人工智能教学以降低学习成本。

2. 人工智能批改试卷

人工智能批改试卷目前较多地应用于英语听说考试。如果英语听说考试全部由人工评分的话，工作量非常大。科大讯飞做过一个试验，请了 10

位资深的评分专家对同样的一段语音进行打分，然后取平均分，同时再由人工智能及普通评分员对这段语音进行打分。试验结果显示，人工智能的打分与专家的打分更接近，这说明人工智能在这方面的能力已经超过了普通评分员。另外，人工智能不仅可以评分，还可以把读得不好的地方指出来，可以区分前后鼻音、平翘舌音。

用人工智能评分不仅更快，而且非常公平公正。人做繁重的工作时容易疲劳，很难保持前后标准统一，机器就不存在这一问题。因此，人工智能可以使教育评价更加公平和高效。

中国研究人员正在试验用人工智能来批改论文。这个系统就像人类的大脑一样，通过上下文来感知一般的逻辑，然后将其与单词的实际含义联系起来。在理想的情况下，这个系统可以模拟大脑，通过浏览标题来把握故事的方向，然后从其他文字中吸取精华。该系统可以在评价论文质量的同时进行类人判断，然后对论文进行评分，并对学习者需要改进的地方进行总结。这些建议可能指向句子结构、写作方法等。

这是怎么做到的呢？实际上还是从原始的纸质试卷开始，扫描仪把试卷变成计算机里的一张图片，然后把图片中的文字识别成文本，由教师打分，再把这些信息都输入计算机，计算机通过千万数量级的数据学习人类教师的评分习惯和标准，最终学会自己批改作文。

2018 年 1 月，浙江外国语学院国际学院来自俄罗斯、韩国、赞比亚等 6 个国家的 11 位留学生完成了一份特别的中文试卷，阅卷教师为来自阿里巴巴的人工智能系统。

在这批试卷上，人工智能用代表不同意义的符号精确地指出留学生们的多词、缺词、错词、词序错误等问题，完成了对作文的批改。据了解，这是全球首例把人工智能应用到外国人做的中文试卷批改上。对于人类教师来说，面对海量的试卷，批改一份作文的时间有限。人工智能批改作文的准确率和细致程度都接近甚至超过人类的水平。

在一份浙江外国语学院教师提供的试卷中，在“请写一写你的爱好”的命题作文下，一位留学生写道：“中文的难点并非是字，而是像女朋友一样善变。我是不会放弃的，除非中国人也放弃我才会放弃。”对于这两句话，某汉语系教授表示：“我教了 14 年的中文，不认真看还真没看出问题。但事实证明，这两句话都是病句，存在杂糅和重复的错误。”人工智能学习了中文语言体系，通过扫描仪读取试卷信息，使用 OCR 技术将其转换成文本，之后启动自然语言处理算法进行分析，并识别出错误类型和位置，最后批注在试卷上。整个过程秒级实现。

科技会让生活更加简便，让工作更便利。但冷冰冰、无人格的机器难以让人产生情感。在此类人工智能教师的应用过程中，许多学生会忽视人工智能教师的批改意见，但是如果是人类教师提出的意见，他们会更倾向于修改。

如果想要以一种巧妙的适应学生水平的方法去传授一系列核心知识，想要同时为数百万学生服务，可以通过应用人工智能实现。但是如果想要更深入地教授经验，必须要有一个有思想、有明确价值观的人类教师存在。此外，人类教师能够精准把握、了解、洞察学生的成长需要与个性特质，及时给予细致入微的个性化关怀、呵护、尊重，可以让学生感受到人性的温度、生命的温暖和爱的力量，进而学会相互传递温暖和爱。

3. 人工智能在课堂教学中的应用

学校教育的中心环节是课堂教学，如何将人工智能融入日常的课堂教学中是智能教育研究的重点。上海大学和上海工程技术大学开展的科技创新与管理、数字电视技术、C++ 程序设计、数字图像处理等多门课程的日常教学，正在尝试使用利用网络资源和学生的手机终端形成大数据并开展教学活动的 iClass 教学平台。iClass 取智能课堂之意，旨在构建一个智能的全方位的师生交流平台，教师在 PC 端组织教学活动，学生在手机端参与教学并进行反馈，教师和学生的数据通过云端的服务器进行连接。

iClass 教学平台已开发的功能包括签到、课堂互动答题、课堂测试、弹幕教学、资料分享、学生讨论、学生留言等，根据日常教学中师生给出的意见和建议，还有很多功能在不断研究开发中。

上课前，学生通过微信登录班级并完成签到。在课程中，教师对知识点进行串讲，同时使用 iClass 教学平台提出与该知识点相关的问题，问题可以是选择题、判断题、简答题等形式，学生通过手机端将答案实时发送到教师端，平台现场统计出结果，教师根据反馈实时调整讲解进度。

学生在讨论环节中遇到的问题可以通过手机端发送至教师端。教师根据学生回答问题、讨论及提出问题的情况，将问题或答案进行弹幕显示。当这些以往在网络娱乐时才使用的功能出现在课堂教学中时，学生对课堂的认同感和参与感增强，都会积极地发言。当有趣的问题出现在屏幕上时，课堂上发出阵阵的笑声，学生还会和身旁的同学进行交流，也会从别人的问题中受到启发。教师也可根据学生的问题随时了解学生个性化的需求并及时解决。对于普遍存在的问题，教师可以有针对性地进行讲解，并调整教学策略。

课后，学生在完成作业、复习或预习的过程中，遇到问题可以随时登录 iClass 教学平台进行提问，教师和其他同学都可以对其所提问题进行讨论。平台将学生参与课堂、课后的教学活动得到的分数进行统计并发布，使学生随时可以看到自己的进步与不足，以辅助学生制订之后的学习计划。同时，根据答题速度的快慢、答题的正确程度，iClass 教学平台会授予前三名奖牌，学期结束后，教师可以统计每位学生的奖牌数，给予适当的奖励。

学生每次回答问题、提出问题，平台都给予相应的分数，以激励其积极参与。这个分数影响期末成绩的评定。通过后台，教师也可以及时了解学生对授课的满意程度，以及对课程内容的理解程度，以改善教学质量，实现“永不落幕的课堂”。

iClass 教学平台的加入使课堂气氛变得活跃，学生的学习态度更加积极，为学生参与教学活动程度不够、教学效果不理想等问题提供了一个很好的解决办法。它构建了以网络为平台，以人工智能为辅助，以大数据为后盾，以问题为导向，引导学生自主学习，强调师生交流的教学框架，通过教师的准确引导及师生间的交流，使学生掌握知识更全面，理解概念更深刻，极大地提高了课堂教学效果。教师对学生课堂及课后的学习情况掌握得更加全面，并且通过 iClass 教学平台的帮助，减少了一些重复性的工作，提高了工作效率。iClass 教学平台受到了参与平台使用的师生的好评。

目前，iClass 教学平台已经取得了一些成效，但随着时代进步、技术革新，其功能需要进一步增强，教学过程与平台的融合也还需要在教师的教学实践中不断调整。教学改革也需要在开展师生交流、加强学生自主学习等方面不断完善。随着 iClass 教学平台功能的拓展及进一步推广，将来学生在学校得到的不仅仅是一份成绩单，而是反映整个学习过程的一份大数据。

4.4　智能农业

4.4.1　智能农业的发展

人工智能从诞生以来，理论和技术日益成熟，应用领域也不断扩大，农业是其重要的应用领域之一。人工智能技术解决了很多农业科技难题，打破了农业科技水平落后的固有现象，赋予农业新的定义。人工智能技术贯穿农业生产的产前、产中、产后，以其独特的技术优势提升农业生产技术水平，实现智能化的动态管理，减轻农业劳动强度，展示出巨大的应用潜力。将人工智能技术应用于农业生产中已经取得了良好的成效。例如，农业专家系统代替了经验丰富的农业专业人员，农民可利用它及时查询在生产中遇到的问题；集成农业专家系统的控制器可完全专业地对各种农业自动化设备进行控制；农业机器人可代替农民从事繁重的农业劳动，在恶劣的环境中持续劳动，大大提高农业生产效率，节省劳动力；计算机视觉识别技术能用于检验农产品的外观品质，检验效率高，可代替传统人工视觉检验法，从而提高农业劳动效率。

另外，随着我国城镇化率不断提高，更多的农民进入城市，我们需要一种不受空间和环境限制，按照人类预想，高集约化生产安全、营养、高品质农产品的新型智慧农业生产模式。城市现代农业可以通过发展位于城市中心的摩天农场、城市建筑屋顶的天台农场、城市家庭中的迷你农场及城市周边的标准数字化农场来解决城市“菜篮子”问题。通过提升农业生产的集约化、规模化、标准化、智能化水平，拓展提升农业复合功能，打破传统农业对季节、土壤、天气的依赖，可以为农业的发展提供一种新的模式。要实现用高集约化、高科技方式生产高品质的农产品，很大程度上依赖人工智能技术的发展。

1. 智能农业的发展历程

农业的发展经历了原始农业、传统农业和现代农业三个历史阶段，而智能农业作为现代农业发展的新形态，是农业领域的一场深刻变革。智能农业充分运用了现代信息技术成果，如计算机与网络技术、自动控制技术、多媒体技术、“3S”技术（遥感技术、全球定位系统和地理信息系统的统称）、无线通信技术、大数据技术、专家系统与人工智能技术，实现农业可视化远程监控、灾害预警等职能。智能农业作为一种高新技术与农业生产相结合的产业，通过高科技投入和科学管理，获取资源的最大节约和农业产出的最佳效益，实现农业的自动化、标准化、信息化、智能化。

人工智能在农业领域中的应用可追溯至20世纪70年代末，欧美发达国家率先开始了农业信息化的应用研究，以专家系统为代表的人工智能应用开始在农业领域萌芽。AES（农业专家系统）本质上是一个融合了大量农业专门知识和经验的计算机系统。农业专家系统基于知识规则，采用合适的知识表示技术和推理策略，以信息网络为载体，向农业生产管理者提供咨询服务，指导科学种田，在一定程度上代替了农业专家，对于提高农作物产量、改善农作物品质、提高农业管理的智能化决策水平具有重要意义。其工作原理如图4—2所示。

农业专家系统的应用领域包括农作物栽培、施肥、病虫害防治、杂草控制、森林环保、家畜饲养、农业经济效益分析、储存管理、市场管理等。美国伊利诺伊大学于1978年开发的大豆病虫害诊断专家系统是世界上最早的农业专家系统。到了20世纪80年代中后期，农业专家系统的应用领域从单一的病虫害诊断转向生产管理、经济分析决策、生态环境、农产品市场销售管理等。

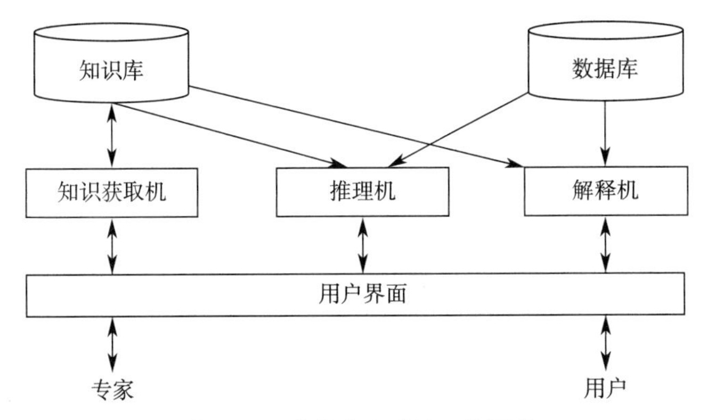

图 4—2 农业专家系统工作原理

我国农业专家系统起步于 20 世纪 80 年代，尽管起步较晚，但赶上了计算机信息技术迅猛发展的时期，发展很快，应用范围包括农作物栽培、品种选择、育种、病虫害防治、生产管理、节水灌溉、农产品评价等方面。1980 年，浙江大学开始进行蚕育种专家系统的研究。1985 年，由中国科学院开发的“砂姜黑土小麦施肥专家咨询系统”在淮北平原得到很好的推广应用。其后，各地高校、研究所和农业科学院相继开发了许多农业专家系统。农业专家系统具有灵活、透明的特点，也存在适应面窄、无动态预测功能等不足。

在 20 世纪 90 年代，人工智能技术的研究迎来了一个新的高潮，人工智能在农业中的应用也进入快速发展期。在农业专家系统领域，陆续出现了美国的哥伦比亚大学梯田专家系统、英国的水果保鲜系统、德国的草地管理专家系统、日本的温室控制专家系统等。这一阶段，计算机视觉技术在农业中的应用取得了较大进展。例如，在农产品分级方向，1992 年研究者在玉米籽粒的分类中引入了神经网络方法来提高分类的准确率。在植物生长监测方向，1995 年研究者利用机器视觉和近红外光连续采集植株图像，成功分析出其白昼的生长率。1996 年，研究者研制出采用双目视觉方法定位果实的番茄采摘机器人，能准确识别果实与树叶，但当可采摘番茄被茎叶等障碍物遮挡时，机械手难以避开障碍物完成采摘。1997 年，研究者研制出一套检测西瓜成熟度的机器视觉系统，用于控制采摘机器人适时自动采摘西瓜。中国农业大学是国内农业机器人技术早期研发单位之一，其研制出的自动嫁接机器人已成功进行了试验性嫁接生产，解决了蔬菜幼苗的柔嫩性、易损性、生长不一致性等难题，可用于黄瓜、西瓜、甜瓜等幼苗的嫁接。

进入 21 世纪后，随着农业劳动力不断向其他产业转移，农业劳动力结构性短缺和日趋老龄化已成为全球性问题，如何通过人工智能技术提高生产力成为农业领域的研究与应用热点，人工智能在许多农业领域出现了规模应用。

设施农业、精确农业和高新技术的快速发展，以及人工作业成本的不断攀升，为农业机器人的发展提供了新的动力。例如，蔬菜采摘不仅季节性强、需要的劳动量大，而且所需费用高，人工采摘的费用通常占全程生产费用的 50% 左右，因此采摘机器人已在日本、美国、荷兰等国家初步应用。利用研究大田农作物病虫草害的自动识别与测定技术，建成自动化控制系统以防治田间病虫草害，也是计算机视觉技术在农作物生产领域中较为重要的应用。

农业航空是现代农业人工智能应用的一个重要组成部分，农业无人机较多地应用于农田植被数据监测、农田土壤分析及规划、农田喷洒等。农业无人机在美国、日本等发达国家早已投入使用，我国农业无人机行业自 2008 年无锡汉和航空技术有限公司生产第一架植保无人机以来发展迅速。

2010 年，国家发展改革委员会启动了物联网产业化规划，规划我国此后十年到二十年的物联网发展重大专项，精细农牧业被列为规划专项的一个很重要的内容。这些国家项目和部委项目的实施引领并促进了人工智能技术在农业领域的规模化应用与发展，提高了我国农业现代化水平。

2. 智能农业的发展趋势

智能农业将按照工业发展理念，充分应用现代信息技术成果，以信息和知识为生产要素，通过互联网、物联网、云计算、大数据、智能装备等技术与农业的深度跨界融合，实现信息感知、定量决策、智能控制、精准投入、工厂化生产等农业生产全过程的全新生产方式，以及农业可视化远程诊断、远程控制、灾害预警等职能。它是农业信息化发展的高级阶段，是继传统农业（1.0）、机械化农业（2.0）、生物农业（3.0）之后，中国农业 4.0 的核心内容。

4.4.2 智能农业的应用

人工智能在农业领域的应用既有耕作、播种、采摘等智能机器人，也有探测土壤、探测病虫害、预警气候灾难等的智能识别系统，还有在家畜养殖业中使用的禽畜智能穿戴产品。这些应用正在帮助人类提高产出和效率，同时减少农药和化肥的使用。人工智能在农业市场中的应用可分为以下四大类。

1. 农业智能分析

物联网、互联网等技术与农业生产、加工、流通等环节紧密结合，产生了大量多源异构的农业数据，并且这些数据仍呈指数级增长。采用数据挖掘与智能分析技术发现或提取其中的有效信息与潜在价值，实现对农业生产经营过程的整体管控，在一定程度上加速转变农业生产方式，提高生产水平与效率，对于发展与实现现代农业具有重要意义。

（1）农业数据挖掘及管理

随着移动互联网和物联网技术的发展，在农业生产、加工、流通过程中，农业资源、环境、多样化的生产经营方式不断产生超大规模、多源异构、实时变化的农业数据。农业数据挖掘可称为农业数据库中的知识发现，是一个发掘具有潜在价值的信息的过程。农业数据可以是结构化的，如电子表格、关系数据库中的数据；也可以是半结构化的，如 XML（可扩展标记语言）文件、日志；甚至可以是分布在网络上的非结构化数据，如图片、视频等二进制文件。农业数据的来源主要为网上公开的海量农业信息资源和农业生产过程中产生的农业过程数据。

通过数据挖掘发现的知识可以被用于精准农业生产，以提高农业生产过程中科学化管理、精准化监控和智能化决策的水平。

（2）智能图像识别

以前在野外看到一种不认识的花草，要查阅资料才能知道其品种，如今我们可以对着花草拍照，再利用各种识图软件就能识别其品种，如图 4—3 所示。这就是典型的图像识别技术的应用。随着近年来人工智能和机器视觉领域的飞速进展，智能图像识别准确率越来越高，农业领域图像识别技术的研究从动物识别、农产品识别进一步扩展到农作物病虫害监测等领域。研究步骤一般包括图像采集、图像预处理、图像特征提取、模式识别，其中图像特征提取、模式识别是图像识别技术的核心。

图 4—3　智能图像识别

美国的PlantVillage和德国的Plantix是两款智能植物识别APP，它们不仅能识别农作物，还能帮农户智能识别农作物的各种病虫害。此外，基于机器学习算法的农作物视觉识别也广泛应用于对采摘机器人进行分类和识别采摘目标的训练。

（3）动物行为分析

动物行为学已经发展成为畜牧学中一门成熟的分支学科，许多行为学原理被应用于畜牧生产实践中，分析动物行为在动物护理养殖中起着举足轻重的作用。行为特征提取的目的是区分不同的动物基本行为，研究动物行为模式是发现动物反常行为的基础，而反常行为是动物个体出现健康异常或环境发生突变的外在表现。动物反常行为的及时发现可用于动物疾病或环境调节预警。

随着现代信息技术的快速发展，涌现出许多畜牧信息智能化监测方法和技术，这些方法和技术在精准采集畜牧养殖信息的同时，注重挖掘信息所蕴藏的动物健康水平、动物对养殖环境的适应情况等深层含义，为动物疾病预警、养殖环境反馈调节，提供低成本、高精度的解决方案。

在畜牧养殖领域，动物健康状况、生存舒适度会很大程度反映到动物行为上，相比人工观察，用人工智能技术观测动物行为可以更加客观地分析动物的健康及舒适度状况。

（4）农产品无损检测

农业是人类社会不断发展与进步的保障，人类对可食农产品的要求不再仅限于农产品的数量、安全、卫生，而是越来越关注农产品的外观、风味、营养等品质问题，要求越来越高。在同等的安全、卫生条件下，选择食用优质农产品渐渐成为一种新的消费观念和消费文化，这使得对农产品按质量要素进行等级划分，实行以质论价、优质优价变得切实可行。在国际竞争日益激烈的背景下，农产品能否进入国际市场也取决于农产品品质的优劣，因此对农产品品质的检测就显得非常重要。

农产品的品质检测主要包括对水果、蔬菜、畜禽、水产品、经济作物、谷物籽粒等类别的检测与分级，实现对农产品营养成分（蛋白质、脂肪、糖类等）、功能成分（维生素等）、有害成分（硫甙、芥酸、焦油等）等内部品质，及大小、颜色、硬度、缺陷、形状、病害等外部品质的检测。

无损检测技术是在不损坏被检测对象的前提下，利用被测物外部特征和内部结构对热、声、光、电、磁等反应的变化，探测其性质和数量的变化。根据检测原理，无损检测大致可分为光学、声学、电学特性分析法，电磁与射线检测技术，机器视觉技术检测方法等类别。实现多目标、多传感器在线无损检测技术，对提高农产品品质、降低工人的劳动强度、创造较大的经济效益和社会效益具有重要的实际意义。

2. 农业专家与决策支持系统

应用人工智能的农业专家系统用计算机模拟专家的智能，通过推理和判断，为农业生产中某一复杂的问题提供决策，对于天然具有不确定性特点的农业生产活动具有重大的应用价值。以下几个领域通常可建设农业专家与决策支持系统，以加快农业科技知识传播，促进农业快速发展。

（1）水产养殖管理专家系统

水产养殖管理专家系统是指采用智能信息处理技术、先进传感技术，通过对养殖水质及环境信息的智能感知、安全可靠传输、智能处理，以及控制机构的智能控制，实现对水质和环境信息的实时在线监测、异常报警、预警和智能控制，养殖过程精细投喂，疾病实时预警与远程诊断。

经过多年的研究，水产养殖管理专家系统已初步形成了从关键技术研究、产品研发、平台建设到应用示范的发展技术路线。目前，我国水产养殖管理专家系统面临的挑战主要在于农业物联网产业化程度低、标准规范缺失等方面。

（2）农作物病害诊断专家系统

在农作物病害诊断领域，结合传感器采集数据、农作物生育数据、图像数据进行农作物病害诊断的专家系统也越来越受到基层农技人员的欢迎。

病害诊断专家系统根据大量准确描述的诊断知识构建，对知识进行特征提取，将其标准化。诊断病害过程通常经过下面三步。第一步，区分症状，利用已有经验和查询到的资料对症状进行区别，根据典型症状或综合各种症状初步诊断发生病害的可能性；第二步，利用病体、病原和症状诊断三要素的关系进一步确定病害及病原；第三步，依据上述结论，结合环境要素和生产管理要素最终确定病害并决定防治方法。

最常应用的是基于图像识别的农作物病害诊断专家系统。首先，提取出清晰度、亮度适中的农作物诊断图像，进行预处理和分割，得到疑似病灶部位。其次，提取病害图像的纹理特征，并对有效特征归一化处理，计算出颜色、纹理、形态特征的相似度，计算综合特征的相似度，最后对图像知识库中所有图像检索后返回结果。

（3）农作物生产决策系统

农作物生产决策系统已成为信息时代指导日益复杂的农作物生产过程的重要技术手段。农作物生产决策系统在农作物模型、专家系统、智能算法、“3S”技术等的基础上，根据系统的设计目标及要求，综合应用农学、生态学、空间信息技术、环境科学、统计学、计算机科学等基本理论与方法，通过广泛收集与分析田间数据（气象、土壤、品种、种植、经济、地图等），建立了包括空间数据和属性数据的农业数据库。其将农作物模型的预测功能、专家系统的推理决策功能、智能算法的数据挖掘与知识表达功能及“3S”技术的实时定位监测与分析功能进行融合，具有综合性、智能化、通用性、网络化、标准化的特点，能对不同环境条件下的农作物生长状况做出实时预测并提供优化管理决策，实现农作物生产的高产、优质、高效、安全和持续发展。

我国各大学和科研院所曾先后建立多个农作物生产决策系统，为农作物生长施肥、病虫害管理等提供智能化决策支持，实现农作物的生长发育与产量预测、产前管理方案的设计与产中管理调控，但这些系统大多过于注重科学研究而忽视实际应用。上海赋民农业科技股份有限公司紧密结合农作物决策支持系统与农业智能机械、农业物联网技术，综合考虑大气—阳光—农作物相互作用的过程，对精确定量的播种、施肥、灌溉、温室环境控制等进行智能化决策，建立农机、农艺相结合的基于大气—阳光—农作物过程模型的农作物生产决策系统，推动我国智能农业的发展。

（4）动物健康养殖管理专家系统

人工智能在动物饲养方面的主要应用是妊娠母猪、哺乳母猪、奶牛等动物饲养环节的精准饲喂系统。在现代养殖领域，养殖模式已经从散养、家庭饲养，迅速向集约化、规模化、标准化的模式转变，智能化、自动化、精细化的养殖技术成为行业发展的迫切需求。

恶劣或被污染的环境会影响动物的健康和产品的质量，人工智能可以对畜禽舍内温度、相对湿度、光照强度、氨气的量和硫化氢的量五种数据进行实时采集，并实现多传感器的数据融合。当感知的环境数据超过系统预设值时，系统可自动开启相应的通风设备、降温设备等，用户可通过手机远程实时监测、对比分析，并可控制环境参数，实现畜禽舍环境智能化管理。

（5）农业空间信息决策支持系统

农业空间信息决策支持系统是指利用遥感、地理信息系统、导航与定位系统、计算机通信等高新技术，定期获取农业生产环境、生产活动等的农业空间信息，建立农业空间资源数据库，结合地理学、农学、生态学、植物生理学、土壤学等基础学科，建立农业空间信息决策分析模型，对农业空间信息、农业生产过程和现象进行可视化表达、分析与模拟，达到高效、合理配置农业资源，科学指导农业生产、农业产业结构调整、农业产业布局等决策目的。

农业空间信息决策支持系统主要包含农业空间数据采集系统、农业空间数据库、农业空间信息决策分析模型、农业空间信息决策系统四个组成部分。从农业过程角度来看，该系统可以应用于农业规划、生产、经营、管理等多个方面。从行业角度来看，该系统可以应用于种植业、养殖业、林业等多个行业。从具体应用场景来看，该系统可应用于面向农业资源管理的空间信息决策、面向重大动物疫病防控的应急指挥决策、农业环境评价信息管理、基本菜田信息管理、污染源普查数据分析等，深化空间信息技术和现代农业信息融合，为现代农业空间信息决策提供技术支持。

3. 农业机器人

农业机器人是应用于农业生产的机器人，使用农业机器人能够帮助农民实现更加轻松、高效的农业生产。截至目前，各种农业机器人不断涌现，如剪羊毛机器人、挤奶机器人、移栽机器人、嫁接机器人、采摘机器人、除草机器人等。各种智能化技术，如激光导航、机器视觉等，也开始大量应用于农业机器人。

（1）茄果类嫁接机器人

嫁接机器人是当今应用较为成功的农业机器人之一，其集机械、自动控制与园艺技术于一体，可在极短时间内把茎秆直径为几毫米的砧木、穗木的切口嫁接为一体，使嫁接速度和嫁接成活率大幅提高。因此，嫁接机器人被称为嫁接育苗的一场革命。其关键技术主要涉及茄果类茎秆标准化切削、秧苗切口匹配与精准对接、新型育苗方法与自动化生产系统集成等。

目前，日本、荷兰、西班牙、意大利等发达国家针对番茄、茄子及辣椒嫁接的嫁接机器人研究处于国际领先地位。其全自动嫁接生产效率为 1 000～1 200 株 / 小时，成功率超过 95%；半自动嫁接生产效率为 300～400 株 / 小时，成功率超过 98%。

我国研制的茄果类嫁接机器人能够实现茄果类和瓜类农作物的通用嫁接，系统实物如图 4—4 所示。

该系统由柔性夹持手机构、秧苗快速切削机构、自动对接与上夹机构、控制系统、嫁接夹自动供应装置等构成。研发注重嫁接方法的通用性，因此系统具备很好的实用性。

（2）果蔬采摘机器人

果蔬采摘机器人是通过编程能自动完成水果和蔬菜（以下简称果蔬）的采摘、输送、装箱等相关作业任务的具有感知能力的自动化机械收获系统。其功能主要是识别和定位果实，在不损坏果实和植株的条件下，按照成熟采摘标准，自动完成果蔬的收获。

采摘作业季节性强、劳动强度大、费用高，因此保证果实适时采收、降低收获作业费用可以增加农业收益。采摘机器人作为农业机器人的重要类型，其作用在于降低工人劳动强度和生产费用，提高劳动生产效率和产

图 4—4　茄果类嫁接机器人

品质量，保证果实适时采收，因此具有很大的发展潜力。当前，国内、外采摘机器人技术发展迅速，产品迅速跟进，已取得阶段性成果。

华南农业大学开发的荔枝采摘机器人，其最突出的功能就是有着“火眼金睛”，能先采用双目立体视觉在果园中对果实进行定位，获得视野内多个随机水果目标，然后用数学规划方法，对采摘作业路径进行自主规划，最后伸出机械臂末端的拟人夹指采摘果实。2016 年，日本松下电器研发的番茄采摘机器人在山东省寿光市展出，其使用的小型镜头能够拍摄 7 万像素以上的彩色图像。它通过图像传感器检测出红色的成熟番茄，并对番茄的位置进行精准定位。该机器人采摘时只拉拽菜蒂部分，不会损伤果实，摘一个番茄平均耗时约 6 秒，在夜间等无人时间也可进行作业。此外，各国研究人员还在进行西瓜、苹果、甘蓝、茄子等各种果蔬的采摘机器人技术研究，这些新型的果蔬采摘机器人都离不开人工智能技术的支撑。

（3）除草机器人

除草是农业生产中的重要环节，非化学方式除草是生产有机农产品的重要保障。使用除草机器人除草可以降低劳动强度，大幅减少除草剂用量，有利于对农林生态环境的保护。对智能株间锄草技术的研究多见于欧洲，原因是其政府对除草剂使用的限制，市场需求促进了该技术的发展。近年来，美国、日本、加拿大、中国等国家也相继开展智能株间锄草技术的研究。

德国的大田除草机器人利用计算机、GPS 和多用途拖拉机综合技术，可以达到准确施药；英国的菜田除草机器人利用摄像机扫描和计算机图像分析技术来进行除草，可以全天候连续作业，除草时不会破坏土壤；法国 Naïo Technologies 公司开发了一款专门用于大型蔬菜种植的 Dino 除草机器人，其装备 RTK（实时动态）相对定位技术、GPS 和视觉相机，能翻动土块、拔除杂草且不伤害近处的农作物，号称是一款多功能机器人，也可用于播种，充满电后可持续工作 8 小时，且已完全实现自动化，无须农民监督。

中国在智能株间锄草技术方面的研究起步较晚，利用机器视觉、地理信息系统和近距离传感器实时监测的苗草信息获取技术及锄草装置是当前的研究重点。

（4）农产品分拣机器人

在农产品分拣工作中引入机器人可以大幅度提高分拣的一致性，降低产品的破损率，提高成产率，降低生产成本和改善劳动条件。农产品分拣机器人是一种新型的智能农业机械装备，它应用了人工智能、自动控制、图像识别、光谱分析建模、感应器、柔性执行等先进技术。

目前，国外基于计算机视觉技术的农产品（尤其是水果）外观品质分拣技术与装备研究已经较为成熟，日本在果蔬分拣系统及果蔬拣选机器人的研究开发和使用方面居世界领先地位。英国研制的农产品分拣机器人采用光电图像识别和提升分拣机械组合装置对番茄和樱桃加以区别，然后分拣装运，其也能对土豆进行分类，且不擦伤土豆外皮。意大利 UNITEC 公司开发出一系列用于对采摘下的果蔬进行体积、尺寸和颜色识别的专用分拣机，能使径向尺寸小于 40 毫米的水果的分拣速度达到 18 个 / 秒，径向尺寸大于 40 毫米的水果的分拣速度达到 12 个 / 秒。

国内也出现了一些农产品分拣机器人制造企业，如江西绿盟科技控股有限公司、北京福润美农科技有限公司、扬州福尔喜果蔬汁机械有限公司、合肥美亚光电技术股份有限公司等。2018 年，上海摩天农业科学研究院生产的智能选苗机可以每秒扫描 14 帧育苗后的图像，精准快速地检测出生长发育不良的幼苗。一台智能选苗机一天可以挑选 2 000 个育苗盘，等同于 10 名农业人员的工作量。

4. 农业精准作业技术

农业精准作业技术的突破能够显著提高农业整体效益和资源高效利用率，对实现农业的可持续发展，提高我国农业现代化水平，保障国家粮食安全、生态安全、食品安全等具有重大意义。精准农业是一种现代化农业理念，就是将最先进的科技应用于农业生产中，从而达到科学合理利用农业资源、提高农作物产量、降低生产成本、减少环境污染、提高农业产业经济效益的目的。农业精准作业技术综合应用 GNSS（全球导航卫星系统）、地理信息系统、遥感技术和计算机自动控制系统，逐步向农业生产自动化方向发展。

（1）农机自动导航

国外农机自动导航技术的研究、开发、应用已受到广泛重视，其产品已得到广泛应用。日本等国家存在资源短缺、涉农人员减少且老龄化等问题，需提高管理水平和劳动生产率，因而研究开发了多种基于 GNSS 技术的高性能农机自动导航系统。此外，美国 Trimble 公司和加拿大 Hemisphere 公司还研发了农机作业 GPS 导航自动驾驶系统等。

国内北京合众思壮科技股份有限公司研制出了慧农北斗导航自动驾驶系统，将北斗导航自动驾驶系统成功应用在拖拉机上，填补了国内空白，如图 4—5 所示。

图 4—5 带有北斗导航自动驾驶系统的拖拉机

（2）农机作业智能测控

农机作业智能测控系统基于物联网技术，综合应用卫星导航、现代液压技术、控制技术、微电子技术和信息技术，一般由远程测试终端、云服务器、测控中心三部分组成。远程测试终端安装在被试机具上，测控中心包含固定式的控制中心、移动终端等，云服务器将这两部分连接在一起，实现数据交互。远程测试终端将被试机具的运行数据、作业轨迹、作业过程关键环节等信息采集后上传至云服务器，测控中心对云服务器上的数据进行分析、处理，得出试验结论，并将整个试验过程的数据进行存储备份。

国外的凯斯纽荷兰公司、约翰迪尔公司等在收割机上应用了电子驾驶操纵系统等来监测控制随机工作性能参数，如实际行驶速度、发动机转速、滑转率、动力输出轴转速、作业面积、作业效率、工作时间等。日本在小型收割机研究上投入了大量资源，久保田集团研制的 PRO208 半喂入式联合收割机对输送螺旋杆处堵塞情况、集装箱装满情况，以及水温、发动机油温、燃油油位等参数进行监测，从而实现监控报警和自动控制功能。

我国对农机作业智能测控系统（见图 4—6）的研发起步较晚，技术水平与国际相比尚有一定差距。目前，我国的农机作业智能测控系统主要有农机实时定位、作业状态准确判断、作业面积实时统计、作业面积精准计算等功能。辽宁邮电规划设计院有限公司联合辽宁省农业机械化研究所共同研发了农机作业远程监测系统，通过安装在农机上的作业监测设备，进行作业数据的采集和传送，实现农机作业状态和作业数据准确监测，为农机作业监管提供了量化依据，提升了农机作业管理信息化水平。

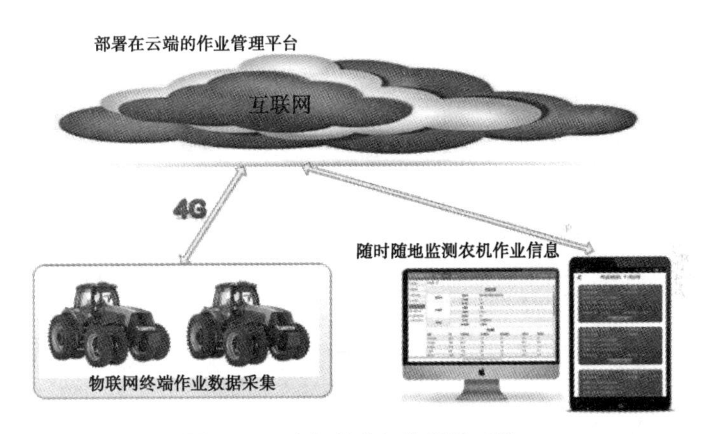

图 4—6　农机作业智能测控系统

（3）果树针对性施药

病虫害防治是果园中最主要的、劳动强度最大的作业，喷药作业的方式直接影响果树生长、产量、果品质量、经济效益及生活环境。在保护生态环境意识不断提高的背景下，既要减少农药使用量，又要提高病虫害防治效果，因此需要精准施药技术和高效植保机械的运用。

果树的位置、树冠的大小，是果树施肥、灌溉和病虫害防治中确定投入量的重要依据。针对果树位置、树冠大小的探测技术主要分为光谱探测技术、超声探测技术、激光探测技术、基于图像处理的探测技术等。果树针对性施药系统主要通过拖拉机牵引，采用不同的传感探测技术精确探测果树位置和树冠大小，结合拖拉机的作业状态，利用微计算机控制喷洒喷头，实现根据果树信息智能变量施药的目的。整个系统可以自动作业，操作简单，可以降低人力成本，有效提高农药利用率，从而降低防治成本，同时减少环境污染，减少水果农药残留，符合国家环保政策。

（4）智能水肥一体化

水肥一体化技术以喷灌、滴灌技术为基础，将灌溉和施肥融为一体，根据土壤湿度、农作物需肥规律和特点，将适当比例的肥料和灌溉水兑在一起，将肥水均匀、定时、定量地喷洒在农作物生长区域，使主要根系的土壤始终保持疏松和适宜的水分养分供给量。

水肥一体化的优点是水肥均衡、省工省时、节水节肥、控温调湿，目标是增加产量、改善品质、提高经济效益。

目前，国内外水肥一体化设备广泛采用互联网技术、EC/pH 综合控制系统、气候控制系统、循环加热降温系统、自动排水反冲洗系统、喷雾控制系统等，达到全自动混配肥、智能化灌溉施肥，管控一体化的产品已规模化生产。

（5）设施环境智能调控

温室是使农业生产摆脱自然条件制约，实现反季节生产，提高土地出产率，增加农作物产量的重要现代化农业设施。现代温室之所以能够获得速生高产、优质高效的农产品，是因为其能够构造出一个相对独立且近乎理想的人工气候小环境，从而实现周期性、全天候、反季节的工厂化规模生产。

随着传感技术、微型计算机技术的迅速发展，对设施农业自动监测控制技术的研究取得了重大进展。该技术最初采用模拟式组合仪表，采集现场信息并进行指示、记录和控制。20 世纪 80 年代末，科研人员研发出基于工控机、PLC 的集散式控制系统，实现了分散控制、集中管理、集中监视的目标。随后，现场总线控制技术被应用于植物工厂测控系统中，简化了集散式体系结构，构成了分布式控制系统，其具有可靠性高、操作性强等特点，目前已被广泛应用。从 20 世纪 90 年代初开始，基于以太网或工业以太网的温室控制系统得到了迅速发展，逐步与温室模型或农作物模型结合起来，并在此前的控制算法研究基础上开发出多因子综合控制系统，该系统可以根据温室农作物的生长发育规律，对温室内光、热、水、气、肥等环境因子进行自动控制。当前，移动互联网技术、物联网技术蓬勃发展，国内大力推广物联网技术在设施农业的应用，已经有了一些应用实例。例如，上海赋民农业科技股份有限公司在上海市重固镇建设的数字农场已全面应用农业专家系统，自动进行温室环境控制。

（6）农业无人机作业

农业无人机可用于农业土壤和农田分析、无人种植、农作物监测、农业喷洒、农产品生长健康评估等，具有如下技术特征。

1）作业过程自主飞行控制。用软件设置飞行轨迹后，无人机可自动沿设定轨迹飞行，正常情况下无须人工干预飞行过程。

2）智能执行作业任务。农业无人机作业为低空、超低空飞行，可自动与农作物保持设定的相对高度，依据 GIS 信息和导航信息，自动实现对靶精准作业，进行植保或者拍照、摄像等，避免人工操作带来的误差。

3）自主识别各种安全风险。农业无人机飞行高度低，使用环境复杂，需要对周围的人员、障碍物、地形地貌等影响飞行安全的物体和突发事件进行识别和规避。

4）智能作业路径规划。农业无人机的控制系统可自主规划任务流程，统筹作业计划，实现最优的作业任务安排，减小能源消耗和作业时间。

5）智能作业管理统计。农业无人机的控制系统自动收集无人机作业信息，统计作业量，并运用大数据技术实现对农情信息的宏观把握。

目前，国内生产农业无人机的企业主要有深圳市大疆创新科技有限公司、广州极飞科技有限公司、无锡汉和航空技术有限公司等，主要推广应用农用植保无人机。植保无人机是一种遥控式农业喷药小飞机，喷洒效率远胜人工植保，且规避了作业人员暴露于农药中的风险，市场政策环境逐渐成熟。2013 年，农业部出台了《农业部关于加快推进现代植物保护体系建设的意见》，提出鼓励有条件地区发展无人机防治病虫害。植保无人机需由获得资质证书者严格按照使用维护说明书操作。

4.4.3　智能农业的发展问题、挑战与趋势

据报道，世界人口总数在 2016 年达到 72 亿，其中有 7.8 亿人面临着饥饿威胁。根据联合国粮农组织预测，全球人口将在 2050 年超过 90 亿，尽管人口较目前只增长 25%，但由于生活水平的提高和膳食结构的改善，对粮食需求量将增长 60%。如果考虑畜禽消耗的粮食，那么这一增长率将达到 103%。而与此同时，人类又面临着石油农业的能源危机、土地资源紧缺、化肥农药过度使用对土壤和环境的破坏及对人类健康的威胁等问题。人工智能已展现出巨大的技术优势和革命性的科技推动力，在农业领域也已经表现出巨大的潜力。因此，我们可以更多地应用人工智能，在耕地资源有限的情况下增加农业的产出，保持可持续发展。对这一基础产业来说，人工智能的引入将激发更多的市场潜力，因为它为植物的种植、动物的养殖创造了更高的效率。

人工智能在农业领域的应用面临的挑战比在其他任何行业都要大，因为农业涉及的不可知因素很多，光照、纬度、周边环境、水土气候、病虫害、生物多样性、复杂的微生物环境等因素都会影响农作物生长。在一个特定环境中测试成功的算法换一个环境后就会有不同的结果。

我们现阶段看到的一些人工智能成功应用的例子大都是在特定的地理环境中或者特定的种植、养殖模式下。当外界环境变换后，如何调整算法和模型是这些人工智能公司面临的挑战，这需要行业间及农学家间更多的协作。

人口的快速增长带来了越来越大的食物供应压力，但如今的农业劳动力又在逐年减少，因此无论是温室农场还是传统农场，实现农业自动化都至关重要。与机械化不同，农业自动化的浪潮建立在人工智能、机器视觉、图像处理等技术发展的基础之上，近年来，农业机器人和无人农场概念兴起，成了新的蓝海。随着国内番茄、草莓等特色优势果蔬产业规模化布局、标准化生产、品牌化经营，未来人工智能的应用范围将愈加广阔。

国内、外现代农业发展的实践表明，农业已经步入新的环境、新的秩序、新的世界，虽然现在还有很多地区采用传统方法从事农业生产，但未来农业一定是以更智能的方式——使用大数据、人工智能和各类机器人进行生产。在“四化同步”的大背景下，发展智能农业技术，实现现代信息技术与农业产业的深度融合，变革传统农业发展方式，走集约、高效、安全、持续的现代农业发展道路，是推进我国农业现代化的客观要求和必然选择。

4.4.4 智能农业的典型案例

1. 兽脸识别与智能穿戴

人工智能在农业领域的典型应用是其在畜禽养殖业的应用，目前应用比较多的是养猪和养牛行业。因为脚环类的传感器远离禽类身体主要部位，无法感知禽类生命体征，再加上传感器成本限制，所以在禽类养殖行业目前还没有大规模应用。我们可以想象，猪、牛、羊等动物和人类共处时，会视人类为捕食者。因此，把农场交给人工智能管理，可以避免养殖场的工作人员给猪群、牛群、羊群带来紧张情绪。人工智能通过农场的摄像装置获得动物面部及身体的照片，进而通过深度学习对动物的情绪和健康状况进行分析，帮助农场主判断哪些动物生病了，哪些动物没有吃饱，哪些动物到了发情期。

图 4—7 为总部设于四川的生猪养殖领先企业特驱集团江安猪场的生猪养殖系统视频画面，系统采用阿里云 ET 农业大脑，使生猪养殖自动化

达到新的水平。系统对每头猪进行双重识别，一是识别猪脸，二是识别使用特殊油墨印在猪身上的身份识别号，保证 100% 识别正确。系统通过应用影像、声音辨识，即时环境参数监测等人工智能技术，监测每头猪的日常活动、生长指标、怀孕状况及其他健康信息，为生猪养殖产业链带来更多深度资讯。农场也会安装多个传感器，以智能手段优化家畜的生长环境，并减少养殖过程中的人为失误。通过将人工智能和养殖深入融合，全链路监测分析猪的全生命周期数据，特驱集团实现了每年每头母猪多生崽 3 头，死亡淘汰率降低 3%。由此，生猪养殖行业中一项重要的成效指标——PSY（每头母猪每年所能提供的断奶仔猪头数）估计将增至 32 头，中国生猪养殖行业的水平将能够达到先进国家水平。

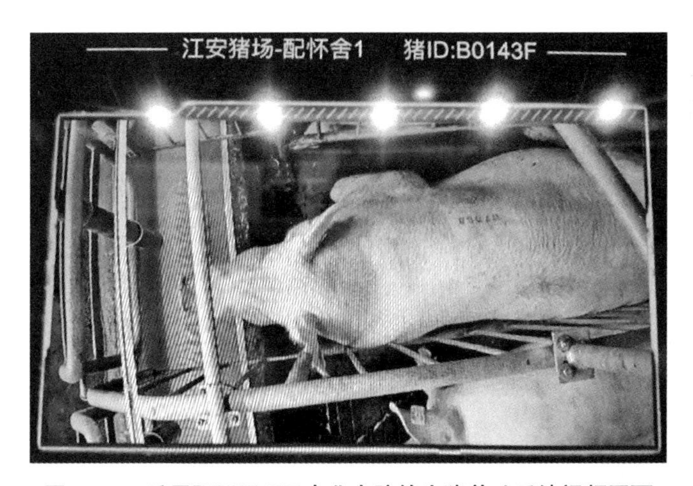

图 4—7　采用阿里云 ET 农业大脑的生猪养殖系统视频画面

在畜牧业方面，除了可以安装摄像装置对家畜进行面部识别，还可以通过可穿戴的智能设备实时收集所养殖家畜的个体信息，通过机器学习技术识别家畜的健康状况、喂养状况，探测和预测发情期等，从而让农场主更好地管理农场。

2. 智能识别与智能机器人

目前，日本、荷兰、美国等发达国家研发的可进行番茄、黄瓜及苹果采摘的采摘机器人处于国际领先水平，其果实目标定位误差小于 10 毫米，识别准确率高于 85%，不同对象条件下每工作循环用时为 10～50 秒。

我国在研制果蔬智能采摘机器人方面也有很大的进步，发展迅速。例如，上海摩天农业科学研究院研发的采摘机器人可以自主导航、自动规划行走路径，在指定的温室中寻找成熟的果蔬，并利用末端的采摘手爪和剪刀将达到采摘标准的果蔬采摘下来，存放到储物框中。这款采摘机器人主要由移动底盘、升降平台、双目视觉单元、机械臂、采摘手爪、控制系统、导航系统及其他辅助单元构成。采摘机器人规划行走路径时采用“三维激光导航 +IMU（惯性测量单元）+GPS”，以解决透明温室中和温室外的导航问题，近似于无人汽车的驾驶方案。该采摘机器人采用人工智能的深度学习方法，还能很好地解决果实与叶子颜色相近，且果实形状各异而无法采用形状特征判别的难题。

该采摘机器人体现了人工智能的较高水平，目前还在实验室阶段，有望能尽快投入使用，为农业的发展做出贡献。随着我国国民经济的高速发展、农业产业结构的调整及新技术的应用，采摘机器人也定会得到更广泛的应用。

第五章　伦理道德与法律秩序

5.1　人工智能与伦理道德

传统伦理学中，人与人之间的关系不涉及任何技术，但在智能技术时代，越来越多的技术元素参与到人与人之间的关系中，这也成为机器伦理思想产生的重要前提条件。传统技术伦理学主要关注如何评价技术对人类行为的影响。技术影响了人与人之间的道德行为方式。智能机器作为人与人关系中的中介元素，架构起道德行为主体与道德对象之间的桥梁。机器，或者说是技术因素，不仅影响人与人之间的道德关系，而且融入了人与人之间的道德关系。智能机器在人与人的伦理关系中承载了价值和道德属性，其自身的道德属性决定了它在伦理学中的一席之地。

5.1.1　自我意识与思维能力

人是类存在物，在改造世界的实践中，人类形成了强烈的“自我意识”，包括对人自身和对其他物的类意识。人的认知可以分为三个水平，由低到高分别是本能水平、行为水平、反思水平。自动的预先设置层面即本能水平，包含支配日常行为的脑活动的部分即行为水平，脑思考的部分即反思水平。其中，本能水平反应很快，能快速得出好、坏的最初判断；行为水平反映大多数人类的行为，它的活动可由反思水平来增强或者抑制。

自我意识是人对自我在客体世界中的地位、关系的一种认识或把握，属于人对自身的一种内在尺度。人的自我意识是通过人的实践形成的。实践是对象性活动，对外部对象世界的认识、控制和改造，形成对象意识，同时，实践者也对自身进行认识、控制和改造，形成自我意识。人的“自我意识”与动物的“自我认定”的根本差异在于双向的改造意识和双向的社会历史意识。

美国哲学家约翰·塞尔勒在其 1980 年发表的论文中提出“中文屋思想实验”。实验旨在反驳图灵测试，塞尔勒认为即使通过了图灵测试，机器也不见得有了同人一样的智能。知识表示、机器学习等人工智能技术都是在不断强化人工智能模仿人类能力的能力，但在让人工智能具备模仿人类意识的能力方面，直到现在依旧是一片空白。人类的自我意识是随着实践的不断深化而强化的。

智能技术的发展颠覆了社会群体对“人”的基本认知。达尔文“进化论”中有关优胜劣汰的社会演进规则反映了生物界的基本生存规律。然而，智能技术的发展也在很大程度上改变“人类”这一生命逻辑。随着生物技术和智能技术的综合发展，人所独有的情感、创造力、社会性正在被智能机器逐步获取。人机结合、人机互补、人机互动、人机协同、人机一体化是时代发展的趋势。当人类自然身体与智能机器“共生化”程度日趋加深，智能技术对人类本质的挑战所引发的讨论也越发激烈。

著名科学家斯蒂芬·霍金发出警告：未来100年内，人工智能将比人类更聪明，人工智能可能终结人类。苹果创始人之一沃兹尼亚克表示，他也曾对人工智能的未来感到悲观，认为机器人必将统治未来。智能机器人对人和人的本质提出的挑战还体现在思维能力方面。思维能力曾被认为是人的本质特征，然而随着智能技术的发展，“机器存在思维”这一时代命题正在挑战人类思维的专属地位，而且机器的思维能力还可能全面超过人类的思维能力。当智能机器在控制力、想象力、创造力、情感的丰富度等方面也超过人时，就会对人的思维本质构成实质性的挑战。

人工智能与人类之间也形成了一种竞争关系。如果机器比人类更有创造力，且难以被人类追赶，则人类的创新属性就会受到挑战。人类在自身的演化中拥有了“高等智力”这种特质。在人类主宰的地球上，人类本身扮演着进化主体的角色。随着智能时代的到来，智力从人类大脑中独立出来，获得了自主的“生命活力”，那就是人工智能。人工智能相比人类更纯粹，有着更少的弱点、更大的进化优势。

2017年10月，沙特阿拉伯授予汉森机器人公司研发的人形机器人“索菲娅”公民身份，引发了社会有关智能机器人身份属性的一场大讨论。如果将智能机器人在一定意义上界定为“人”，那么就是承认了人工智能技术的人道主义待遇和机器人的权利。随之而来的问题是：智能机器人是否享有同等于人的基本权利？是否具有与人一样的人格尊严和情感理智？是否应该享有法律地位，承担相应的法律责任？能否享有一定的社会地位和身份，承担相应的社会功能，与人类或者其同类智能机器人进行自由交互，结成一定的组织？这类问题都值得深入思考和探讨。智能机器人已经广泛进入人类的学习、生产、生活中，成为人类学习中的帮手、生产中的伙伴、生活中的助手。欧盟已经在考虑要不要赋予智能机器人“电子人”的法律人格，使其具有权利、义务，并对其行为负责。

2016 年，由谷歌公司开发的智能机器人 AlphaGo 经过反复不断的数据训练，在围棋比赛中相继战胜了李世石、柯洁等世界冠军，令世界对其刮目相看。人工智能深度学习的能力也将人工智能对人类的威胁具体地呈现在世人面前。如果说智能机器在人力劳动领域与人类的关系更趋于协同和配合，那么智能机器人在脑力、智能的各个领域对人类的挑战和超越将会越来越多。

5.1.2　智能时代的“数字鸿沟”

2000 年 7 月，WEF（世界经济论坛）向八国集团首脑会议提交专题报告《从全球数字鸿沟到全球数字机遇》。在当年召开的 APEC（亚太经合组织）会议上，“数字鸿沟”成为世界关注的焦点问题。这种差距不仅存在于信息技术的开发领域，也存在于信息技术的应用领域。智能时代的社会结构变得更加复杂。人工智能的复杂性使得普通的社会民众无法从根本上掌握人工智能技术。人工智能技术发展的终极目标是让全社会平等享受人工智能发展带来的福祉，但这不是仅仅依靠技术进步就能够实现的。

目前，在人工智能领域的发展中，顶层设计的相关政策和伦理规制尚不完善，人工智能的发展有可能偏离正确轨道。当今世界，由于生产力发展不均衡、科技实力不平衡，人们的素质和能力参差不齐，不同国家和地区间的信息化、智能化水平存在差距，智能时代的“数字鸿沟”作为社会现实的写照不容小觑。智能时代的“数字鸿沟”使得发达国家对全球范围内的关键数据资源进行垄断，对人工智能的核心技术和创新成果进行封锁，从而获得垄断性的超额利润。

智能时代，体力劳动者不再为社会所推崇，也不再是社会劳动力结构的主导。智能时代于普通体力劳动者而言，是重新寻找自身社会定位的一次机遇和挑战。智能技术的发展、生产能力的提升使得体力劳动者越发意识到自己的能力不及，在用体力付出获得社会回报方面也逐渐丧失优势。随着智能技术的不断推进，大量的“数字贫困区域”和“数字穷人”出现，形成残酷的竞争环境，使得原有的贫富差距逐渐加剧。

智能时代的“数字鸿沟”潜移默化地影响了未来社会发展的和谐与公正。如果先进的人工智能技术掌握在少数发达国家和地区手中，并未对全人类的福祉做出应有的贡献，则有可能进一步导致社会矛盾的产生，加剧社会阶层的分化，形成破坏社会秩序的危害因素。

5.1.3　社会调控以伦理道德为先导

IEEE 国际机器人和自动化协会主席田所悟志解释了他们为什么想要

制定人工智能设计的伦理标准："机器人和自动系统将为社会带来重大创新。最近，公众越来越关注可能发生的社会问题，以及可能产生的巨大潜在利益。不幸的是，在这些讨论中，可能会出现一些来自虚构和想象的错误信息。"田所悟志认为，建立人工智能设计的伦理标准是基于科学和技术的公认事实，引入知识和智慧，以帮助达成公共决策，使人类的整体利益最大化的正确做法。除了人工智能设计伦理标准外，还有多个人工智能标准也被引入报告中：①"机器化系统、智能系统和自动系统的伦理推动标准"，这个标准着重探讨了"推动"，在人工智能世界里，它指的是人工智能将会影响人类行为的微妙行动；②"自动和半自动系统的故障安全设计标准"，该标准针对自动技术而设，针对人工智能故障可能对人类造成的危害进行标准设定；③"道德化的人工智能和自动系统的福祉衡量标准"。

人工智能技术的不断推进已经远远超出了人类的预期。如何使人工智能技术与人类协同共生，实现对人工智能的高效利用成为人类需要思考的重要议题。为了更好地约束和规制人工智能技术，人类通过评估其相关效应提出了人工智能技术运行的基本价值原则，其中最著名的当数"机器人三定律"。1950 年，美国科幻小说家艾萨克·阿西莫夫在其作品《我，机器人》中尝试性地提出机器人应当遵从"机器人三定律"，即：机器人必须不危害人类，也不允许眼看人类受害而袖手旁观；机器人必须绝对服从于人类，除非这种服从有害于人类；机器人必须保护自身不受伤害，除非为了保护人类或者人类命令它做出牺牲。之后，阿西莫夫在三定律的基础上又补充了一条更为基本的定律，称为"第零定律"，即机器人必须保护人类的整体利益不受伤害。"机器人三定律"在这一前提下才能成立。

2016 年 8 月，联合国教科文组织的世界科学知识与技术伦理委员会发布《机器人伦理初步报告草案》，认为机器人不仅要尊重人类的伦理准则和道德规范，而且其芯片中要编入特定的伦理准则。

美国计算机协会下属的美国公共政策委员会在 2017 年 1 月发布的《算法透明性和可问责性声明》中提出了七项基本原则，其中一项即为"解释原则"，希望鼓励使用算法决策的系统和机构对算法的过程和特定的决策提供解释，尤其在公共政策领域。

5.1.4 人工智能应遵循的道德准则

人工智能应该遵循的基本道德准则和伦理原则既包括人工智能研发、应用的基本原则，也包括今后具有自主意识的超级智能应该遵循的基本原则。

1. 人本位原则

智能技术的终极目标是为人类创造福祉、最大化地为人类服务。人工智能作为为社会创造价值的创造性技术，需要始终坚持以人为本的伦理原则。人工智能技术的发展前景难以估量。为了进一步发展智能产业，培育智能经济，最大化地满足人类的需求、利益和福祉，需要把人工智能技术存在的潜在风险和负面效应扼杀在萌芽状态或者降至最低。人工智能技术的发展应始终坚持技术服从和服务于人类的基本价值原则。无论在何种情况下，智能机器人不得对人类做出恶意伤害，也不得无视人类陷入危险状态。

2. 公平正义原则

人工智能技术的伦理价值中应包含公平正义的基本原则。按照公平正义原则，人工智能应该让尽可能多的人获益，创造的成果应该让尽可能多的人共享。公平正义原则是确保算法决策透明，确保算法设定公平、合理、无歧视的指导性原则。由于人工智能的决策受其设计者的主观因素影响，因此其决策可能会影响个人权益。应建立健全社会福利和保障体系，对落后国家、地区进行扶持，对文盲、科盲等弱势群体进行救助，切实维护他们的尊严和合法权益。

3. 公开透明原则

公开透明原则是规范人工智能研发、设计、应用环节的重要原则。为降低人工智能技术未来应用时的风险，在研发、设计、应用过程中坚持公开透明原则，能够将人工智能技术的研发、设计和应用，全部置于相关监管机构、伦理委员会、社会公众的监控之下，以确保智能机器人拥有的特定超级智能处于可解释、可理解、可预测状态，确保人工智能技术不被危害人类的各种科学研究所利用。

4. 权责分明原则

确立智能机器引发的责任问题，需要对人工智能技术研究的各个阶段进行综合考量。在人工智能技术的开发、应用和管理过程中，需要对智能机器扮演的不同道德主体进行权利、责任和义务的划分，对智能技术潜在的不良后果进行风险预测。对人工智能技术或者操作引起的损害，需要采取相应的措施并追究相应的责任。

智能系统的设计和运行必须符合人类的基本价值观，遵从服务人类及人机和谐共处的价值目标。智能时代，智能机器的道德价值观往往都打上了智能技术设计者自身的道德价值烙印。因此，人工智能领域的技术创造者需要肩负起造福人类的使命，在人工智能领域贯彻人本观念。

5.2 人工智能与法律秩序

智能机器人究竟是机器还是人，在法理上涉及主客体二分法的基本问题。现有的法律框架并无法有效规制快速发展的人工智能技术。例如，目前深圳市的人工智能产品由深圳市市场和质量监督管理委员会进行审批，但申报的类目为玩具类，所有的申报标准与文件均与相应玩具相同，在海关进出口过程中也并无人工智能这一单项列出，人工智能产品目前暂时仍作为玩具进出口，显然无法满足人工智能产品的生产与发展需要。针对人工智能发展的法律规制框架应该包含以下议题：第一，明确人工智能是否具有法律人格，以及人工智能享有的“权利”与“义务”边界；第二，明确人工智能致害侵权相关原则，发生侵权损害结果时应该如何认定法律责任，适用怎样的归责原则；第三，平衡开发应用人工智能技术与数据隐私保护；第四，建立人工智能的有效监管规则。

对于人工智能的法律性质，学界一直有不同的观点，普遍流行的有“技术工具说”“电子人格说”“代理人说”等。“技术工具说”认为，人工智能本质上是人类为生产生活而创设的技术，是为人类服务的一种工具，即便智能机器人具有一定的学习能力，但其并无独立的意思表示能力，因此人工智能不具有独立的法律人格。“电子人格说”认为，人工智能不具有人类特殊的情感特征，但出于现实需要必须给予其一定的法律身份，可以将人工智能视为不知疲倦的机器，有行为能力但没有权利能力。“代理人说”认为，人工智能的所有行为都受到人类控制，机器行为及其行为后果最终必须由被代理的主体承担。上述三种学说均存在不同程度的瑕疵。“技术工具说”将人工智能看作工具，可能只适用于目前阶段的人工智能技术，忽视了人工智能技术未来的发展潜力，未来智能机器人是否能够进行独立自主的行为，我们尚不得而知；“电子人格说”虽解决了人工智能承担法律责任的主体问题，但实际上是延伸了“技术工具说”；“代理人说”对人工智能代理地位的确认其实已承认了人工智能具有独立的法律人格，但“代理人说”并无法解决主体承担责任的公平性问题。

若人工智能没有权利，就不会有法律地位。法律上对人工智能主体及其法律权利的认定需要满足下列条件：首先，该主体应可以提起法律诉讼；其次，法院授予其法律责任时必须考虑到人工智能的损害后果；最后，法律救济应围绕人工智能的利益要求而展开。综上所述，人工智能满足上述三项条件，便能够获得法律的认可，具有公认价值与尊严，理应享有法律权利。

5.2.1　人工智能与数据保护

人工智能时代，数据的收集、使用等环节都面临着新的风险。在数据收集环节，大规模的机器自动化地收集着成千上万的用户数据，海量的数据收集形成了对用户的全面追踪。很多互联网服务提供商利用行为跟踪技术抓取其网络用户浏览网页时留下的电子痕迹以获得用户信息，并把汇总整合后的数据擅自出售给第三方，购买数据的第三方可基于用户的行为数据做出有针对性的商业策略。随着大数据技术和智能技术的结合，政府和企业的决策越来越依赖大量的数据分析。在数据使用环节，大数据分析技术广泛使用，数据经挖掘能产生深层信息，会造成隐私进一步暴露的风险。此外，在整个数据的生命周期中，黑客攻击、系统安全漏洞等原因使得个人数据始终面临着被泄露的潜在安全风险。

英国政府报告《人工智能：未来决策制定的机遇和影响》指出，以分析为目的使用公民的数据时，能否保护公民的数据及隐私，能否一视同仁地对待每个公民的数据，以及能否保证公民个人信息的完整，对于政府赢得公众的信任和保护好本国公民来说是至关重要的。近年来，大数据、云计算及人工智能的快速发展和应用给现有的个人信息保护法律制度带来了新的挑战，各国修法、立法活动更加频繁。

欧盟在 1995 年颁布《关于涉及个人数据处理的个人保护以及此类数据自由流动的指令》(以下简称《个人数据保护指令》) 等多项个人数据保护指令，构建了一套严谨完善的个人数据保护体系。该指令是欧盟区域内个人信息保护的基础性立法，欧盟各成员国依据该指令，分别出台了本国的个人信息保护法。然而，日新月异的信息技术使得指令的主要原则及制度适用变得非常不确定，并导致欧盟各成员国在《个人数据保护指令》的理解与执行上出现了较大的差异。欧盟委员会于 2017 年 1 月 10 日提议制定更严格的电子通信隐私监管法案《隐私与电子通信条例》，进一步加强对电子通信数据的保护。

2018 年 5 月 25 日，欧盟成员国的互联网世界迎来一部兼具开创性和争议性的重要法律，即《一般数据保护条例》。该条例明确扩展了数据主体的权利，包括数据获取权、修改权、删除权、限制处理权、可携权等。欧盟的《一般数据保护条例》被称为史上最严的个人数据保护法规，有望成为全球个人隐私保护进步的基石。比较而言，中国在个人信息和隐私保护方面的制度建设是较为滞后的。我国虽然在 2012 年出台过《全国人民代表大会常务委员会关于加强网络信息保护的决定》，但有关数据保护的法律规范仍极为有限，涉及更为严厉的制裁措施的个人信息保护法律法规与相关刑法修正案亟待出台。

人类在网络空间实现了虚拟环境下的“数字化生存”，拥有了“数字化人格”，由此可以认为，智能时代的“机器人”拥有“智能化人格”。“智能化人格”是通过个人信息的收集和处理勾画出的在智能化环境下的个人形象，即凭借智能化信息的处理而建立起来的人格。个人信息主要为个人的隐私信息，如网络中用于个人登录的身份信息、健康状况信息、个人的信用和财产状况信息、电子邮箱地址等。在信息化社会，这些个人信息的收集渠道越来越多，经过智能机器的数据处理和深度学习，拼凑成所谓的“智能化人格”。

人工智能时代，互联网、大数据和人工智能技术三者的结合使人类经常暴露在一个毫无隐私可言的环境中。对于智能环境下的大数据规制，宏观层面上，国家需要及时出台相关的法律法规，对智能环境下受到潜在威胁的个人隐私予以法律保障；微观层面上，社会成员，包括个人、企业等都要加强防范隐私泄露的措施，具体包括以下两方面。

一方面，个人需提高自我保护意识。人们在网络世界交往的过程中实际上本身也扮演着隐私泄露主体的角色。互联网诞生后，数据的传播路径之广、扩散速度之快是人类始料未及的。许多应用软件都专注于用户信息的收集、开发与拓展。网络社交平台一方面便利了人们的交流，另一方面也可能造成隐私泄露；各种智能电子产品往往都携带 GPS 芯片，以最大化地升级用户体验，但 GPS 在精准定位的同时也记录着用户的行踪和生活信息。在人工智能时代，人们随时随地都有可能直接或间接地泄露自己或他人的隐私。因此，保护大数据风暴之下的隐私需要人人都从自己做起，从身边做起。

另一方面，企业应增强保护个人隐私的社会责任意识。企业，尤其是占据行业优势地位的大企业，对数据信息资源的获取和利用较中小企业有更大的便利。从某种角度而言，在人工智能时代，企业是收集、利用大数据并获益的主要群体，因而对企业进行保护个人隐私的责任约束就显得非常重要。在欧美，很多互联网企业需要在服务条款中特别声明从用户处获得的数据属于用户本人，如对个人数据有不当处置，企业应承担责任。

5.2.2 人工智能生成内容的权利归属

讨论人工智能生成内容的法律定性及权利归属首先需要解决两个疑问。第一，人工智能生成内容的创作者究竟是人还是机器？第二，人工智能生成内容是否满足著作权法客体的门槛性条件——“独创性”？根据 WIPO（世界知识产权组织）的权威界定，著作权法保护的作品必须具有独创性，即作品能够满足最低限度的智力创造，反映出创作人自己独立的个性，而不是简单复制抄袭的结果。如果人工智能生成内容（如机器人绘制的图画、智能机器写出的新闻）在表现形式上与人类作品相类似，则需要从其产生过程判断其是否构成作品。

1. 人工智能生成内容冲击传统作品市场

2017 年 5 月，由微软智能机器人“小冰”创作的诗歌集《阳光失了玻璃窗》正式出版发行。“小冰”是通过反复学习 519 位现当代诗人的千余首诗而完成了创作。就成文的语言风格而言，“小冰”的诗歌与真实诗人的作品几乎无异。传统著作权法保护的作品是文学、艺术和科学领域内具有独创性并能以某种有形形式复制的智力成果。人工智能生成内容与人类传统创作作品在某种程度上相似重叠，无疑是对现行著作权法体系中涉及权利人“复制”和“发行”行为规则的挑战。

2. 人工智能生成内容的技术机理

人工智能生成内容的技术过程分为三个阶段：首先，语料（数据资料）的收集、拣选和输入；其次，基于设计的算法建立数据模型，对语料进行数据训练；最后，依据数据模型生成新的内容。算法本质上是计算机按照一系列指令去处理收集来的数据。例如，贝叶斯算法是机器学习中比较重要并被广泛使用的一个分类算法，其分类思想主要基于贝叶斯定理。机器学习是指利用某些算法指导计算机用已知数据得出适当的模型，并利用此模型对新的情境做出判断。传统算法通常仔细编排了机器在设定条件下的固定运行路径和行为模式，而人工智能之所以被称为“智能”，正是因为其具备了强大的数据分析能力。以人工智能创作新闻为例，在传统算法下，程序员要严格设计机器在设定的语境下对每一个指令的执行程序，而在机器学习算法下，程序员输入大量既往的新闻稿件，计算机进行数据分析，并自己模拟新闻稿件的写作，最终实现在新的语境中也能进行新闻稿件的写作。机器学习阶段有关数据处理的关键是保证输入数据集的完整性、阈值设定和相关预设条件的可靠性。

3. 对保护人工智能生成内容的争议

人工智能创作小说的具体过程是由人设定人物角色、故事内容及小说提纲，然后指示人工智能依据设定自动生成文字内容。在这种情况下，人工智能生成的文字内容仍需要进行人工润色和修改，该小说的产生过程仍是在人设定的程序下由人发出的指令主导，借助人工智能内在的数据架构和算法规则完成。

人工智能在文学和艺术领域的积极参与已然成为智能时代的常态。人工智能技术的发展实现了计算机从辅助创新到自主学习的功能升级。而这些由计算机功能升级而衍生的创造性成果却因为与传统著作权法的理念和制度相冲突而无法受到著作权法的明确保护。人工智能生成内容在著作权法客体体系中的定性直接影响其能否受到著作权法的保护。如何判断人工智能生成内容的可版权性及其相应的权利归属，在目前各国法律中尚未形成统一意见。

主张给予人工智能生成内容以著作权法“作品”地位的一种观点认为，现有的著作权法保护客体的范围过窄。从人工智能技术发展来看，人工智能生成内容未来会与人类智力劳动的创造成果产生市场竞合乃至竞争关系。对于高度发展的人工智能技术所生成的内容，在其与人类创作作品质量与功能相当的情况下，法律没有理由不给予保护。同时，如果不承认人工智能生成内容的著作权法客体地位，一旦人工智能生成内容与人类创作作品之间产生了相似性，或者出现相应的复制、发行等行为，如何确定权属关系以解决潜在的著作权侵害争议呢？另一种支持的观点认为，对人工智能生成内容予以著作权法保护是在社会进步的时代背景下的一种变相保护投资的方式和途径。只有给予人工智能生成内容以著作权法上的保护，才能更好地保障技术投资收益。

基于传统著作权法的规范逻辑，人工智能生成内容在法律效力的认定上会出现如下悖论：首先，即便人工智能生成内容具有“独创性”特点，也无法被视为“表达”，因而无法成为作品；其次，即使智能机器人“创作”的内容被著作权法接纳为“作品”，其著作权也很难归属于智能机器人本身。人工智能生成内容是否能够受到著作权法的保护，关键在于对其进行著作权法上的法律定性，而这种定性必须建立在清楚理解人工智能生成内容的技术过程的基础上。完全基于算法和数据架构而生成的内容受控于计算机程序设计人员的程序操作，因而很难满足狭义著作权作品的“独创性”要求。

在人工智能技术高速发展的时代，很多人工智能内容的生成都是“借鉴”大量作品素材而进行数据训练的结果，如果不对人工智能生成内容进行保护，会在制度层面影响传统作品的传播、影响对智能技术产业的投资造成社会不公平。判定人工智能生成内容的权利归属可以通过在现有民事法律规则体系之下建立技术所有者与使用者之间的有关衍生创造成果的归属和利用规则，建立起以所有者/投资者为核心的“邻接权”权利架构，以鼓励并促进人工智能技术的长远发展。

5.2.3 法律服务行业加速升级

2016年6月，基于IBM的认知计算机Watson，美国开发出史上首个人工智能律师ROSS。ROSS是一款类似Siri的语音识别应用，用户可以向ROSS询问任何问题，它会自动分析问题，检测答案库里最相近的答案，然后给予解答。ROSS主要通过用户体验反馈来不断进行深度学习。

目前，人工智能技术在法律咨询服务行业大多被应用于以下程式化的工作。

一是法律检索。律师事务所（以下简称律所）为帮助律师更好地进行法律检索，会建立自己的法律信息数据库。利用预测性编程和机器学习算法软件可以进行相关法律文件电子信息检索。法律检索主要由律师助理负责，很多时候是一件费时费力的事。而现在，国内外越来越多的律所已经开始引进可进行法律检索的人工智能产品。

二是文件审阅。文件审阅工作量大，价值低。在这方面，人工智能正好可以物尽其用。同时，人工智能技术能够在合同审核上发挥重要作用。智能合同服务可以进行合同分析，帮助用户以更低的成本、更高的效率管理合同，防范法律风险。

三是案件预测。以伦敦的Hodge Jones & Allen为代表的国外律所利用“案件结果的预测模型”来评估人身伤害案件的胜诉可能性，使得人身伤害案件的诉讼成本大大降低。人工智能技术依靠对既往大量案件的收集与分类、归纳与分析，能够预测法律纠纷的结果。

四是咨询服务。例如，人工智能法律咨询系统DoNotPay能够帮助用户在线验证交通罚单，成功率极高。DoNotPay还在不断扩大其法律服务类型，已经涵盖了航班延误补偿金请求、政府住房申请等门类多样的法律服务。

基于人工智能、大数据的法律科技正在改变法律服务市场，精准诉讼和个性化诉讼也正在成为可能。法律科技对法律行业的影响才刚刚开始。

5.2.4　智能化助力司法效率

截至2016年11月，中国已有3 519个法院及近1万个派出法庭实现了网络互联互通与数据共联共享，为司法责任制的落实提供了重要技术保障。最高人民法院已建成审判流程、裁判文书、执行信息和庭审视频四大公开网络平台。同时，法院还注重与互联网公司合作，开展司法拍卖、庭审直播等“互联网+”司法举措。地方法院也都在进行各自的探索，上海市高级人民法院建立了大数据办案辅助系统，河北省高级人民法院自主研发了“智审1.0”系统。通过拥抱互联网，中国法院审判体系和审判能力加速实现了智能化。

在世界范围内，人工智能技术已受到越来越多的国家司法系统的青睐。俄罗斯联邦最高法院开发了名为“我的仲裁员”的审判文件流转和功能生成信息系统，公民可通过互联网以电子形式提交申诉书，供法院处理电子文档时参考。俄罗斯联邦司法系统通过引进现代化的信息技术设备，建设联邦最高法院官方网站，引进国际法检索系统，为法庭全部配备视频会议系统等，显著缩短了法庭诉讼的期限，提高了居民对审判的参与度，为建立法治社会创造了条件。

2016 年 1 月，我国最高人民法院信息化建设工作领导小组举行第一次全体会议，正式提出要全力推进人民法院信息化 3.0 升级，建设“智慧法院”。智慧法院智能化管理的建设和发展核心在于将人工智能、数据分析、云服务等技术创新成果与司法改革的推进相结合，与审判、执行等法院的具体业务有机融合，进而实现“审判体系和审判能力现代化”的目标。推进司法系统管理智能化，建立以大数据为基础的信息共享平台并开发多样的智能化运用手段，既是我国法院系统近年来在落实推进法治中国建设、深化司法体制改革进程中的重要技术支撑，也将成为显著提升司法能力、实现司法为民和公平正义目标的有力抓手。

目前，智慧法院的探索更多地集中在“互联网化”“信息化”和“无纸化”，使信息层面更加透明，进而提高了法院对内的协作效率和对外的服务体验。重庆市高级人民法院与百度的合作则体现出人工智能技术对于智慧法院的新价值。它不只是将法院信息搬到互联网上，更是利用语音识别、图像识别、自然语言处理、个性化推荐等人工智能技术来提高法院工作效率，提升服务体验。重庆市高级人民法院与百度的合作是建立新一代智慧法院的榜样与标杆，也代表了未来各地方法院的改革动向。为加速智慧法院建设、提高司法工作效率，江苏省各级法院也不断加大信息化投入，建成智能执行查控系统、远程提讯系统、远程开庭系统、人民陪审员系统、数字审委会系统等八大信息化系统，为审判和执行工作带来了极大便利。智能执行查控系统能够实现对银行存款的自动查询、自动冻结，部分银行还可自动扣划；远程提讯系统能够实现干警不出院门与在押人员谈话，自动生成并回传谈话笔录；远程开庭系统能够实现对在押被告人的远程开庭，既提高了审判效率，又减轻了押解工作压力；人民陪审员系统能够实现人民陪审员随机抽取，使管理更加规范高效；数字审委会系统能够实现会议排期、审批、讨论、决议、签名的全程流转。越来越多的地方法院深刻意识到，要推进司法系统管理智能化只提高信息化水平是不够的，切实结合人工智能技术才能实现真正的“智慧法院”。

5.3　人工智能与产业政策

为了推动《中国制造 2025》的实施，国家制造强国建设领导小组统筹发展全局，使得制造业的跨越式发展有了统一的指导机构。《中国制造 2025》行动纲领明确指出，为了推动智能制造，应当研究制定智能制造发展战略，加快发展智能制造装备和产品，推进制造过程智能化，深化互联网在制造领域的应用，加强互联网基础设施建设等内容。《中国制造 2025》作为指引人工智能产业发展的重要政策，是未来人工智能产业建立立法规范的前奏曲和助推剂。目前阶段应当主要以政府政策推动智能产业的发展。

5.3.1　人工智能国家顶层设计

各个国家、地区纷纷制定针对人工智能行业的法律法规，发布指导性报告等，提出本国、本地区应将现有技术发展上的领先优势扩展到人工智能领域，意在加快推动人工智能技术的发展，提高国家实力，并先声夺人地取得人工智能产业的领军地位。

技术创新如今已成为各国综合国力竞争的重要因素。英国政府早在 2011 年就直接注资成立了高价值制造（HVM）弹射中心。该中心是一个由政府部门、大学与企业共同运作的研发协调中心。该中心由科技策略委员会负责监督管理，具体由先进成形研究中心、先进制造研究中心、流程创新中心、制造技术中心、国家复合材料中心、核先进制造研究中心及沃里克制造集团弹射中心七个研发机构组成。该中心是英国政府与行业协会间双向沟通的重要渠道，在不同地区存在不同的分中心，各分中心旨在依托地区优势，为企业提供设备及相关的专业知识和信息以辅助创新。

5.3.2　智能产业监管

2017 年 7 月，美国众议院通过了《自动驾驶法案》，对《美国法典》第 49 卷交通运输部分进行修正。该法案涉及自动驾驶汽车的生产、测试、发布等多个方面，提出了自动驾驶汽车的安全标准、网络安全要求及豁免条款。

人工智能的核心是数据架构和算法。而智能机器的自主学习能力已经突破了指令性决策，转而变成了自主学习后的自动化决策。这是人工智能被广泛应用在各行各业的技术性前提。会计、保险、法律咨询等专业化程度较高的行业也慢慢引入人工智能的各种算法决策功能。由于算法模型架构的搭建更多是基于程序员个人的设计和选择，因此其创建的数据库可能存在大量不相关或者不准确的数据。这种数据库的建设和运行极大程度上会产生偏离预期效果的决策，从而影响被决策方的相关权益，造成对被决策方的歧视。

包括透明、开源在内的诸多治理原则应当成为人工智能监管政策制定过程中的合理议题。具体而言，首先需要对人工智能算法决策生成前不准确使用数据的情形进行严格控制，减少不相关数据的收集。数据库的建立需要遵从本领域专业技术人员的指导和建议，数据的使用和共享必须接受中立第三方或者监管机构的审查。其次，为确保算法及其决策的有效性，算法决策必须透明、公平，为了防止相关权利人滥用其优势地位，整个数据利用和算法设计环节也要为个人提供异议和救济的渠道。加强并统一技术、数据共享、安全等标准建设将会是未来人工智能产业的重要议题。

5.3.3　人工智能与产业协同规制

世界主要国家的创新驱动多由政府牵头注资或整合研究机构，搭建技术创新研发的平台，为本国产业智能化和信息化创新发展提供基础设施保障。在人工智能产业可持续发展过程中，政府应更多地扮演引导者角色，整合相关领域的科研机构及研发平台，创建统一的创新机构，为产学研提供良好的基础设施与环境，有效地推动技术进步，促进智能产业的创新突破。

对人工智能进行产业协同规制面临着法律法规急需适应技术现状并紧跟技术发展的挑战，需要协调社会各部门的责任分工，并重新评估讨论应用各类法律法规对人工智能及其相关产业进行规制的有效性。在各个国家、地区针对人工智能产业进行讨论、发布报告并立法规范的基础之上重新梳理思路，可以简单地规划出对人工智能产业进行规制的行动路径。建立专门负责人工智能产业监管的机构并搭建立体化的综合规制框架已具备充分的必要性，应由专门机构执行落实，在规制框架内细化分类内容，设立行业产品标准、产业监管流程及特定分类下的部门规范细则，最终通过完善的规制框架实现可持续的动态监管。

1. 协同规制的模式选择

以欧美发达国家为主的很多国家已经开始制定人工智能发展战略，并同时构建相应的法律法规与行业自律协同规制架构。由于人工智能领域范围较广，难以形成统一适用的治理原则和规范标准，同时人工智能技术本身的复杂性使得现有的法律规范难以对其进行整体的法律调控，目前世界主流的人工智能产业规制模式尚存在核心概念界定模糊、权责主体不明晰等诸多问题。因此，现有的人工智能法律规范仍处于摸索试行阶段，其具体的司法施行效果有待进一步实践评估。在进行人工智能立法时，建议采取专门立法的模式，以问题为导向，结合现有的国际准则，以在现有法律规则体系内有效解决新问题为基本框架，总结人工智能技术和产业的发展路径，以政策引导为辅助，制定具有实际可操作性的规则。

2. 处理好两对关系

人工智能的法律法规与行业自律协同规制的建立需要关注两对关系，只有处理好这两对关系，才能实现良好的人工智能规制秩序。

（1）公共利益与个人利益的平衡

智能技术依托数据和算法的开放性，将传统法律框架下针对分散行为主体的规制转向针对集中化算法。传统物理环境下的规范标准在智能时代一时难以突破自身规制受空间限制的瓶颈。人工智能环境下，个人利益寻求保障救济的方式及公私利益冲突的解决途径较传统物理环境中有所不同。一旦法律规制介入人工智能产业，如何在保护个人权益的同时兼顾公共利益，需要立法者进行权衡。

（2）市场竞争与技术创新的关系

人工智能产业的发展是技术与市场双向需求和作用的结果，技术的提升和市场的拓展促进了人工智能时代法律规则的变化。一方面，技术的不断升级开拓了新的供需市场，而市场的逐步深化也会对技术的进一步创新提出要求，从而实现技术和市场的良性互动；另一方面，技术和市场的矛盾也会对现有的法律规制体系形成极大的挑战。市场发展始终以利益驱动为导向，良好的竞争环境是技术市场可持续增长的大前提。因此，法律在鼓励技术和市场良性互动的同时，应充分考虑技术和市场发展的需求，在确保必要适当的前瞻性的同时，为新型业态的未来预留相应的制度空间。

参考文献

[1] AUSTIN R. 无人机系统：设计、开发与应用 [M]. 陈自力，董海瑞，江涛，译. 北京：国防工业出版社，2013.

[2] ITPRO，COMPUTER N. 人工智能新时代：全球人工智能应用真实落地50例 [M]. 杨洋，刘继红，译. 北京：电子工业出版社，2018.

[3] RUSSELL S，NORVIG P. 人工智能：一种现代的方法 [M]. 3版. 殷建平，祝恩，刘越，等译. 北京：清华大学出版社，2013.

[4] RUSSELL S，NORVIG P. 人工智能：一种现代方法 [M]. 2版. 姜哲，金奕江，张敏，等译. 北京：人民邮电出版社，2004.

[5] SCARUFFI P. 智能的本质：人工智能与机器人领域的64个大问题 [M]. 任莉，张建宇，译. 北京：人民邮电出版社，2017.

[6] TOPOL E. 颠覆医疗：大数据时代的个人健康革命 [M]. 张南，魏薇，何雨师，译. 北京：电子工业出版社，2014.

[7] 贲可荣，张彦铎. 人工智能 [M]. 2版. 北京：清华大学出版社，2013.

[8] 边肇祺，张学工，等. 模式识别 [M]. 2版. 北京：清华大学出版社，2000.

[9] 蔡自兴，蒙祖强. 人工智能基础 [M]. 3版. 北京：高等教育出版社，2016.

[10] 丁世飞. 人工智能 [M]. 2版. 北京：清华大学出版社，2015.

[11] 韩九强. 机器视觉智能组态软件XAVIS及应用 [M]. 西安：西安交通大学出版社，2018.

[12] 韩九强，杨磊. 数字图像处理：基于XAVIS组态软件 [M]. 西安：西安交通大学出版社，2018.

[13] 蒋宗礼. 人工神经网络导论 [M]. 北京：高等教育出版社，2001.

[14] 金东寒. 秩序的重构：人工智能与人类社会 [M]. 上海：上海大学出版社，2017.

[15] 李航. 统计学习方法 [M]. 北京：清华大学出版社，2012.

[16] 刘金琨. 智能控制 [M]. 2版. 北京：电子工业出版社，2009.

[17] 尼克. 人工智能简史 [M]. 北京：人民邮电出版社，2017.
[18] 史忠植. 高级人工智能 [M]. 3 版. 北京：科学出版社，2018.
[19] 史忠植. 人工智能 [M]. 北京：机械工业出版社，2016.
[20] 水木然. 工业 4.0 大革命 [M]. 北京：电子工业出版社，2015.
[21] 涂序彦，马忠贵，郭燕慧. 广义人工智能 [M]. 北京：国防工业出版社，2012.
[22] 王迁. 著作权法 [M]. 北京：中国人民大学出版社，2015.
[23] 王万良. 人工智能及其应用 [M]. 3 版. 北京：高等教育出版社，2016.
[24] 王万森. 人工智能原理及其应用 [M]. 3 版. 北京：电子工业出版社，2012.
[25] 韦来生. 贝叶斯统计 [M]. 北京：高等教育出版社，2016.
[26] 谢剑斌，等. 视觉机器学习 20 讲 [M]. 北京：清华大学出版社，2015.
[27] 徐德，谭民，李原. 机器人视觉测量与控制 [M]. 北京：国防工业出版社，2008.
[28] 杨帮华，李昕，杨磊，等. 模式识别技术及其应用 [M]. 北京：科学出版社，2016.
[29] 张仰森. 人工智能教程学习指导与习题解析 [M]. 北京：高等教育出版社，2009.
[30] 周润景. 模式识别与人工智能（基于 MATLAB）[M]. 北京：清华大学出版社，2018.
[31] 周志华. 机器学习 [M]. 北京：清华大学出版社，2016.
[32] ACKLEY D H，HINTON G E，SEJNOWSKI T J.A learning algorithm for Bolizmann machines [J]. Cognitive Science，1985，9（1）：147-169.
[33] BENGIOY Y. Learning deep architectures for AI [J]. Foundations and Trends in Machine Learning，2009，2（1）：1-127.
[34] HINTON G E，SALAKHUTDINOV R R. Reducing the dimensionality of data with neural networks [J]. Science，2016，313（5786）：504-507.
[35] LECUN Y，BENGIO Y，HINTON G.Deep learning [J]. Nature，2015，521（7553）：436-444.
[36] 曹克刚. 机器人智能化研究的关键技术与发展展望 [J]. 科技创新导报，2017（10）：2-3.
[37] 曹毅鹏，张环宇，田鸿彬. 智能汽车发展史 [J]. 智富时代，2015（5）：257.
[38] 陈桂珍，龚声蓉. 计算机视觉及模式识别技术在农业生产领域的应用 [J]. 江苏农业科学，2015，43（8）：409-413.
[39] 陈慧，徐建波. 智能汽车技术发展趋势 [J]. 中国集成电路，2014

（11）：64–70.
［40］丁纯，李君扬．德国“工业 4.0”：内容、动因与前景及其启示［J］．德国研究，2014（4）：49–66.
［41］董鹏，杨光，郑奥柯．我国智能汽车发展面临的瓶颈与对策［J］．科学发展，2018（4）：21–29.
［42］董鹏，杨光，郑奥柯．我国智能汽车概况与发展趋势［J］．交通与运输，2018，34（3）：53–55.
［43］董晓辉，杨晓宏，张学军．自适应学习技术研究现状与展望［J］．电化教育研究，2017（2）：91–97.
［44］杜宝瑞，王勃，赵璐，等．航空智能工厂的基本特征与框架体系［J］．航空制造技术，2015（8）：26–31.
［45］冯国华．打造大数据驱动的智能制造业［J］．中国工业评论，2015（4）：38–42.
［46］傅莉．人工智能在教育中的应用研究［J］．计算机与数字工程，2012（12）：63–65.
［47］归丽华，杨智勇，顾文锦，等．能量辅助骨骼服 NAEIES 的开发［J］．海军航空工程学院学报，2007（4）：467–470.
［48］郭锦鸿．智能机器人在各领域应用及未来展望［J］．电子世界，2018（19）：97–98.
［49］贾丙西，刘山，张凯祥，等．机器人视觉伺服研究进展：视觉系统与控制策略［J］．自动化学报，2015，41（5）：861–873.
［50］蒋佳林．加快车联网产业发展的路径选择：以无锡市为例［J］．江南论坛，2018（10）：4–6.
［51］蒋昱杉．论智能机器人现状与未来设想［J］．电脑迷，2018（12）：192.
［52］李兰兰，王晓宇．手机 APP 英语流利说在大学英语自主学习中的应用分析［J］．吉林广播电视大学学报，2017（12）：18–19.
［53］李璐彤．智能机器人的未来展望［J］．物联网技术，2018，8（9）：7–9.
［54］李响，王国中，李国平，等．基于 iClass 教学平台的教学改革研究［J］．中国教育信息化，2018（10）：73–76.
［55］李永奎，刘冬．计算机视觉技术在农业生产中的应用［J］．农业科技与装备，2011（6）：58–60.
［56］刘界，黄冠，王冰洁．关于人工智能教育如何弥补当前教育缺陷的思考［J］．内蒙古民族大学学报，2006，12（3）：50–51.

[57] 刘洁晶，任金忠，李丽霞，等.人工智能在机器人领域中的应用[J].通讯世界，2018(8)：293-294.

[58] 刘凯，隆舟，刘备备，等.何去何从？通用人工智能视域下未来的教师与教师的未来[J].武汉科技大学学报(社会科学版)，2018(5)：565-575.

[59] 刘现，郑回勇，施能强，等.人工智能在农业生产中的应用进展[J].福建农业学报，2013，28(6)：609-614.

[60] 龙慧，朱定局，田娟.深度学习在智能机器人中的应用研究综述[J].计算机科学，2018，45(S2)：43-47.

[61] 卢浩飞.人工智能在智能机器人领域中的研究与应用[J].山东工业技术，2017(1)：131.

[62] 罗文浪，曾劲涛，帅小勇，等.虚拟导师系统设计及其实现[J].井冈山大学学报(自然科学版)，2011，32(5)：70-75.

[63] 倪自强，王田苗，刘达.医疗机器人技术发展综述[J].机械工程学报，2015，51(13)：45-52.

[64] 任娟.英语口语智能APP"英语流利说"对大学生英语口语自我效能感的影响[J].海外英语，2018(1)：29-30.

[65] 王博.英语流利说：用AI让英语教育全球通行[J].中国企业家，2018(12)：56-58.

[66] 王迁.论人工智能生成的内容在著作权法中的定性[J].法律科学(西北政法大学学报)，2017(5)：148-155.

[67] 王竹立.技术是如何改变教育的：兼论人工智能对教育的影响[J].电化教育研究，2018，39(4)：5-11.

[68] 吴汉东.人工智能时代的制度安排与法律规制[J].法律科学(西北政法大学学报)，2017(5)：128-136.

[69] 吴宁强，李文锐，王艳霞.重载AGV车辆跟踪算法和运动特性研究[J].重庆理工大学学报，2018，32(10)：53-57.

[70] 吴沁宇，王承红.人工智能促进教育改革的思考[J].教育现代化，2018(36)：217-218，234.

[71] 吴雪松，杨新民.无人机集群C2智能系统初探[J].中国电子科学研究院学报，2018，13(5)：23-27.

[72] 谢勒.监管人工智能系统：风险、挑战、能力和策略[J].曹建峰，李金磊，译.信息安全与通信保密，2017(3)：45-71.

[73] 谢小婷，胡汀.专家系统在农业应用中的研究进展[J].电脑知识与技术，2011，7(6)：1329-1330.

[74] 杨帅.智能机器人节能控制技术研究[J].科技经济导刊，2018，26（25）：21.

[75] 叶阳天.浅析人工智能在辅助英语学习中的应用及市场前景：以英语流利说为例[J].中国战略新兴产业，2017（48）：119.

[76] 易中懿，胡志超.农业机器人概况与发展[J].江苏农业科学，2010（2）：390-393.

[77] 张乃凤，张志先，陶伟谦.智能机器人技术研究进展[J].机器人技术与应用，2012（6）：9-11.

[78] 张小俊，刘欢欢，赵少魁，等.机器人智能化研究的关键技术与发展展望[J].机械设计，2016，33（8）：1-7.

[79] 赵邦，谢书凯，周福宽.智能制造领域研究现状及未来趋势分析[J].现代制造技术与装备，2018（2）：180-181.

[80] 赵睿.论人工智能与教育教学的关系[J].科技风，2018（33）：85.

[81] 郑勤华.AI尚未革命　教育不忘初心[J].教育经济评论，2018，3（2）：8-12.

[82] 白云娟.高师生教育技术课程中的工作场景式活动设计：以高师英语专业为例[D].南京：南京师范大学，2012.

[83] 毕清磊.自动泊车辅助系统的研究与开发[D].重庆：重庆交通大学，2017.

[84] 陈春杰.基于柔性传动的助力全身外骨骼机器人系统研究[D].深圳：中国科学院大学（中国科学院深圳先进技术研究院），2017.

[85] 宫晨.多传感器智能机器人设计[D].杭州：浙江大学，2008.

[86] 龚军.智能服务机器人关键技术研究与应用[D].济南：山东师范大学，2018.

[87] 李金旭.智能复合型机器人系统的设计与研究[D].济南：山东大学，2017.

[88] 刘海波.智能机器人神经心理模型研究[D].哈尔滨：哈尔滨工程大学，2005.

[89] 宋继超.安防机器人控制系统设计与实现[D].成都：电子科技大学，2018.

[90] 王军.驾驶员疲劳检测算法研究[D].北京：北京交通大学，2017.

[91] 王永涛.基于SLAM技术的智能机器人定位导航研究[D].北京：北方工业大学，2018.

[92] 王作为.基于进化算法的智能机器人行为学习研究[D].哈尔滨：哈尔滨工程大学，2006.

[93] 原新 . 智能机器人视觉信息处理及数据融合方法研究 [D]. 哈尔滨：哈尔滨工程大学，2004.

[94] 张伟 . 基于分层计算理论的机器人模块化方法研究及应用 [D]. 上海：上海师范大学，2018.

[95] 张圆 . 银行智能机器人设计研究 [D]. 济南：齐鲁工业大学，2017.

[96] 闫伟 . 浅谈国内外智能制造的现状和发展趋势 [C]. 2017 年第七届全国地方机械工程学会学术年会暨海峡两岸机械科技学术论坛论文集，2017.

[97] 周晓虹 . 马钢第四钢轧总厂 MES 系统的设计和实施 [C]. 全国冶金自动化信息网 2011 年年会论文集，2011.

[98] 江飞涛，邓洲，李晓萍 . 发展人工智能应作为国家战略 [N]. 经济参考报，2018-10-17 (6).

[99] 孙韶华 . 人工智能 + 医疗融合成未来方向 腾讯将打造"救命的 AI" [N/OL]. 经济参考网，2018-11-05 [2019-12-28]. http://www.jjckb.cn/2018-11/05/c_137583437.htm.

[100] 吴晓颖 . 中国自主研发外骨骼机器人 截瘫患者穿上可自如行走 [N/OL]. 新华社，2018-08-20 [2018-12-25]. http://www.xinhuanet.com//science/2018-08/20/c_137402263.htm.

[101] 武亚东 . 人工智能破解远程医疗难题 [N/OL]. 经济日报，2018-01-22 [2018-11-16]. https：//baijiahao.baidu.com/s? id=1590259676826277841&wfr=spider&for=pc.

[102] 肖思思，胡林果 . 医疗人工智能遭遇三大发展困境 [N/OL]. 经济参考报，2018-08-07 [2018-10-26]. http://www.jjckb.cn/2018-08/07/c_137372421.htm.

[103] 埃森哲，百度 . 埃森哲百度智能金融联合报告：与 AI 共进 智胜未来 [R/OL]. (2018-02-02) [2018-10-30]. http://www.199it.com/archives/685480.html.

[104] 德勤 . 人工智能如何改变金融生态系统 [R/OL]. (2018-11-16) [2019-01-30]. https://www.useit.com.cn/thread-21145-1-1.html.

[105] 互联网医疗健康产业联盟 . 2018 年医疗人工智能技术与应用白皮书 [R/OL]. (2018-02-13) [2018-10-26]. http://www.360doc.com/content/18/0213/12/33229722_729743420.shtml.

[106] 京东数字科技，毕马威中国 . 数字科技服务金融 [R/OL]. (2018-11-29) [2018-12-28]. http://www.100ec.cn/detail--6483803.html.

[107] 腾讯研究院 . 中美两国人工智能产业发展全面解读 [R/OL]. (2017-

07-26)[2018-08-11]. http://www.tisi.org/Public/Uploads/file/20170802/20170802172414_51007.pdf.

[108] 腾讯研究院，BOSS直聘. 2017全球人工智能人才白皮书[R/OL].(2017-12-01)[2018-12-04]. http://www.tisi.org/Public/Uploads/file/20171201/20171201151555_24517.pdf.

[109] 中国人工智能学会. 中国人工智能系列白皮书——智能农业[R/OL].(2016-10-09)[2018-09-28]. http://www.caai.cn/index.php?s=/home/article/detail/id/216.html.

后　　记

2017 年 7 月，国务院正式印发了《新一代人工智能发展规划》，将人工智能发展上升至国家战略层面。《人工智能应用》正是在国家人工智能发展战略的形势下，在上海市人力资源和社会保障局的关心下，在上海继续工程教育协会的指导下，在 2018 世界人工智能大会在上海圆满落幕的背景下，由上海大学上海经济管理中心组织，由上海浦东智慧城市发展研究院、上海赋民农业科技股份有限公司、上海大学上海科技金融研究所、上海互联网金融行业协会、同济大学、上海工程技术大学、上海大学等单位的教授、研究员和从业人员共同编写而成。

上海大学于 2017 年 7 月正式获批成为国家级专业技术人员继续教育基地，经中华人民共和国人力资源和社会保障部批准，近年来举办了“智能制造与机器人技术应用工程”“材料基因组工程技术与应用”专业技术人才高级研修班，并与上海市交通委员会合作举办了“航运管理急需紧缺人才培训班”等，在专业技术人员培训领域积累了丰富的经验，为本教材的编写奠定了基础。

本教材的适用对象是各行各业的专业技术人员。为适应面授与自学相结合的需要、达成普及人工智能知识的目标，本着知识性、可读性、操作性和引领性的原则，本教材将人工智能领域的基本概念、基本理论、发展沿革、重要应用领域及经典案例、新技术与新发展、伦理道德和法律秩序介绍给广大专业技术人员，兼顾了理论知识性与实践应用性，以激发专业技术人员的学习兴趣。本教材也可作为工具手册，为在实际工作中对人工智能有直接需求的人员能快速找到路径提供方便。我们希望本教材能为人工智能培训和知识普及提供帮助，为实施国家战略、加强新一代人工智能研发应用、推动上海创新驱动发展、促进上海科创中心建设助一臂之力。

本教材由系统仿真和仪电自动化专家、上海大学机电工程与自动化学院院长费敏锐教授与国家级专业技术人员继续教育基地（上海大学）办公室主任孟添博士联合主编。编写者分别为：杨磊（上海大学，第一章），严良文（上海大学，第二章 2.1、2.2），周传宏（上海大学，第二章 2.3、

第三章 3.3），田应仲（上海大学，第二章 2.4），孙拓（同济大学，第三章 3.1），盛雪锋（浦东智慧城市发展研究院，第三章 3.2），严笙嘉（上海大学上海科技金融研究所、上海互联网金融行业协会，第四章 4.1），杨士模（上海大学，第四章 4.2），王国中（上海工程技术大学，第四章 4.3），叶华（上海赋民农业科技股份有限公司，第四章 4.4），徐聪（上海大学，第五章）。全书由主编拟定章节结构并修改定稿。

为了尽可能帮助读者扩展视野、增大知识量，本教材在编著过程中吸收了国内外相关方面的最新研究成果，参考了大量国内外相关文献、资料等，所有引用转载我们都尽量在参考文献中一一列出，若仍有疏漏，敬请谅解，并向参考文献的作者致以诚挚的谢意。值此书稿付梓之际，我们要特别感谢上海市人力资源和社会保障局对教材编写工作的关心，感谢上海继续工程教育协会在本书编写过程中的支持，同时也向各位参与教材编辑工作的人员表示感谢。

人工智能是研究开发用于模拟、延伸和扩展人的智能的理论、方法、技术及应用系统的一门综合性新兴科学技术，近年来在世界范围内发展迅速，各行业对人工智能的学习热情不断高涨。由于时间仓促，加之人工智能本身就是一个交叉融合、不断发展的学科，本教材从结构到内容或有不足之处，恳请读者和专家不吝赐教，以帮助我们不断完善，并在再版时予以修订。

编者
2019.2.26